油田企业强“三基”实战型培训系列教材

油气工程技术

储气库与地面工艺

丛书主编　张庆生

本书主编　张庆生　朱德智

中国石化出版社

·北京·

内容提要

本书为《油田企业强“三基”实战型培训系列教材》之一，以中原储气库群建设和生产运行实际经验为基础，结合国内储气库建设运行相关调研、交流内容，介绍了中原储气库群在建库、运行、达容达产等方面技术知识，在此基础上分别介绍了储气库钻完井、注采工程、老井利用及封堵、地面工程等建库关键技术，储气库监测、动态分析及长周期安全管控等储气库运行关键技术，常规气藏型、水侵气藏型、凝析气藏型等不同类型储气库达容达产及注采能力提升技术。

本书可作为储气库相关从业人员培训或继续教育的教材使用，也可供石油工程专业相关科研工作者、生产管理人员以及石油院校师生学习参考。

图书在版编目(CIP)数据

油气工程技术．储气库与地面工艺／张庆生，朱德智主编．--北京：中国石化出版社，2025.8．--(油田企业强“三基”实战型培训系列教材)．--ISBN 978-7-5114-8066-8

Ⅰ．TE

中国国家版本馆 CIP 数据核字第 2025QT3723 号

中国石化出版社出版发行

地址：北京市东城区安定门外大街 58 号

邮编：100011　电话：(010)57512500

发行部电话：(010)57512575

http://www.sinopec-press.com

E-mail:press@sinopec.com

北京科信印刷有限公司印刷

全国各地新华书店经销

*

787 毫米×1092 毫米 16 开本 15.75 印张 336 千字

2025 年 8 月第 1 版　2025 年 8 月第 1 次印刷

定价：78.00 元

编写指导委员会

主　任：张庆生

副主任：蔡东清　王　飞　王德宇　李中超　曹英斌
段金宝

成　员：陈东升　朱机灵　章　胜　祖钦先

编写委员会

主　任：王　飞

副主任：牛保伦　朱德智　龚险峰　李建雄　贾江鸿
姚志刚

成　员：唐本顺　魏鲲鹏　陈永浩　曾　浩　向俊科
陈传东　杜远宗　谢慧华　石　军　瞿定祥
魏世举　魏瑞玲　魏风玲

序　言

习近平总书记指出，“能源的饭碗必须端在自己手里”。中国石化牢记殷切嘱托，大力实施人才强企战略，聚焦人才布局与业务发展，加快打造能源化工领域重要人才集聚中心和创新高地，以人才大发展支撑引领公司建设世界领先企业。

中原油田作为国有特大型能源企业，自1975年发现以来，始终胸怀“国之大者”，坚定扛起保障国家能源安全核心职责，加大油气勘探和增储上产力度，加强复杂断块油田及高含硫气田开发技术研究和难题攻关，形成一批关键核心技术和创新成果。为系统总结各专业领域的核心技术和实践经验，推动技术转化与经验传承，在油田发现50周年之际，中原油田组织编写了这套《油田企业强“三基”实战型培训系列教材》。谨以本套丛书向油田献礼！

本套丛书集中了中原油田各专业技术领域多年来的研究成果，是历代专业技术技能人员智慧的结晶，内容涉及油田地质勘探、油藏开发、工程技术，以及高含硫气田开发等领域，围绕科研、生产实际业务和操作项目设置，涵盖技术规范和操作规程，大量引用实例分析，写我所干、干我所写，体现了实战化特点，具有鲜明的中原特色。本套丛书既可以作为岗位工作人员的工具书和操作规范，也可以用作青年人才提升实际工作能力的培训教材。

国以才立、企以才兴。本套丛书是推动产业链、人才链、培训链“三链”融合的重要载体，是人才培养和人才梯队建设的重要基础，是聚力建设“人才支撑型”油田的重要抓手。希望广大读者能够借助本丛书深入掌握油田技术精髓，传承实践经验，在学习与实践中不断探索创新，助力油田在奋进50载，取得辉煌成果的基础上，百尺竿头更进一步，启航新征程，推动油田高质量发展行稳致远。

沉淀镌刻匠心，精工擘画宏图。本套丛书要根据油田发展需要在实践中不断丰富完善，为人才职业成长与行业技术发展赋能，为端牢能源饭碗与保障能源安全再立新功、再创佳绩。

张庆生

2025年5月

前　言

中原油田是以构造背景控制下的断块油气藏为主、多套含油层系、多种油气藏类型叠加连片的复杂油气田。具有一小（断块小）、一深（埋藏深）、三低（低渗透率、低黏度、低含硫）、四高（气油比高、地层温度高、原始地层压力高、地层水矿化度高）的地质特点和油气藏特征，给油田开发工程技术配套带来了巨大挑战。投入开发以来，广大工程技术人员，围绕高速开发、高效开发、高质量开发，接续奋斗，勠力攻关，持续开展油气工程技术研究，推进技术迭代升级，取得了大量研究成果，形成了适应中原油田油藏特点的工程技术体系，为油田高质量发展提供了可靠的技术支撑和保障。特别是进入21世纪以来，油田在提高采收率、非常规油气资源开发、智能化油田建设等方面取得了显著成就。

恰逢中原油田发现50周年之际，油田组织编写《油田企业强“三基”实战型培训系列教材》，旨在固化成果，传承经验，培养人才，推动创新。本书基于中原油田石油工程技术实践的成果和技术集成所得首次编写。从基础理论到应用实践、从计算公式到技术方法等方面，对中原油田多年来在油气工程技术领域取得的成果进行了系统全面的梳理总结。

希望通过本书，能够为技术人员在学习和工作中提供理论指导和实践借鉴，使技术人员掌握油田各项工程技术的基本理论、结构原理、工艺特点、适用范围、标准规范等方面知识，了解各项技术的缺点和局限，面对复杂的开发对象和变化的工程技术条件，能够对症下药，精准选择最优工程配套技术，确保油田效益开发；面对日益提高的开发要求和新的技术挑战，能够借鉴历史，明确攻关方向、思路和举措，不断攻克技术瓶颈，推进工程技术保障能力进一步提高，从而实现中原油田工程技术的传承与发展，为油田高质量可持续发展提供技术支撑。

本书可作为油田石油工程专业技术人员培训或继续教育的教材使用，也适用于相关科研工作者、生产管理人员以及石油院校师生学习参考。由于编写人员水平有限，书中或存错漏，望读者多提意见以完善。

本书编写委员会

2025年5月

目　　录

第一章　油水集输处理技术

中国石油化工股份有限公司中原油田分公司(以下简称：中原油田)作为我国重要的能源基地，在原油集输工艺、稳定处理、腐蚀防控、污水处理、注水工艺，以及生产信息化等方面进行了大量的研究与实践。针对处于高含水开发后期的东濮老区，中原油田自“十三五”以来，围绕地面系统能力冗余、效率低、能耗高、设备设施老旧严重等难题，大力开展地面系统优化简化提质增效工作，在降本增效等方面取得了较好的效果。通过引入先进的信息技术和自动化控制系统，油田实现了对油水集输过程的实时监控、数据分析和远程管理，油田信息化水平进一步提升。

第一节　原油集输技术

针对东濮老区油田进入高含水后期面临的能耗高、安全环保风险加剧等问题，利用信息化与软件模拟技术，对集输管网进行“串、撤、并、分、简”，简化工艺流程，实现了节能降耗。管道防腐与材料升级的过程中，非金属管道以其耐腐蚀、长寿命等优势得到广泛应用，为油田安全、降本增效提供保障。利用金属磁记忆无损检测技术监控管道状态，并采用空气源热泵加热装置替代传统燃气加热炉，既降低了能耗，又提升了天然气商品率。

一、油气水混输不加热集输工艺技术

(一)技术背景

中原油田东濮老区进入高含水开发后期，综合含水 94%。原油集输系统主要采用加热输送工艺，单井加热比例约为 13.2%，计量站加热比例约为 48%，每年消耗伴生气约 $650\times10^4m^3$，能耗高、效率低、安全环保风险大。为实现效益开发，通过室内试验(图 1－1－1 为室内模拟试验系统——石蜡杯法)和现场试验确定油气水混输不加热集输界限，指导单井和支线开展不加热集输工艺，有效降低集输系统建设投资和运行过程中的热耗和能耗。表 1－1－1 为中原油田原油及乳状液凝点测试结果。

图 1－1－1　室内模拟试验系统——石蜡杯法

表 1－1－1　中原油田原油及乳状液凝点测试结果

油样	凝点/℃	析蜡点/℃	含蜡量/%	运动黏度(50℃)/(mPa·s)
1	28～35	15～30	10～15	15～5

(二)技术特色

油气水混输技术的核心为充分利用油气水集输过程中含气高、含水原油良好的低温流动性。通过研究油气集输过程中含气原油的低温流动特性，证实了脱气脱水原油室内试验的原油凝固点与生产过程中含气含水原油的凝点是完全不同的两个概念：

(1)中原原油具有较好的低温流动性，原油在井筒和集油管线中的流动，未经过重复加热和高速剪切，流变性无恶化，同时因油气的饱和状态，能够进一步改善溶气含水原油的低温流变性。

(2)原油综合含水高达94%，高含水和井筒防蜡措施均利于改善含水原油的低温流动性能。

针对中原油田复杂、破碎、多变的地质情况，井口产液油气水不加热混输至联合站，以降低井口回压，增加输送距离。与传统油气水分输工艺相比，油气水混输具有如下优点：

①降低井口回压，减少集气管道长度，降低工程投资。

②简化工艺流程，实现油气连续输送，管理方便。

③适应能力强、范围广，避免滚动开发后期伴生气量下降时集气管道能力过大造成的风险和浪费。

但是要实现单管不加热混输工艺还需要以下辅助集输措施：

(1)井口功图计量技术。该技术改变了传统的站内计量方式，油井计量从站内前移至井口。实现了“双管集输流程”向“单管集输流程”的转变，集油管道敷设长度减少约50%。

(2)加药降黏。集输管线堵塞的主要原因是油温在不断下降过程中，石蜡从原油中析出附着在管壁上造成的，因此要实现不加热油气混输必须采取配套的清蜡防蜡措施。因中原油田集输系统采用串接工艺，支线多，通球困难，为防止集输管道结蜡影响生产，在集输干线远端的站场定期加注降黏剂和破乳剂。降黏剂的作用机理主要是干扰凝固晶体生长，降低凝固物结晶温度、改善原油流动性。破乳剂主要破坏原油乳状液稳定性，降低界面张力，改善乳状液的流变性质。

(三)技术指标

采用单管不加热油气混输技术，解决了中原油田加热输送存在的能耗高、集输系统效率低、安全环保风险大的问题。通过室内试验和现场试验综合确定了含水率85%以上、产液量 $8m^3/d$ 时常温集输安全技术界限最低为26～28℃。该界限与原油组分有关，需要根据具体情况分析。

(四)技术应用

中原油田东濮四个采油厂参考不加热集输安全界限，结合各采油厂实际情况，2022—2023年冬季试验区块停用了77台单井加热炉和75台计量站加热炉，节约伴生气约 $165\times10^4m^3$，集输系统运行安全平稳。节约伴生气将提高轻烃产量，增加产品收入，减少维修维护费用。

中原油田集输系统油气水混输不加热集输技术的应用，提升了老油田地面集输系统优化简化工程技术水平，保障了油田地面系统高效运行，降低了安全风险、减少了环境污染，有力支撑油田绿色企业创建，实现对社会的安全环保承诺。

(五)风险防控

油气水混输不加热集输工艺受原油性质、产出液量等影响较大。在现场实施前需要进行现场试验，确定高含水原油粘壁集输温度初步范围后再推广应用。主要从评估与识别风险、人员安全培训、严格执行操作规程、设备维护与检查、应急预案制定与演练等方面制定安全防控措施。

二、老油田集输系统优化简化技术

(一)技术背景

中原油田地面系统建于20世纪80年代初，集输系统优化为二级，采用一级半或二级布站模式，配套单管密闭端点加药集输工艺。低产低能井采用掺水、井口加热集油工艺，零散井、边缘井采用多功能罐单拉工艺。随着油田含水率上升，特高含水油田集输工艺不适应生产实际，初期工艺低效高耗。依托信息化和软件模拟技术，对集输系统优化简化，形成高含水期油气集输优化简化工艺模式。

(二)技术特色

按照以效益求生存、求发展的指导思想，以实现节能降耗、降本增效、安全清洁生产为目的，针对高含水期地面已建集输系统现状，综合考虑调整局部管网所需初始投资、建设费用、维护费用，以及整个集输系统的运行成本，以等额年费用最小为优化目标，建立了高含水油藏地面集输管网压降计算和拓扑优化模型，解决了现有模型对高含水－低含气－低流速原油多相流适应性差的难题。通过对单井管线、集输干支线优化并归，计量站进行优化合并，形成了“串、撤、并、分、简”的技术路线。

(1)串：在远程控制计量技术配合下简化井站管网，采用单井示功图计量产量，单井出油管线串联集输，常(低)温输送，减少或取消井口加热。利用高液量、高含水油井作为源头井，将周边的油井串接到系统干线生产，以降低系统能耗。将单井管网从放射状星形连接方式转变为树枝状管网连接方式，减小管网系统的管线总长度，进而降低集输管网的建设投资。单管串接油井数范围一般为1～3口。过多数量油井串接在一起，会使得井口回压增大，影响油井生产产量。

(2)撤：结合串接集输工艺，通过集输管网参数优化结果，以进站或进干支线前温度≥原油凝点3℃为标准，满足条件的撤销计量站，管线通过阀组汇入或就近直接进入干支线。通过实施集中增注，撤销、合并部分注水站和增注站点。

(3)并：将集输管网规划方案优化问题分解为管网井站布局优化、管网拓扑结构优化、管线参数优化这三部分。对管网进行水力、热力模拟分析，采用分级优化策略和遗传算法优化求最优解。将原油集输以及注回水干支线、油气站场、增注站点优化合并。

(4)分：推广应用预分水节能降耗技术，高含水期采出液实施预分水、就地回注，注水(增压)站按照高压、中压、常压三级压力系统，完善分级分压注水。

(5)简：为解决高耗低效，原有的处理工艺不能满足现阶段开发形势的矛盾，对原油、天然气集输处理站场工艺流程进行优化简化，提高系统效率。

(三)技术指标

按照建设绿色企业的工作思路，以能够降低集输系统建设投资和运行能耗为目标。通过管道串联优化合并、注水阀组分级分压改造、大排量柱塞泵等四新技术应用，实现了集输系统节能降耗、降本增效，预计“十四五”期间地面系统效率提升10%，系统能耗降低20%，生产管理人员优化30%，综合运营效益提升20%以上。

(四)技术应用

应用示功图计量、井口串接，优化油气流向、管径、合并集输支干线，有效压减管线长度；减少运行设备，提高了负荷率。在濮城、文卫、文留、文南、胡庆等油田累计实施单井串联1479口，合并集输干线36条，减少干支线23条，撤销计量站、集气站110座，实施分压注水站点21个，优化合并增注站(配水间)103座，减少增注泵33台，减少运行维护成本5165×10^4元/年。如图1-1-2为文卫干支线优化示意图。

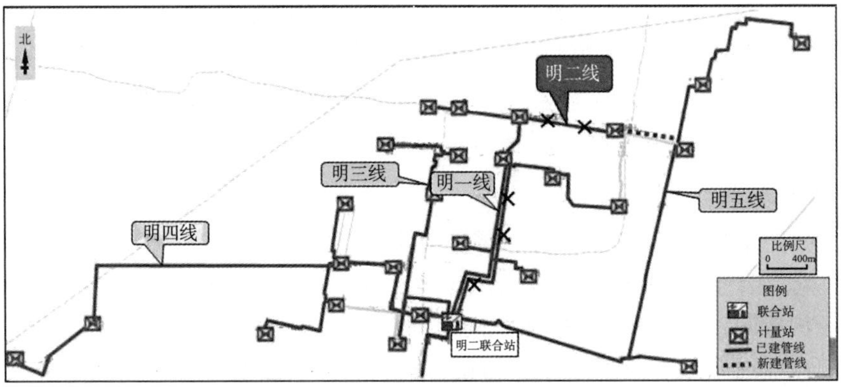

图1-1-2　文卫干支线优化示意图

(五)风险防控

系统优化简化技术在应用过程中不断完善。其中串联管网集输工艺的核心是单井自动计量技术，单井自动计量技术可实现油井自动监测和控制、实时示功图、压力、温度等数据采集，油井工况诊断、产液量计量等功能。但目前无杆泵采油、自喷井还没有成熟的自动量油技术，需要进一步深化研究。

老油田集输系统优化简化技术要与油田开发充分结合，从建设源头上优化工艺、规模、投资，助力生产期降成本。要解放思想，遵循客观规律，结合老油田特点，推进系统优化调整，控增量优存量，多措并举提质增效。

三、非金属管材适应性评价及规模化应用

管道防腐一直是油田源头防腐的重要工作，随着科技的发展，复合型的材料不断出现，与金属管道相比，非金属管材具有耐腐蚀、使用寿命长等优点。因此，非金属管道得以广泛应用，在使用中体现出的优势也逐渐得到了石油行业的认可，也为油田安全生产、降本增效和持续稳定发展提供了强有力的保障。

(一)技术背景

中原油田先后经历了二次采油和三次采油阶段，大规模采用了水驱、聚驱及三元复合驱，油田采出的原油含水率逐年提高，钢管道的腐蚀、结垢问题日益突出。根据调查研究，油田采出液含水率已达94%。采出水矿化度大多在15×10^4mg/L以上，且含有溶解O_2、CO_2、H_2S、SRB(硫酸盐还原菌)等有害成分，对钢管道腐蚀较严重。因此，近几年中原油田开始进行非金属管道应用研究，非金属管材具有耐腐蚀、使用寿命长、水力摩阻因数低、耐磨、延缓结蜡结垢等优点，在油气田开发地面工程建设中得到了较大规模的应用。据统计使用总量比例已达到45.1%，其中单井集油管线占比35.5%，集油支线占比68.5%，集油干线占比74.2%，输油干线占比19.7%，且逐年递增。非金属管材的应用对减缓管道腐蚀、节省地面投资、降低维护成本等发挥着重要的作用。

非金属管道在解决油田腐蚀问题上取得了明显的效果，通过工程实际应用，大多数非金属管道生产运行基本正常，但部分管线暴露出不同程度的渗漏、断裂损坏等问题，为了进一步规范非金属管道的应用，使用前需对管材进行适应性评价，结合非金属管道现有标准规范使用情况，进一步推进非金属管道的规范化应用，为油田地面管线腐蚀防护提供技术支持。

(二)技术特色

1. 玻璃钢管道技术

(1)玻璃钢管道应用优点

玻璃钢是以玻璃纤维及其制品作为增强材料，以合成树脂作为基体材料的一种复合材料。构成复合材料的各种原材料在性能上互相取长补短，产生协同效应，使复合材料的综合性能优于原组成材料，因而使复合材料管道表现出了多方面优于金属管道的优良性能。其性能特点主要表现在以下几个方面：

①耐腐蚀，使用寿命长。

②水力特性好、内壁光滑、水力摩阻小、输送能耗降低、不易结垢、不生锈。

③抗老化性能和耐热、抗冻性能好。

④热导率小、保温及电绝缘性能好。

⑤质量轻、比强度高、抗疲劳性能好。

(2)玻璃钢管道评价指标

①外观检验

外表面应光滑、平整，无裂纹、划伤、杂质、颜色不均等缺陷。

②性能参数评价(表1-1-2)

表1-1-2 玻璃钢管技术参数

特性		特性值(酸酐固化)		特性值(芳胺固化)	
		24℃	65℃	24℃	93℃
轴向拉伸	极限应力/MPa	73.8	49.8	71	53
	设计应力/MPa	18.4	12.5	17.8	13.2

续表

特性		特性值(酸酐固化)		特性值(芳胺固化)	
		24℃	65℃	24℃	93℃
ASTM D2105	弹性模量/MPa	10825	8480	12411	7997
	泊松比	0.38	0.4	0.38	0.38
轴向压缩	极限应力/MPa	131	NA	131	140.6
	设计应力/MPa	32.8	NA	54.7	35.1
ASTM D695	弹性模量(ASTM D695)/MPa		NA	8687	4550
梁弯曲 ASTM	极限应力/MPa	110	NA	159	118
	设计应力/MPa	13.4	NA	20	14.8
	弹性模量(ASTM D695)/MPa	13400	3260	15031	8890
静压爆破试验 ASTM D1599	极限环向拉伸应力/MPa	345	NA	319	331.1
瞬时爆破强度试验 ASTM D1599	温度20℃，瞬时爆破压力	≥公称压力×3	≥公称压力×3	≥公称压力×3	≥公称压力×3
长期静水压强度试验 ASTM D1598	根据10000h长期静水压强度试验确定管道使用寿命下的适用压力和温度				
模拟现场工况耐腐蚀性能	1. 重量变化满足ISO 23936－1标准所规定的极限范围±5% 2. 形貌均未出现开裂、起泡、变形等现象				
线膨胀系数(ASTM 696)/$℃^{-1}$		2.29×10^{-5}	NA	2.27×10^{-5}	2.27×10^{-5}
导热系数(ASTM E1225)/[W/(m·℃)]		≤0.36	≤0.36	≤0.4	≤0.4
相对密度(ASTM D792)		2.03	2.03	2.0	2.0
绝对当量粗糙度/μm		≤5.3	≤5.3	≤5.3	≤5.3

2. 柔性连续复合管技术

(1)柔性连续复合管应用优点

柔性连续复合管是一种有机纤维增强热塑性塑料复合管，通常包括玻纤增强柔性复合管、涤纶纤维增强柔性复合管、芳纶纤维增强柔性复合管。管材结构分为内衬层、增强层和保护层三层结构，接头采用电熔焊连接或机械扣压连接。国内产品常采用聚酯纤维(涤纶纤维)为增强材料。

柔性连续复合管的柔韧性好，防腐性能优异，抗冲击性能优良；连续成型，单根可达数百米，接头少；重量轻，运输成本低；安装快速简单。

(2)柔性连续复合管评价指标

①外观检测。外表面应光滑、平整，无明显气泡、裂纹、划伤、杂质、颜色不均等缺陷。

②性能参数评价(表1－1－3)。

表 1－1－3　柔性连续复合管理化性能

项目	指标
轴向拉伸	进行轴向抗拉性能试验后，连续管不应发生断裂，且轴向伸长量不应超过试验段长度的 5%
受压开裂稳定性	表面无裂纹
纵向回缩率(针对聚合物传输层)	<3%
短期静水压强度试验	常温：公称压力 ×1.5，保持 4h，无破裂，无渗漏，压降小于 4%
瞬时爆破强度试验(常温)	≥公称压力 ×3
线膨胀系数/℃ $^{-1}$	9.5×10^{-5}
导热系数(20℃)/[W/(m·℃)]	<0.4
绝对当量粗糙度/μm	≤0.3
模拟现场工况耐腐蚀性能	1. 重量变化满足 ISO 23936－1 标准所规定的极限范围 ±5% 2. 形貌均未出现开裂、起泡、变形等现象

3. 钢骨架复合管技术

(1)钢骨架复合管应用优点

钢骨架复合管是以钢骨架为增强体、以热塑性塑料(聚乙烯)为连续基材，采用一次成型、连续生产工艺，将金属和塑料两种材料复合在一起成型，是一种增强热塑性非金属管。复合管根据增强层的结构特点不同，分为钢丝焊接骨架增强聚乙烯复合管、钢板网骨架增强聚乙烯复合管和钢丝缠绕骨架增强聚乙烯复合管等。

钢骨架复合管既具备了金属管道优越的承压能力，又拥有塑料管道耐腐蚀的优点，可以实现双面防腐、耐高压。同时拥有较强的抗蠕变性能和机械强度，在不同温度下的压力折减系数也比较高，不易产生变形及破裂。该管材采用了成熟的电熔连接工艺，且单根管材的长度长，可减少连接管件以及漏点，泄漏率极低；在使用期内需维护的次数极少，综合成本较低。同时中小管材可以适当弯曲，利于适应施工环境，安装较为便捷。

(2)钢骨架复合管评价指标

①外观检测。复合管及管件的表面应清洁、平滑，无明显划伤、杂质、颜色不均等缺陷，复合管及管件两端应平整。

②性能参数评价(表 1－1－4)。

表 1－1－4　钢骨架复合管理化性能

项目		指标
受压开裂稳定性		内、外表面无裂纹
纵向尺寸收缩率(110℃，保持 1h)/%		<3
长期静水压强度试验 ASTM D1598	根据 10000h 长期静水压强度试验确定管道适用寿命下的适用压力和温度	
模拟现场工况耐腐蚀性能	1. 重量变化满足 ISO 23936－1 标准所规定的极限范围 ±5% 2. 形貌均未出现开裂、起泡、变形等现象	

续表

项目			指标
短期静液压强度试验[a]	温度20℃，时间100h 试验压力：公称压力×1.5		不破裂、不渗漏
	温度70℃，时间100h 试验压力：公称压力×1.5×0.7		不破裂、不渗漏
	温度80℃，时间100h 试验压力：公称压力×1.5×0.6×2.291		不破裂、不渗漏
瞬时爆破强度试验	气体介质	温度20℃，瞬时爆破压力	≥公称压力×3.3×1.6
	其他类型介质		≥公称压力×3
耐化学性能	10%氯化钠溶液		质量变化±0.2(mg/cm²)
	30%硝酸		质量变化±0.1(mg/cm²)
	40%硝酸		质量变化±0.3(mg/cm²)
	40%氢氧化钠溶液		质量变化±0.1(mg/cm²)
氧化诱导时间[b](200℃)/min			>20
熔体质量流动速率(190℃，5kg)/(g/10min)			加工前后变化<20%
线膨胀系数/℃$^{-1}$			$3.54\times10^{-5}\sim3.59\times10^{-5}$
导热系数(20℃)/[W/(m·℃)]			≤0.43
绝对当量粗糙度/μm			≤1.0
不圆度/%			≤5
最小弯曲半径	*DN*50～*DN*150		≥80*DN*
	*DN*200～*DN*400		≥100*DN*
	*DN*450～*DN*500		≥120*DN*

a. 复合管和管件用于输送气体介质时，进行20℃和80℃短期静液压强度试验；
b. 复合管及管件在输送气体介质时进行氧化诱导时间和熔体质量流动速率试验。

4. 非金属管适用条件(表1－1－5)

表1－1－5 非金属管适用条件和范围推荐表

非金属管	管径/mm	允许使用压力/MPa	使用温度/℃
玻璃钢管	*DN*40～*DN*200	≤25	－30～65(酸酐固化) －30～85(芳胺固化)
钢骨架复合管	*DN*40～*DN*500	≤25	－40～70(介质传输层为聚乙烯) －40～90(介质传输层为交联聚乙烯)
柔性连续复合管	*DN*17～*DN*200	≤40	－40～70(介质传输层为聚乙烯) －40～90(介质传输层为交联聚乙烯) －40～110(介质传输层为聚偏氟乙烯)

备注：非金属管公称压力应根据不同温度进行修正。

（三）技术指标

非金属管道在普通油田污水工况中的使用寿命比普通金属管道寿命延长一倍以上，综合使用成本低于金属管道。管道规格覆盖 *DN*40 ~ *DN*900，压力等级≤34.5MPa，耐温等级 -20 ~ 120℃，配套多种接头连接方式以及安装和维修方式，满足油田各种工况要求。

（四）技术应用

非金属管材具有耐腐蚀、使用寿命长、安装运输方便、维修费用低、水力摩阻因数低、耐磨、延缓结蜡结垢等优点，近几年在中原油田东濮老区地面工程建设中得到了较大规模的应用，据统计使用总量为 942.06km，占比已达到 45.1%，之后将加大应用力度，同时逐步推广到内蒙古探区。

非金属管材的应用有效提升了油气田地面集输管线的耐蚀性能，延长了管道使用寿命，避免了油气泄漏带来的安全环保隐患，减少了生产单位对管线的管理强度，有利于生产的安全运行和生态环境保护，也有利于油气田生产的发展及周边社会的稳定。图 1-1-3 为非金属管材现场应用。

图 1-1-3　非金属管材现场应用

（五）风险防控

非金属管材实验评价中会涉及高温、高压、酸碱、爆破等相关危险因素，因此应严格遵守修改操作规程，根据相关标准进行评价。

四、原油管线泄漏定位技术

（一）技术背景

原油管线泄漏定位技术在现代石油工业中至关重要。我国油气管道网络延伸且复杂，确保其安全运营尤为关键。一旦发生泄漏，不仅会造成经济损失，还会破坏环境、影响生态和社会稳定。中原油田东濮老区油气储运中心管辖原油管道长 77.8km，因使用年限长、腐蚀穿孔泄漏及打孔盗油活动频繁，人工巡检已无法保证管道安全。泄漏不仅会破坏环境，还会带来舆情压力。因此，日常监测管道运行状态、及时发现并精准定位泄漏是亟须解决的问题，引入原油管线泄漏定位技术能够有效应对这一挑战。

(二)技术特色

当管线由于机械碰撞、材料失效等原因发生泄漏时，管内介质在内外压差的作用下迅速流失，引起泄漏点处密度减小，压力降低。由于流体的连续性特点，速度改变较滞后，在泄漏点和其相邻区域产生压差，高压流体流向低压区域，即泄漏点两侧流体迅速填充泄漏区，从而又引起泄漏点相邻区域流体密度和压力降低。这种现象从泄漏点沿管道依次向上下游扩散，相当于在泄漏点产生以一定波速传播的负压力波，在水力学上称为负压波。

由于管道的波导作用，泄漏产生的负压波将沿管道传播，传播速度大致为声波在流体内的传播速度。通过在管道两端设置动态压力传感器捕捉负压波信号，根据负压波波速的压力传感器捕捉到负压波信号的时间差，进而对泄漏点进行定位。

(三)技术指标

1. 可测量单段管道最大长度：50km；
2. 可测量管道形式：普通管道与分叉管道均可；
3. 系统反应速度：60s 以内；
4. 泄漏检测灵敏度：可分辨的最小泄漏量为 30L/min；
5. 泄漏点定位误差：±300m。

(四)技术应用

中原油田油气储运中心自主研发了管线微机监控系统，对 6 条 77.8km 输油管线的输油参数(如含水、温度、压力、流量、标体差)进行实时监测。但由于近年来，犯罪分子打孔盗油或腐蚀穿孔等原因，泄漏事故时有发生，给油田造成巨大的经济损失和环境污染。为了能够及时发现泄漏点，打击盗油罪犯、降低环境污染、减少经济损失，中原油田油气储运中心联合外部公司合作开发了管线泄漏定位监测系统。

所有管道的监控系统使用 PIPEGUARD TM 4.0 泄漏定位系统。该系统原理为负压波法、流量平衡法及综合神经网络智能辨识方法，该方法结构简单，设备安装方便，使用安全。

系统操作：系统的主界面为数据显示界面区，如图 1－1－4 所示。

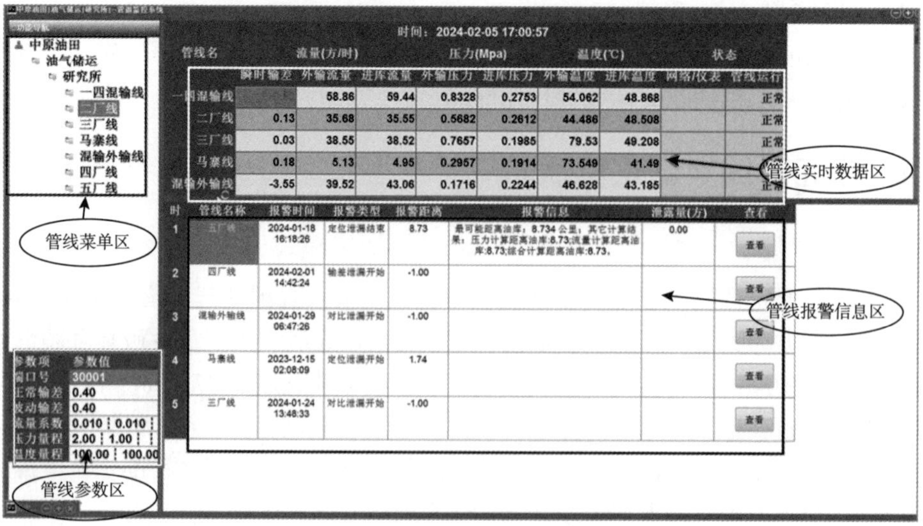

图 1－1－4　系统主界面图

管线菜单区：管线快捷操作菜单栏，右击管线名称可以实现参数设置、查询、实时曲线、历史查询、手动计算、查看报警地图、查看输差泄漏报警等功能。

管线参数区：显示管线通信参数、报警参数、仪表参数。

管线实时数据区：显示管线的实时数据包括管线名、瞬时输差、外输流量、进库流量、外输压力、进库压力、外输温度、进库温度、网络/仪表运行状态、管线运行状态等。

管线报警信息区：显示历史管线报警信息。

泄漏定位分析：管线出现输差后，确定输差开始时间，进入泄漏定位系统历史曲线界面，如图 1－1－5 所示。结合输差时间，找到管线由于泄漏导致管道压力、流量平衡被破坏的曲线段。选择合适的 X 轴时间，并过滤掉波动较大的非泄漏导致的曲线段。

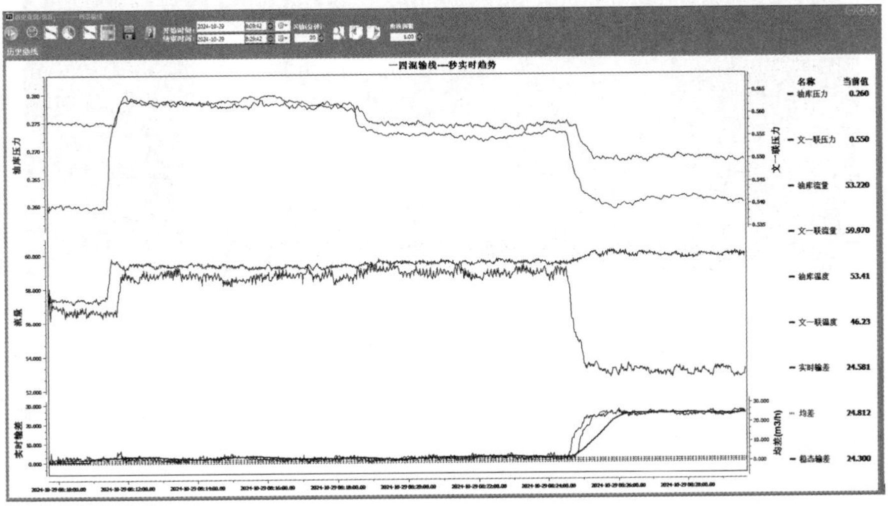

图 1－1－5　输差历史查询

点击曲线操作栏的“时间差”，将出现的两条竖线移至因管线泄漏导致的压力或流量拐点，以截取时间差，如图 1－1－6 所示。

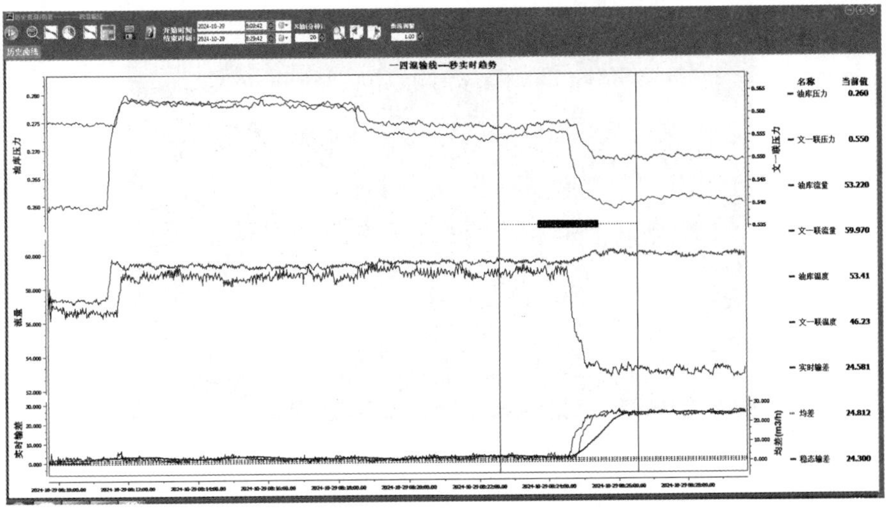

图 1－1－6　泄漏工况查询

点击曲线操作栏的“手动计算”，选择第一拐点站，计算最终计算结果，即泄漏点位置离第一拐点站的距离，如图 1－1－7 所示。

当管线中间有泄漏盗油情况发生时，泄漏点泄压、漏油，导致管道压力、流量平衡被破坏，泄漏点压力波向管道两端传播，管道两端压力会下降而建立新的平衡。流量的大小和管道压差呈线性关系，由于泄漏点压力比没有泄漏时小，所以：

$$P_S - P_L > P_S - P_{OL}$$

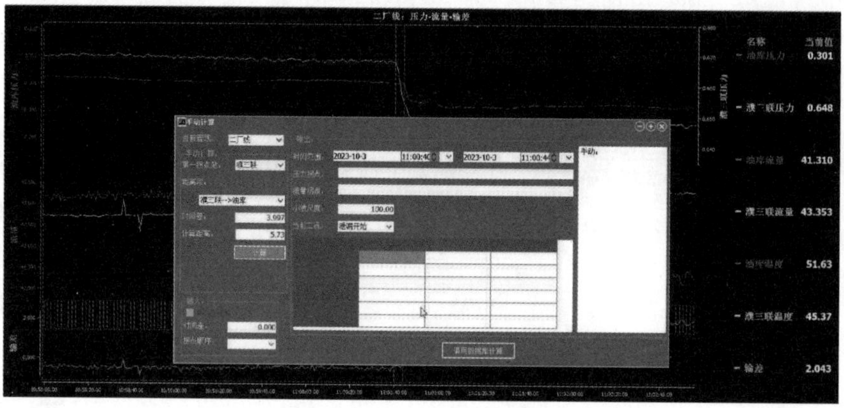

图 1－1－7　泄漏手动计算

即起始站压力与泄漏点泄漏时压力差大于起始站压力与泄漏点未泄漏时压力差，因此，起始站流量会有小幅度上升，而末站由于泄漏点损失，末站流量会下降，输差(起始站流量－末站流量)会上升。

泄漏判断原则，如图 1－1－8 所示：

泄漏开始：三降两升(三降：两站压力降、末站流量降；两升：起始站流量升、输差升)。流量分家：起始站流量升，末站流量降。

泄漏结束：三升两降(三升：两站压力升、末站流量升；两降：起始站流量降，输差降)。

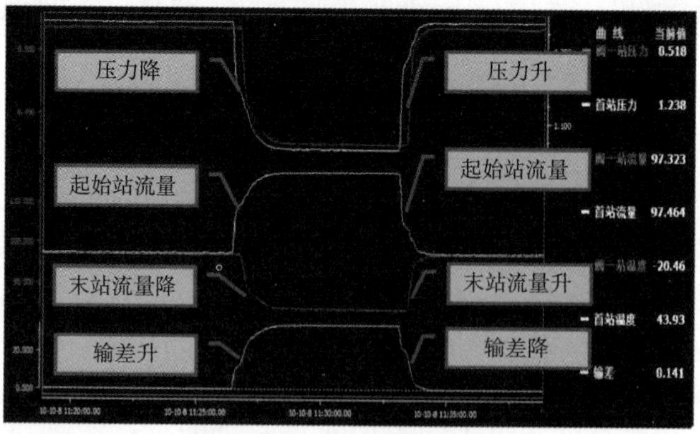

图 1－1－8　泄漏判断原则

(五)风险防控

当前系统仍存在误报警和小输差无法报警的缺陷，需要结合管线实际情况对一次仪表的精度进行升级并对整个系统的误差系数进行修改，达到泄漏必报警，报警必泄漏，定位精准性也有所提升，有效减少原油损失。

五、金属磁记忆无损检测技术

（一）技术背景

金属磁记忆无损检测技术，应用铁磁性材料的维拉利效应及金属磁记忆原理，用于非开挖条件下扫描埋地钢质管体因缺陷而产生的应力集中分布情况，可检测管体腐蚀、划伤、变形缺陷等。能为无法实施内检测管道提供管体损伤外检测技术方法，能够检测并定量地评估出所有冶金缺陷、腐蚀或各种形式的地壳运动引起的扭曲、下陷和应力变化造成的危害，还能计算管道中有缺陷管体所能承受的运行压力和管道的安全运行寿命。该技术具有无须开挖、无须施加信号、无须接触管体即可检测管体缺陷情况的优点。

中原油田油气储运中心通过多方调研和现场测试验证，在现有金属磁记忆检测技术的基础上，通过组合不同的检测设备，优化出了一整套利用金属磁记忆检测技术快速定位管道本体内外缺陷的技术方法。

（二）技术特色

管体上存在的冶金和机械等原因造成的缺陷会引起该区域内管体应力的变化，进而导致附近和周边区域内磁场发生变化。这种磁场的变化可以在地面上方进行探测和记录，再上传到计算机，使用专用的数据处理软件进行分析，评价每个缺陷的失效危险等级。对缺陷周边区域上应力值的相应变化，所引起管线上方磁力剖面发生的变化是可以探测和测量的，这种磁力的变化被称为磁力异常。金属磁记忆检测技术通过高灵敏的磁力仪阵列进行数据采集和分析。在检测路由上方或周边，可能会存在一些与目标管线不相关的铁磁性干扰，这些干扰可能会对目标管线上的磁力异常造成覆盖或其他无法预测的影响，所以在检测过程中这些区域需要被记录下来，在数据分析过程中应对这些区域予以注意，这些磁力异常的反应可能不是由于管体缺陷造成的，在指定开挖验证点时要避开这些区域。当然，也可根据干扰区域造成的磁力异常等级对其他异常区域修正。

金属磁记忆检测基本流程如图1－1－9所示。

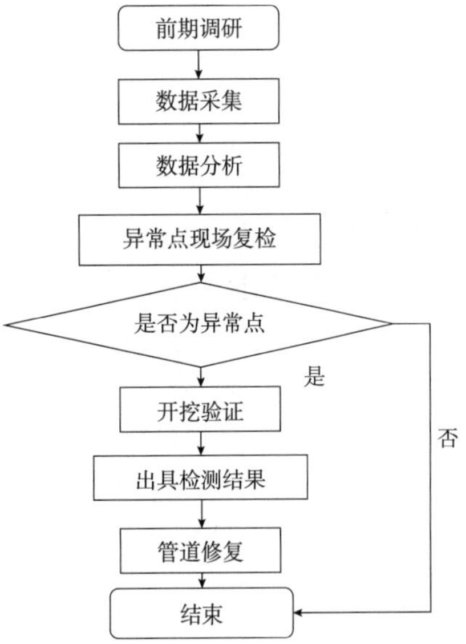

图1－1－9　金属磁记忆检测基本流程

（三）技术指标

（1）在管道上方以非接触式检测由管体缺陷形成的磁异常数据，检测时管道不开挖，不破坏防腐。

（2）无须对检测目标施加信号，不影响管线正常运营。

（3）高精度亚米级GPS，可实现精确定位≤0.5m。

（4）管体安全状态评估，检测结果全方位展示。

（5）准确率高，达到82%以上。

(四)技术应用

1. 仪器组装

仪器共分为三部分：主机、背架、GPS天线，将检测系统进行组装，接线时注意不要将充电接口和GPS接口接混。设备GPS天线由固定杆安置在背架顶部，在组装设备时检测人员需通过螺母将其锁紧，防止在行走过程中发生大幅度晃动，GPS天线连线长1.2m，在天线及设备两端插口插好后同样需锁紧，防止接触不良对GPS信号稳定性造成影响，背负系统应通过紧固装置保证其在行走过程中的稳定。

2. 仪器设置

仪器开机界面：按下仪器的电源开关后，仪器通电并自动进入设备的开机界面，该界面包含仪器名称及开发单位。

卫星搜索界面：仪器在开机界面停留几秒钟完成自检后，会自动进入卫星搜索界面，搜索时"搜索卫星"文字闪烁，搜星完成后闪烁停止，按任意键进入主菜单。

主菜单界面：主菜单界面包含数据采集、文件管理、GPS坐标、仪器校准四个选项，用户可通过回车键和方向键进行选择。

采集界面：设备采集界面，在采集数据时，用户可在采集过程中实时观测相关数据及曲线。

3. 数据分析

具体数据分析可分为数据预处理及数据分析两部分。

数据预处理需通过数据预处理软件MTM－Pre进行，当数据由U盘导出到PC端后，首先要经过预处理，通过预处理可得到G－MTM分析数据、GPS表格、地面标识信息表格三个文件。经预处理后的文件可通过PC端的上位机软件(G－MTM)打开数据并进行相关的数据分析。地面标识信息表格需在数据分析时对应检测文件导入G－MTM中进行对应分析。检测出的异常区段需根据相对距离对应GPS表格进行标定，并且可根据相应GPS坐标成图。

(五)风险防控

(1)检测准确性与可靠性：确保检测结果的准确性和可靠性是首要任务。这要求操作人员经过专业培训，熟悉检测原理和设备操作，同时应定期校准检测仪器，避免因操作不当或设备精度问题导致误判。

(2)环境干扰控制：金属磁记忆检测依赖于测量材料表面的自然漏磁场，因此必须有效控制外部磁场干扰，如电力线、电磁设备等的干扰，以减少假阳性或假阴性结果。

(3)材料适用性限制：该技术仅适用于铁磁性材料，对于非铁磁性材料无效。因此，在检测前必须确认被检材料属性，避免在非适用材料上浪费资源或得出错误结论。

(4)应力状态影响：金属磁记忆效应与材料的应力状态紧密相关，因此在解读检测数据时，需要考虑工件的实际工作条件和历史应力状态，避免单纯依据磁记忆信号做出结论。

(5)数据分析标准化与系统化：建立统一的数据分析标准和系统，可以提高检测结果的可比性和复现性，减少人为解读误差。

六、空气源热泵技术

(一)技术背景

中原油田原油集输系统主要采用加热输送工艺，常用设备为加热炉，每年消耗伴生气约 $650\times10^4m^3$，能耗高、效率低、安全环保风险大，严重制约了油田效益开发。开发后期伴生气递减加快，加热炉供气不足也成为原油集输系统的矛盾之一。随着国家对环保的日益重视，加热炉使用伴生气作为主要能源，烟气排放达不到环保要求。生态环境部《关于京津冀大气污染传输通道城市执行大气污染物特别排放限值的公告》(公告 2018 年第 9 号)要求，包括北京市、天津市、山东省菏泽市、河南省郑州市等“2 + 26”个城市，现有企业应在规定期限内达到大气污染物特别排放限值。逾期仍达不到的，相关部门将依法责令改正或限制生产、停产整治，并处以罚款；情节严重的，报经有批准权的人民政府批准，责令停业、关闭。针对计量站采出液加热过程中伴生气量不足、伴生气质量不达标造成的集输系统安全隐患和环境问题，利用新型节能设备空气源热泵加热装置替换现有燃气加热炉，消除安全隐患和加热炉冒黑烟的环保问题。

(二)技术特色

空气源热泵采用高温专用压缩机，利用逆卡诺原理，使冷媒从周围环境(温度较低的空气中)中吸取热量，并将冷媒直接输送到原油专用换热器，通过制冷剂相变释放热量，把热量传递给被加热的对象(原油)，完成热量的传递过程(图 1 – 1 – 10)。该加热装置采用防腐、防爆的石油专用换热器，使冷媒 – 原油直接换热，减少了一般空气源热泵中间水换热环节，提高了换热效率。同时加热装置配有 PLC 温控系统，加热装置系统可全自动高效运行。

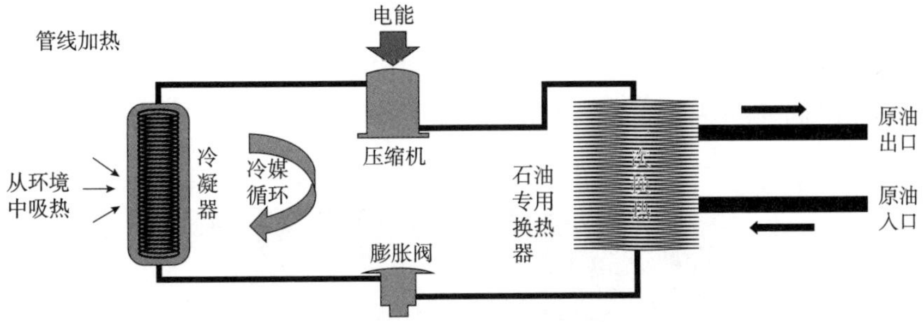

图 1 – 1 – 10　空气源热泵工艺流程图

1. 主要部件

空气源热泵加热主要有蒸发器、油 – 气换热器、热泵循环系统、配套管路和控制系统等。主要部件及其技术参数见表 1 – 1 – 6。

表 1 – 1 – 6　空气源热泵主要部件技术参数表

序号	名称	备注
1	蒸发器	双排紫铜 V 形
2	油 – 气换热器	耐腐蚀、抗结垢、不堵塞
3	热泵循环系统	含压缩机、膨胀阀、气分等

续表

序号	名称	备注
4	控制主板	根据现场要求定制
5	智能轮值系统	3/4 模式工作
6	不结霜系统	全年无休加热模式
7	远程监控系统	485/4G
8	补气增焓系统	最低工作温度 -25℃
9	高温出油系统	最高出油温度 85℃
10	防爆控制箱	含显示屏、断路器、接触器等
11	橇装底座	—
12	电线电缆	—
13	管材配件	管件、法兰等

2. 技术参数

运行电压：AC 220V/380V ±10%，50Hz ±1Hz

运行环境温度：-30 ~ +65℃

储存温度：-40 ~ +80℃

主机在环境温度 -5 ~0℃，额定工作温度 85℃工况下，COP 值≥2.0；主机在环境温度 15 ~20℃，额定工作温度 85℃工况下，COP 值≥2.9；环境温度在 -12℃时，COP 值 >2.1，环境温度在 -20℃时，COP 值 >1.6。

相对湿度：0% ~95% RH

额定功率：应用环境计算匹配

3. 装置特点

(1)整套机组橇装，智能控制一体化，现场安装方便，灵活。图 1-1-11 为空气源热泵装置图。

图 1-1-11　空气源热泵装置图

(2)机组采用全新的开放式结构，面板可随意拆卸，维修空间大，维护保养方便。图 1-1-12 为机组面板。

(3)热效率高。空气源热泵在运行时消耗少量的电能，从空气中提取低温热能，压缩后为换热器提供有效热能直接对输送原油加热，热损小、热效率高，表1－1－7为空气源热泵热效率情况。

图1－1－12　机组面板

表1－1－7　空气源热泵热效率

名称	热值	热效率/COP	名义热值
燃气锅炉	8400kcal/m^3	65%/0.65	5460kcal/m^3
电加热/电磁加热	860kcal/(kW·h)	95%/0.95	817kcal/(kW·h)
空气源热泵	860kcal/(kW·h)	300%/3.0	2580kcal/(kW·h)

(4)安全环保有保障。空气源热泵使用电能和空气中提取的低温热能，整个工作过程没有任何的污染物和废水排放。系统内部相变的介质选用的是R134a、R417a等环保冷媒，零排放、零污染、绿色环保。机组在运行时没有燃烧部分、不会产生明火和火花。

(5)自动化程度高。智能控制一体化，启动后自动按设定温度调节功率，多台串联使用时自动轮值。电控4G模块和RS485双重远程数据传输与控制，通过4G模块实现远程手机App控制。图1－1－13为4G远程手机App控制界面。

图1－1－13　4G远程手机App控制界面

(6)机组各项仪表参数采集进机组自带 PLC 控制系统，通过数据线接入本地信息采集柜，完成设备“远方/就地”远程启、停操作功能，结合远程监控系统实现远程启、停操作，满足现场无人值守要求。

(三)技术指标

中原油田技术监测中心节能监测站 2023 年 1 月对庆祖采油管理区庆 2#站空气源热泵系统开展能效测试、评价分析。测试结果见表 1－1－8。

表 1－1－8　测试结果汇总表

设备名称	检测项目	检测结果	名义工况性能系数
空气源热泵机组系统	环境温度/℃	0	
	平均进口温度/℃	40.7	
	平均出口温度/℃	53.6	
	被加热介质流量/(t/h)	8.89	
	有功功率/kW	39.38	
	制热能源消耗效率/(w/w)	3.34	2.57

注：名义工况性能系数为－12℃下，该机组额定制热量与额定输入功率的比值。

(四)技术应用

2022 年 8 月在庆祖油田庆 2#计量站首次应用，庆 2#站外输液量 176m^3/d，含水 92.3%，进站温度 35℃，加热至 48℃，天然气需求量 401m^3/d，站内伴生气 127m^3/d，伴生气缺口 274m^3/d。空气源热泵技术的应用，庆 2#计量站外输温度由 36℃提升至 49℃，外输干压由投用前 0.65MPa 降至 0.52MPa。庆 2#计量站所辖油井及其上游庆 8#计量站、下游庆 10#计量站外输干压均有一定下降(表 1－1－9)。

表 1－1－9　庆祖油田外输干压

序号	计量站名称	规格(材质、管径)	长度/m	设计压力/MPa	现状输液量/(m^3/d)	投产前外输压力/MPa	投产后外输压力/MPa	前后对比/MPa
1	庆 8#	钢骨架增强热塑性塑料复合连续管 *DN*80	800	1.6	73	0.76	0.62	－0.14
2	庆 2#	钢骨架增强热塑性塑料复合连续管 *DN*80	700	1.6	177	0.65	0.52	－0.13
3	庆 10#	钢骨架增强热塑性塑料复合连续管 *DN*80	700	1.6	123	0.53	0.45	－0.08

(五)风险防控

1. 紧急情况

(1)如遇紧急情况，系统可自动判断并停机，也可手动操作停机。

(2)系统有报警功能，低压、高压、低温、高温的情况会有报警提示，紧急措施是检查并排除报警原因，重新操作开机流程。报警功能在系统内部主机的主板上、控制柜控制面板上、远程操作系统上都会体现。

2. 触电、雷击风险

(1)正常操作无触电风险，如需接触系统内部部件，需按要求佩戴使用劳保防护用品，按规程操作。

(2)按要求检查接地线保持完好。

3. 高温烫伤风险

(1)主要是管道、换热器有高温风险，有保温措施，如需拆除保温隔离，接触高温部位，按要求穿戴劳保用品。

(2)高温部位挂警示标识。

4. 火灾、水灾风险

系统自动停机，或者按操作规程手动操作停机。

5. 设备内部故障风险

出现故障的子系统自动停机，由于整套设备有智能轮值机制，不影响运行效果；查明原因、排除故障后恢复运行。

6. 冷媒泄漏的风险

(1)如果泄漏，不会对环境和人体造成任何危害，在空气中也不可燃、不会爆炸，仅仅会导致该子系统低压报警。

(2)系统自动判断并关闭该子系统，也可手动操作关闭；由于整套设备有智能轮值机制，不会影响运行效果。

(3)修复泄漏点，同时补充冷媒即可解除故障。

7. 空气源蒸发器遮挡或者结霜的风险

(1)空气源蒸发器如果被遮挡，比如过多的风沙、落叶等，可能出现空气流通不畅的风险，该风险仅能影响换热效率，解决措施是清理遮挡物即可。

(2)冬季空气源热泵因环境因素会有轻微的结霜现象。设备拥有自动除霜功能，不影响设备运行效果。

第二节　原油稳定处理技术

从地下采出的原油中含有较多的 $C_1\sim C_4$ 组分，原油在集输和储运过程中，这些组分将蒸发掉，并携带出大量的 C_5 以上组分，造成原油蒸发损耗。为了降低油气集输过程中的原油蒸发损耗，一个有效的方法就是将原油中挥发性强的轻组分($C_1\sim C_4$ 组分)脱除出来，使原油在常温常压下的蒸气压降低，这就是原油稳定。原油稳定的方法主要有负压闪蒸、正压闪蒸和分馏稳定法。稳定工艺的选择应对产品收率、能量消耗、投资、经济效益诸方面进行对比分析后，并综合考虑相关的工艺流程，确定最佳原油稳定方案。

一、原油负压闪蒸稳定工艺技术

(一)技术背景

目前，国内应用最成熟、最多的原油稳定方法是负压闪蒸法，基于原油中轻重组分挥发度的差异，在原油稳定塔负压条件下闪蒸进行轻组分的脱出，此方法直接利用电脱温度进行原油稳定，不再对脱水后的原油进行额外加热，其工艺流程简单、技术成熟、需要设备种类和数量少、操作比较简单、能耗和投资较低。实质是进入原油稳定塔的净化原油(脱盐脱水)在负压下闪蒸，脱出易挥发轻组分，降低原油蒸气压，使原油达到稳定。原油中轻组分 $C_1 \sim C_4$ 含量在2.5%(质)以下，原油脱水或外输温度能满足负压闪蒸的需要时，宜采用负压闪蒸稳定工艺。

(二)技术特色

负压闪蒸法又称为负压稳定法，其具体方法是原油经过原油脱水处理成为净化原油，净化原油再进入原油稳定装置中，负压闪蒸利用闪蒸(一次平衡汽化)对挥发度不同的轻重组分进行分离，闪蒸与精馏不同在闪蒸过程中没有能量的加入，其实质是通过减压阀减压使流体沸腾产生气液两相，在闪蒸塔中迅速汽化进行气液分离，建立一个新的压力等级下的气液平衡，在负压的条件下进行闪蒸操作，分离出轻组分，从而达到净化油稳定的目的。

脱水后的净化原油首先进入原油稳定塔的上部，在稳定塔内进行闪蒸。负压闪蒸稳定的温度通常是原油脱水的温度，通常为50~80℃，塔底部的稳定原油用输油泵升压后进入油罐。

稳定塔顶部用真空压缩机抽真空，真空度一般为20~70kPa，真空压缩机出口压力一般为0.5~0.6MPa(表)。抽出的闪蒸气经冷凝器降温至40°C左右，进入三相分离器得到混合烃、气、水三相，分离出来的混合烃进入储罐后外运；不凝气进入低压气管网；污水进入含油污水系统进行处理。

目前，负压稳定装置的规模通常为 $20 \times 10^4 \sim 500 \times 10^4$ t/a，装置的总拔出率为0.4%~1.5%(质)，多数在1%以下。负压闪蒸法流程简单，能耗较低，设备投资少，操作弹性大。

负压闪蒸稳定法的主要工艺设备有真空压缩机、原油稳定塔、冷凝器、三相分离器和稳定原油泵。其关键工艺设备是真空压缩机和原油稳定塔。

负压闪蒸工艺流程图见图1-2-1。

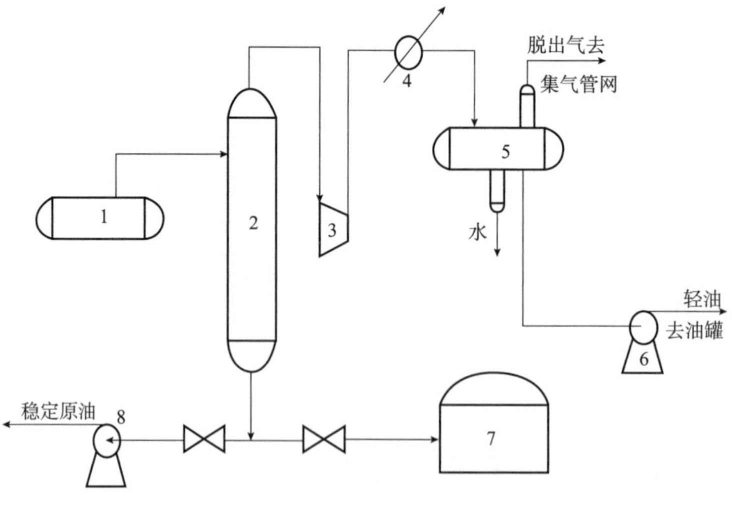

图1-2-1　负压闪蒸工艺流程图

1—电脱水器；2—原油稳定塔；3—真空压缩机；4—冷凝器；5—三相分离器；6—轻油泵；7—稳定原油罐；8—原油外输泵

(三)技术指标

对负压闪蒸稳定的操作压力应根据工艺计算结果并结合负压压缩机的性能确定，不应超过当地大气压的0.7倍。目前国内生产负压压缩机吸气压力一般在0.06MPa(绝)左右，引进的负压压缩机可达0.04MPa(绝)。一般说来，通过提高真空度的办法来提高稳定深度比采用提高加热温度的办法经济，而且分离效果好。但提高真空度将增加能耗，将负压稳定的操作压力定为比当地大气压低0.03～0.05MPa较合适。

对负压闪蒸稳定工艺的操作宜在较低的温度下进行，轻重组分间有较大的相对挥发度，但温度也不宜太低。温度太低时，会因表面张力作用，气体不容易从原油中逸出，使气液达不到平衡。当然，提高原油稳定塔操作温度，会增加气体收率。河南南阳油田在稳定装置上进行的测试表明，当塔内压力保持在0.08MPa(绝)，油温为62℃时，每吨原油拔出气量为4m^3，油温为58℃，每吨原油拔出气量为3.5m^3。负压闪蒸稳定装置的操作温度应结合原油脱水或外输温度确定，一般为50～80℃。

(四)技术应用

中原油田柳屯中心处理站新建的1套年处理量100×10^4t/a的原油稳定处理系统，主要设备有原油稳定塔2座、三相分离器2台、负压分离器1台、正压分离器1台、压缩机2台、外输泵2台、空冷器2台、换热器2台。采油厂来油(0.2MPa，40℃，含水≤1%)进站计量后，进入换热器与原油稳定塔塔底稳定原油进行换热。换热到52℃，进入三相分离器分离、脱水，再通过加热炉加热到65℃，进入原油稳定塔，塔顶气相压力控制在-0.03MPa。塔底分离出的稳定原油通过塔底泵提升后，在换热器与进入装置未稳定原油换热至50℃，计量后，进入外浮顶罐储存，用于管输或装车外销。

原稳塔塔顶出来的气相(-0.03MPa，65℃)经压缩机进口空冷器冷却至50℃，分离后进入塔顶压缩机，压缩至0.6MPa，通过压缩机出口空冷器冷却至40℃，进入压缩机出口分离器进行分离。分离出的不凝气经计量后，管输至三气厂；分离出的轻烃经计量后，管输至二气厂。

柳屯中心处理站原油集中稳定流程图见图1-2-2。

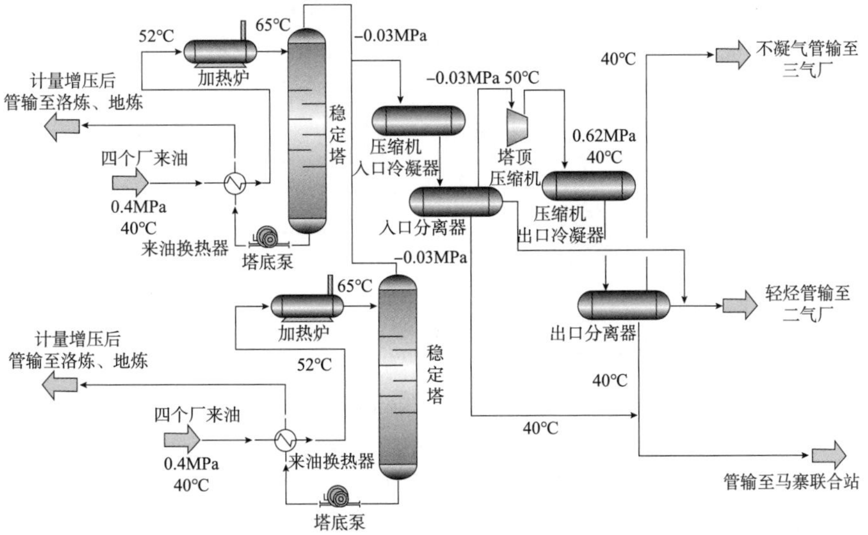

图1-2-2　柳屯中心处理站原油集中稳定流程图

(五)风险防控

稳定系统存在风险：其处理的原油、不凝气、轻烃等是易燃易爆介质，有火灾爆炸风险；气温变化、运行压力失控、法兰密封失效、压缩机进口法兰或螺栓松动、不凝气外输管线单流阀失效、液位控制不当等内外部环境问题，以及仪表管路过长、安全阀等附件损坏、压缩机和外输管道异常等安全控制与设备设施缺陷，都可能导致泄漏，遇明火或形成爆炸环境则有爆炸风险。

主要管控措施包括：工程(技术)类措施，如在装置区安装可燃气报警器、为容器配备远程液位监控及报警仪表、现场配备消防和火灾报警装置、使用防爆仪表设备、配置视频监控、在压力容器装安全阀、设置控制系统超压报警；管理类措施，包括领导挂牌承包检查、成立两级风险管控小组、定期巡查与增加重点部位巡检频次、加强设备维保、比对参数并调整、紧固阀门法兰、校验安全仪表、人员按时巡检和中控室监控参数并及时处理异常、严格执行设备检维修流程；培训教育措施，开展班组培训和交流培训；个体防护措施，规范人员劳保着装；应急响应措施，与救援中心和医院沟通、启动应急预案、处理周边排水沟避免轻烃遗留。

二、原油微正压闪蒸稳定工艺技术

(一)技术背景

微正压闪蒸稳定工艺技术也是油田上采用的主要原油稳定工艺。当原油中轻组分的含量较多，如 $C_1 \sim C_4$ 的含量 >2.5% 时，其汽化量较大，若利用负压闪蒸稳定，则用于抽真空的压缩机抽吸功耗增大，会造成经济上的不合理。因此，对于这种原油的稳定，通常是采用加热并适当提高闪蒸压力的方法，这种方法称为微正压闪蒸稳定法。微正压闪蒸稳定法是指脱水之后的矿场原油，经加热后进入原油稳定塔，在正压条件下进行一次闪蒸脱除易挥发性轻组分，从而达到稳定原油的目的。

(二)技术特色

微正压闪蒸稳定法，是先把油气分离和脱水后的原油加热，然后在微正压下闪蒸分离，使之达到闪蒸稳定。图 1-2-3 为微正压闪蒸原油稳定工艺流程图。

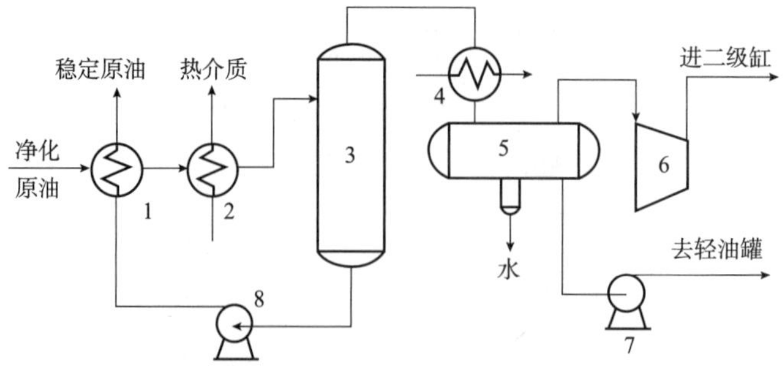

图 1-2-3　微正压闪蒸原油稳定工艺流程图

1—脱水原油换热器；2—脱水原油加热器；3—稳定塔；4—塔顶冷凝器；
5—冷凝液分离器；6—稳定气压缩机；7—塔底泵；8—轻油泵

脱水后的净化原油首先与稳定后的原油换热，然后经加热炉加热至稳定温度再进入原油稳定塔的上部，在稳定塔的内部进行闪蒸，闪蒸压力为0.1～0.3MPa(表)，温度根据进料组成和操作压力而定。塔底部的稳定原油直接用外输原油泵抽出与未稳定原油换热后外输。稳定塔顶部的闪蒸气经冷凝器降温至40℃左右，进入分离器进行油、气、水三相分离，分离出来的混合烃液进入储罐然后外运；不凝气进入低压气管网；污水进入含油污水系统进行处理。

相较负压闪蒸，在流程中取消了压缩机，因而操作简单，施工周期短。其缺点是能耗较高，分离效果差。

应用条件：①微正压闪蒸稳定工艺同负压闪蒸稳定工艺的原理相同，只是原油稳定的温度升高后，闪蒸压力也相应高一些，成为微正压。因此，两种工艺方法的适用条件是相同的。从节能的角度考虑，需要提高温度才能进行输送和处理的高黏度原油，采用微正压工艺可能是合理的。②为保证稳定原油在储存下的最高原油饱和蒸气压不超过当地大气压，原油稳定的温度应高于稳定原油最高储存温度20℃或更高。

(三)技术指标

从节能角度考虑，升高温度后输送和处理的高黏度原油，采用微正压闪蒸工艺是合理的。微正压闪蒸的压力一般为0.1～0.2MPa(绝)，温度在60～90℃就可达到稳定的目的。原油稳定的温度应高于最高储存温度20℃或更高。

(四)风险防控

原油微正压闪蒸稳定工艺技术管控措施包括工程(技术)类如安装报警器、监控仪表、消防与报警装置，使用防爆产品、安全阀和超压报警系统；管理类如领导承包检查、两级小组监管、日常运维巡检、参数比对调整、设备紧固校验、按流程检维修；培训教育类如班组和交流培训；个体防护类如规范着装；应急响应类如与救援方沟通、启动预案、处理排水沟等。

第三节　腐蚀防控技术

中原油田是一个复杂的断块油田，其油层埋藏深2500～3500m，地层温度高(一般120℃，最高达150℃)，断块多且水性复杂，油井产出水矿化度和Cl^-含量高(地层矿化度一般在10×10^4～20×10^4mg/L)、pH值低(5.5～6.5)，且含有CO_2(3%左右)、H_2S、细菌，产出介质具有很强的腐蚀性。尤其油田在20世纪90年代进入中高含水开发以来，随着含水的增加，腐蚀不断加剧，特别是1993—1994年，油套管、抽油杆及井下工具腐蚀造成停产十分频繁，油气水处理站和地面集输管线腐蚀穿孔十分严重，生产系统腐蚀速率一度达到了1.0～2.5mm/a，两年间因腐蚀造成的直接和间接经济损失高达数亿元。对腐蚀部位、规律认识不清，防护措施针对性不强，严重影响到油田的正常生产和发展。针对油田面临的防腐技术难题，从1983年至今陆续开展了生产系统腐蚀监测技术、材质优选防腐技术、药剂防腐技术等研究攻关，形成了一套具有中原油田特色的防腐技术体系，配套编制了中原油田防腐工艺技术规范汇编，为油田开发生产提供了防腐技术支撑，并且已在外部油田得到成功推广应用。

一、腐蚀监测技术

(一)技术背景

腐蚀监测技术的应用是认识和了解油田生产系统腐蚀因素、制定防腐措施的基础，是监督、评价防腐措施的有效手段。作为一种量化方法，它可用来评估腐蚀控制与防护技术的效能，又可为这些方面的优化设计提供依据。

根据油田混相介质的特性以及更加全面地获取腐蚀信息的需要，油田腐蚀监测技术主要是对油水井采用井下挂环器、地面集输系统采用失重挂片的方式录取基础数据，并建立和定期优化腐蚀监测网络，为准确制定防腐措施，防止和减缓腐蚀对集输系统的危害，提高防腐蚀技术水平、管理水平，提供了技术支撑。

(二)技术特色

1994 年开发研制了“便携式带压开孔器”“带压试片(棒)取放器”，实现油、气、水低压系统的带压安装腐蚀监测装置及在线监测，研究开发出的“井下挂环器”，实现油、水井油管内及油套环形空间的腐蚀监测，为油田腐蚀监测的开展打下了基础。图 1 – 3 – 1 为三种腐蚀监测装置示意图。根据油田统一安排部署，建立了腐蚀监测网络，并于 2021 年再次对东濮老区地面生产系统腐蚀监测网络进行梳理完善，最终确定腐蚀监测网络有效监测点 225 处，为准确制定防腐措施，防止和减缓腐蚀对集输系统的危害，提高防腐技术水平、管理水平，提供了技术支撑。

带压试片（棒）取放器	便携式带压开孔器	井下挂环器
立管、横管容器任何方位均可安装使用，将测压、挂片、取样一体化且不影响正常生产。耐压：<2.5MPa。	低压系统的带压开孔（金属、非金属管线、容器），不停产安装，安全、快速。耐压：<2.5MPa。	油、水井油管内及油套环形空间的挂环监测。抗拉能力：30T。

图 1 – 3 – 1　三种腐蚀监测装置示意图

1. 技术原理

腐蚀监测是测量各种工艺流体状态腐蚀性的一种测试工作。对于油田的腐蚀监测就是测量油、气、水及混输状态下介质的腐蚀性，它是认识和了解油田生产系统腐蚀因素、制定防腐措施的基础，是监督、评价防腐措施的有效手段。作为一种量化方法，它可用来评估腐蚀控制与防护技术的效能，又可为这些方面的优化设计提供依据。目前，中原油田腐蚀监测主要采用失重挂片(挂环)法，其原理是对已知重量和尺寸的试片(挂环)在特定腐蚀体系中进行一定时间的暴露，对腐蚀前后重量进行比较，计算腐蚀失重，进而计算平均腐蚀速率。

在 ST 5329 标准中试件失重计算平均腐蚀速率公式为：

$$F=(M_1-M_2)\times 3650/S\cdot t\cdot \rho \quad (1-3-1)$$

式中　F——平均腐蚀率，mm/a；

M_1、M_2——试验前、后试片质量，g；

S——试片表面积，cm^2；

t——挂片时间，d；

ρ——试片材质密度，g/cm^3。

2. 技术特色

1) 开孔设备

便携式开孔器由手柄、丝杠座、固定杆、锁紧螺母、螺纹卡环、管座、钻头等部位组成，整体重量较轻，约 15kg，两人即可操作，且操作简便、快速，可实现管线不停产在线开孔，图 1-3-2 为便携式开孔器示意图和实物图。但该开孔器需配套腐蚀监测装置开孔，开孔管线最大壁厚≤30mm，管线运行压力不高于 2MPa。

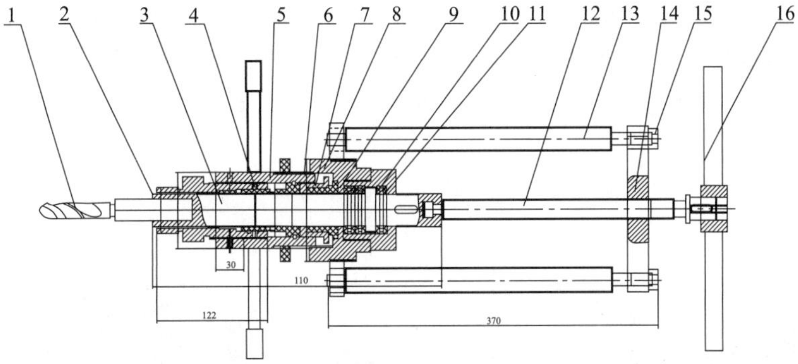

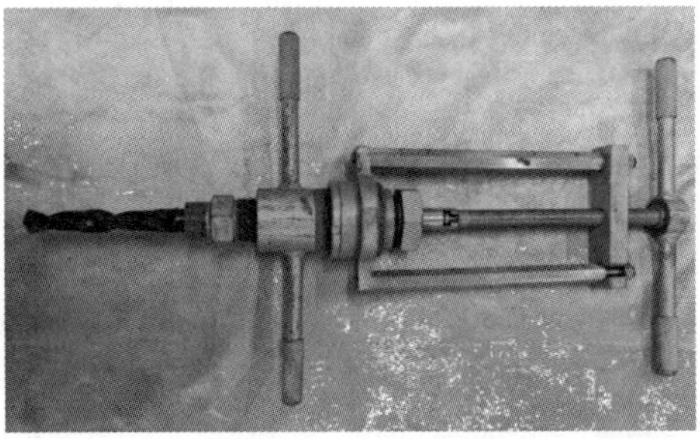

图 1-3-2　便携式开孔器示意图和实物图

1—钻头；2—开孔接头；3—转轴；4—转轴固定套；5—管座；6—螺纹卡环；7—由壬；8—过渡短节；9—垫圈；10—轴承；11—锁紧螺母；12—丝杠；13—固定杆；14—丝杠座；15—六角螺母；16—丝杠扳手

2) 地面监测

低压腐蚀监测装置由封盖、上法兰、球阀、预留短节、挂具等配件组成，承压≤4MPa，该监测装置的安装配合便携式开孔器可实现带压开孔，完成监测点建设，监测时通过专用取放器将带有挂片的挂具放入管道内，一定时间后进行回收测试，处理后可获得平均腐蚀速率、点腐蚀速率、腐蚀形貌、腐蚀产物等信息。图 1-3-3 为低压腐蚀监测装置示意图和现场取出挂片腐蚀形貌及腐蚀产物。整体操作简便，取放器小巧，单人即可完成操作，操作时间一般在 5min 以内即可完成挂片的更换。

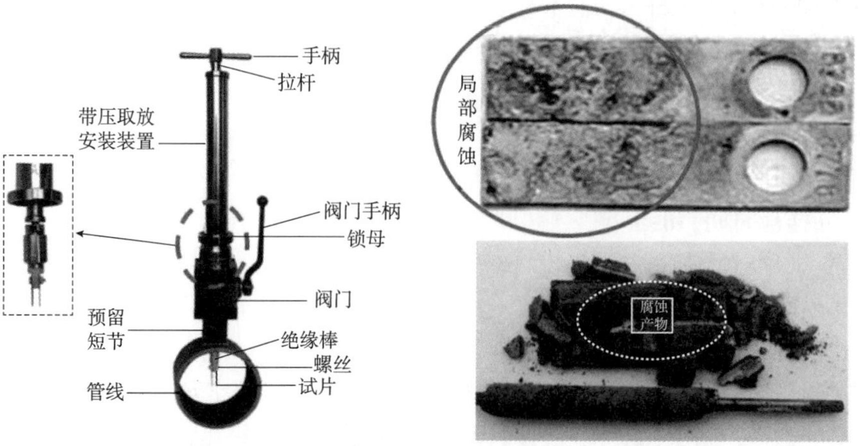

图 1-3-3 低压腐蚀监测装置示意图(左)和现场取出挂片腐蚀形貌及腐蚀产物(右)

高压腐蚀监测装置由带挂具的压帽、带压力表的针形放空阀、球阀、预留短节等组成，如图 1-3-4 所示。承压≤35MPa，由于管线压力过高，安装时需停产泄压，再配合使用便携式开孔器完成监测点建设，监测时只需关闭球阀，通过放空阀放空后使用管钳取下带挂具的压帽进行更换挂片，同样操作简便，单人即可完成，操作时间可控制在 5min 内。

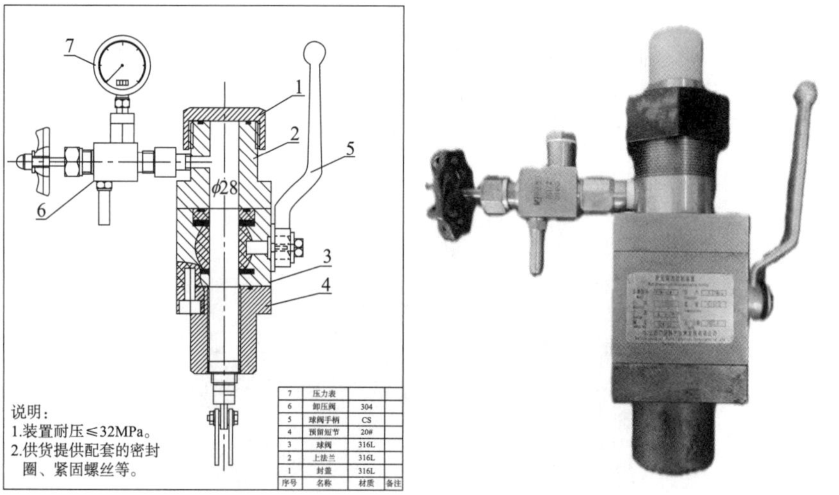

图 1-3-4 高压腐蚀监测装置示意图(左)和实物图(右)

3) 井筒监测

井下挂环器是指将用于腐蚀监测的钢质试环(分内环和外环)镶嵌在专门为之设计的挂环器上(有内外环嵌槽和绝缘尼龙座)，该技术监测出的井下腐蚀状况完全和井下油套管的腐蚀状况相吻合，腐蚀数据真实可靠，同时该技术既可以监测油水管的内腐蚀，又可以监测油水管的外腐蚀，具有良好的腐蚀监测效果。图 1-3-5 为井下挂环器示意图和实物图。挂环器一般在油水井上、中、下三点安装，在油水井提管柱作业时随油管下入井筒，下一次作业时再随管柱一起出来，对内外环处理后计算出井下不同部位工况条件下介质对油水管的腐蚀状况。

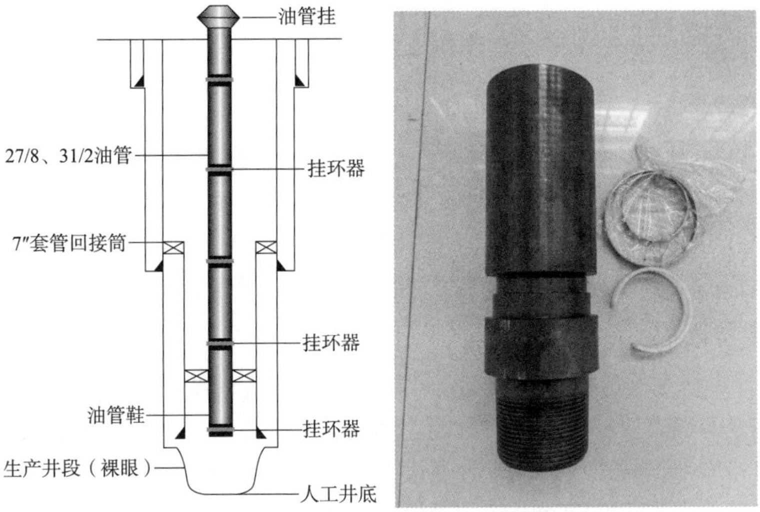

图1－3－5　井下挂环器示意图(左)和实物图(右)

(三)技术指标

油气田腐蚀监测，由中原油田在国内首先开展该项工作，当年在国内仅有一个 SY/T 5329《碎屑岩油藏注水水质推荐指标及分析方法》参照标准作为腐蚀监测的依据，即腐蚀速率≤0.076mm/a，在国际上采用的是由美国腐蚀工程师协会制定的 NACE－RP0775—2005 标准。目前国内已发布 GB/T 23258《钢质管道内腐蚀控制规范》，规定了平均腐蚀速率、点腐蚀速率控制指标及腐蚀程度分级，由于中原油田原油含水 94%以上，因此一直沿用腐蚀速率≤0.076mm/a 的控制指标。

(四)技术应用

中原油田自 1994 年开展了腐蚀监测网络建设，录取生产系统各环节的腐蚀速率，帮助指导腐蚀防治措施，在次年经过加药、阴保等措施后生产系统腐蚀速率由最高 2.5mm/a 降低至 0.0164mm/a，达到小于 0.076mm/a 的标准要求，目前整体腐蚀得到有效控制，保障了油田正常生产。同时，腐蚀监测技术推广到外部油田，自 2016 年开始至今承担了中国石化西北油田分公司(以下简称：西北油田)地面集输处理系统腐蚀监测项目，年合同金额 130 余万元，协助西北油田建立并完善腐蚀监测点 200 余个。与中原油田腐蚀监测方式及周期相同，也为季度监测，每年四期，每期发布腐蚀监测公报和分析公报，通过对超标点的分析治理，目前西北油田生产系统腐蚀速率为 0.0212mm/a，整体属于低腐蚀程度。

(五)风险防控

(1)建设风险：该设备直接焊接在管道前，必须检测管道设备焊接部位壁厚，防止出现安全事故，监测设备底座焊接要求符合油田规定。

(2)监测风险：监测设备为带压取放，施工人员严格执行操作规程，拆卸前务必检查确认已进行泄压排空，避免高压伤人或系统内介质泄漏。

(3)日常维护管理：做好日常设备保养，防止螺纹接口、开关球阀转轴等部位锈蚀，确保监测设备使用时完好无故障。

二、材质优选防腐技术

（一）技术背景

东濮老区已进入开发中后期，综合含水已达94%，产出水不仅具有“三高一低（高含水、高矿化度、高 Cl^-、低 pH）”的性质，在文明寨、卫城、马寨及马厂油田伴生气中含有 H_2S，CO_2驱产出气中 CO_2含量高，H_2S 和 CO_2的存在不仅使集输系统腐蚀环境更加恶劣，而且安全管控难度大，对油气生产系统的平稳高效运行造成很大的安全隐患。

（二）技术特色

（1）集输管线材质的选择应兼顾安全可靠与经济合理的统一，考虑介质在管道中的流速、流态、相变等因素对材料腐蚀的影响，实现材料选择与供应及施工的结合。

①管道材料应根据管道级别、设计温度、设计压力和介质特殊要求等设计条件，以及材料加工工艺性能、焊接性能和经济合理性等选用。

②输送腐蚀性介质管道用材料应有耐腐蚀能力。除晶间腐蚀和其他局部腐蚀需按具体情况考虑外，一般可根据介质对金属材料的腐蚀速率选用。

③油气田集输管道含 H_2S 和 CO_2腐蚀介质的材料选用，应以该设备和管道的介质的实际含 H_2S 和 CO_2量、介质的流速、介质温度等为参数，按 SH/T 0599《天然气地面设施抗硫化物应力开裂和抗应力腐蚀开裂的金属材料要求》的规定选取。

（2）从安全性、经济性、可实施性等方面综合考虑，形成了“非金属、碳钢和耐蚀合金”集输管材优选方法。

①非金属管材：非金属管道主要包括高压玻璃钢管、钢骨架塑料复合管、柔性复合高压输送管及塑料合金复合管四大类。在油田集输、污水处理、注水、供水等油田地面工程中发挥着越来越重要的作用。

②碳钢管材：碳钢管道在油气开发中的应用非常普遍，其钢管的制造水平和现场的焊接施工工艺都非常成熟。对于腐蚀不严重的管道可选用碳钢，再辅以缓蚀剂，能够经济、有效地达到控制腐蚀的目的。对于 H_2S 和 CO_2含量较低的管道可以考虑采用抗硫碳钢和低合金管材（抗 HIC、SSC）配合有效的缓蚀剂加注（防止 CO_2等的一般电化学腐蚀），来代替昂贵的镍基合金、钛合金等稀有耐蚀合金，在保证安全可靠的同时提高油气田开发的经济性。

③耐蚀合金管材：对于含 H_2S 和 CO_2腐蚀性管道，在小范围工艺防腐无法到达的恶劣区域，可以考虑选取耐蚀合金管材，如：镍基合金 825 钢管，价格昂贵，不宜大范围使用；镍基合金复合管，基层仍为抗硫碳钢管材，衬层为镍基合金 825，价格相对适中，可以替代实体 825 钢管的使用，但其现场焊接要求较高，可能会给施工带来一定的难度。

（三）技术指标

非金属管材：非金属管道在油田污水工况中的使用寿命比普通金属管道寿命延长一倍以上，综合使用成本低于金属管道。管道规格覆盖 *DN*40～*DN*900，压力等级≤34.5MPa，耐温等级 -20～120℃；碳钢管材：与缓蚀剂配合使用，不含 H_2S 和 CO_2 工况下腐蚀速率≤0.076mm/a。

根据安全性、经济性、可实施性等方面综合考虑，实施集输系统管材优选，合理加注缓蚀剂，实现了降本增效，保障集输系统安全高效地运行。中原油田集输系统腐蚀速率常年控制在 0.04mm/a 以下。

(四)技术应用

1. 集输支干线应用非金属管材

由于非金属管材具有优良的耐蚀性，内壁光滑，输送能耗及安装维护费用低，具有较好的绝缘性能，不需阴极保护，使用寿命长，综合经济效益好等特点，据统计中原油田油水集输系统非金属管材使用总量比例已达到 45.1%，其中单井集油管线占比 35.5%，集油支线占比 68.5%，集油干线占比 74.2%，输油干线占比 19.7%。

2. 集输支干线应用碳钢管材

金属管材由于高强度、耐高温、导热性能好、机械性能强、可塑性好、长寿命和低维护成本等优点，广泛应用于油田集输的各个系统，使用比例达 54.9%。

(五)风险防控

(1)不同金属管材相连接会导致金属电偶腐蚀，因此应采取相应措施消除，比如采用大阳极小阴极的结构，或者非金属隔离等措施。

(2)非金属管材存在的最大问题是其抗机械损伤能力差，因此需在运输、施工等过程中做好相应的防护，同时建立专业的抢维修队伍。

三、药剂防腐技术

(一)技术背景

水系统的腐蚀主要是 CO_2 电化学腐蚀和 Cl^- 点腐蚀、溶解氧腐蚀，以及垢下细菌引起的局部腐蚀，腐蚀以污水处理系统为主，主要表现为污水处理罐、污水管线腐蚀穿孔，污水泵的腐蚀报废，水系统防腐主要是以提高注水水质、控制水质达标为根本。

集输系统的腐蚀主要是高矿化度污水中 CO_2 引起的电化学腐蚀、Cl^- 点腐蚀，以及 SRB 腐蚀，腐蚀以内腐蚀为主，内腐蚀穿孔多发生在管线底部，防腐措施以缓蚀剂为主。

(二)技术特色

缓蚀剂可以直接投加到腐蚀系统中去，具有操作简单、见效快、保护整个系统的优点，可以在腐蚀已经发生的情况下使用。

1. 技术原理

从物理化学角度分析，缓蚀剂对腐蚀电池的电极过程的抑制，是由于缓蚀剂或缓蚀剂与电解质作用于金属的表面，使金属表面发生变化的结果。这种表面的变化表现为氧化膜或沉淀膜的吸附，或者是离子、分子在金属表面的吸附。可分为氧化膜、沉淀膜和吸附膜三种类型，如图 1-3-6 所示。

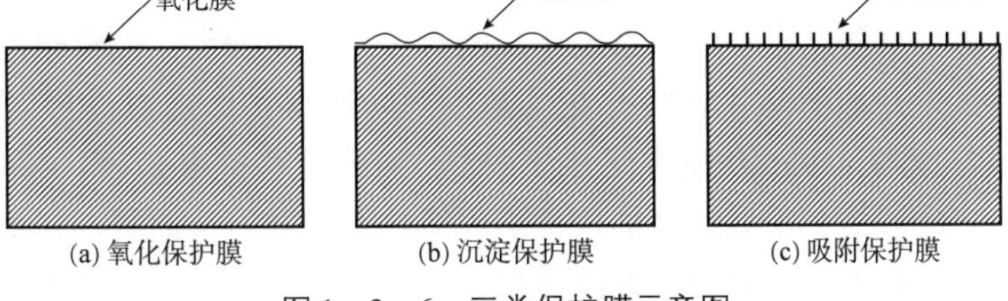

图 1-3-6　三类保护膜示意图

（1）氧化膜型缓蚀剂。氧化膜型缓蚀剂本身是氧化剂或以介质中的溶解氧做氧化剂，使金属表面氧化生成了极薄而致密的保护性氧化膜，造成金属的离子化过程受阻，从而减缓金属腐蚀。而那些本身不具有氧化性的缓蚀剂，其作用机理是使金属表面发生特征吸附，阻滞金属的离子化过程，主要影响电化学腐蚀的阳极过程，使活化－钝化性金属的腐蚀电位进入钝化区，从而使金属处于钝化状态，形成一层钝化膜。氧化膜型缓蚀剂又被称为钝化剂，如肉桂醛及其衍生物就属于此类型缓蚀剂。

（2）沉淀膜型缓蚀剂。沉淀膜型缓蚀剂是通过化学反应在金属表面生成防腐蚀沉淀膜。沉淀膜可由缓蚀剂之间相互作用生成，也可由缓蚀剂和腐蚀介质中的金属离子作用生成。在多数情况下，沉淀膜在阴极区形成并覆盖于阴极表面，将金属和腐蚀介质隔开，抑制金属电化学腐蚀的阴极过程。有时沉淀膜由缓蚀剂分子上的反应基团和腐蚀过程中生成的金属离子相互作用而形成，覆盖金属的全部表面，同时抑制金属电化学腐蚀的阳极过程和阴极过程。还有些气相缓蚀剂先通过吸附作用，然后在金属表面进一步聚合而形成沉淀保护膜，从而阻滞腐蚀过程。这类缓蚀剂多含 O、N、S、P 等原子基团，如 8－羟基喹啉在碱性介质中对铝或铜的缓蚀作用，是由于 8－羟基喹啉与铝或铜离子生成了不溶性配合物沉淀膜。苯并三氮唑（BTA）、1－苯基－5－巯基四氮唑（PMTA）对铜的缓蚀作用就是与铜反应生成不溶性聚合物沉淀保护膜。

（3）吸附膜型缓蚀剂。当前油气田常用的缓蚀剂一般是吸附膜型缓蚀剂，主要成分是有机物，如链状有机胺及其衍生物，咪唑啉及其盐、季铵盐类等，通过在金属表面形成吸附膜来阻止腐蚀。吸附膜型缓蚀剂对金属表面具有良好的吸附性能，能够吸附在金属表面。该类型缓蚀剂的分子一般是由极性基团和非极性基团组成的，极性基团是含有电负性高的 O、N、P、S 等元素的亲水性基团，吸附于金属表面活性点或整个表面；非极性基团则是疏水或亲油的，其主要成分是 C、H 元素，位于离开金属的方向，通过憎水基起隔离作用，把金属表面和腐蚀介质隔开。吸附膜型缓蚀剂加入腐蚀介质中以后，一方面，缓蚀剂中含电负性高的 O、N、P、S 等元素的亲水性极性基团在金属表面形成吸附层，改变了金属表面的电荷状态和界面性质，使金属表面的能量状态趋于稳定，增加腐蚀反应的活化能，减缓腐蚀速度，而吸附层和金属之间的结合强度取决于缓蚀剂和金属之间吸附的性能及两者之间化学键的强度；另一方面，缓蚀剂中非极性基团在金属表面形成一层疏水性保护层，阻碍与腐蚀反应有关的电荷或物质的转移，也使腐蚀速度减小。

2. 技术特色

1990 年与中国科学院合作开发了第一代缓蚀剂（ZMC－80－ZS 油井缓蚀剂），1993 年改进形成适应性更好的 ZSP92－1 缓蚀剂，1996 年自主研发了 DQF－96 系列缓蚀剂，并在油田大面积推广应用。之后，针对油田不断变化的腐蚀环境持续进行缓蚀剂迭代升级，相继研发了高效水溶性缓蚀剂、抗 CO_2 缓蚀剂、抗 S/抗 CO_2 缓蚀剂等配方，并现场推广应用，形成了适应油田不同腐蚀环境的缓蚀剂配方体系。

油田早期的缓蚀剂防腐是在集油系统干线的端点投加缓蚀剂，能够很好地保护整条干线，然而对油井，以及地面单井管线、支线起不到防腐保护。随着油田含水率的普遍上升，油井腐蚀不断加剧，1996 年研究形成了《端点加药前移技术》，将油系统的缓蚀剂防腐控制前移至生产的源头，采取油井加药，不仅能够保护井筒，而且对地面单井管线、支线、干线同样起到防腐保护，将缓蚀剂的防腐保护能力覆盖到整个油系统。

影响缓蚀剂防腐效果的关键是药剂对现场工况环境的适应性，缓蚀剂对应用条件的选择性要求很高、针对性很强。受温度、压力、酸性气体含量、气体流速以及选用管材等多种因素的影响，在使用前需要依据区块的实际工况环境进行分析评价和筛选，优选出适应性良好的缓蚀剂，确保其防腐效果。同时，还要根据不同油井的腐蚀情况和生产参数(产液量、含水率等)进行科学合理的加药方案设计，进一步提升防腐效果。

(三)技术指标

1996 年研发的 DQF－96 系列缓蚀剂，缓蚀率达到 80% 以上，当时在国内处于领先水平(国内产品缓蚀率普遍在 70% 以内)。

目前研发的普通缓蚀剂、抗 CO_2缓蚀剂、抗 S/抗 CO_2缓蚀剂适用于普通腐蚀环境、含 CO_2及低含 H_2S 区块油井及地面管线，几种缓蚀剂的缓蚀率均达到 80% 以上，模拟工况条件下加药浓度 100mg/L 时腐蚀速率≤0.076mm/a。

(四)技术应用

1996 年开始在油田普遍推广应用端点加药前移技术及自主研发的 DQF－96 系列缓蚀剂，应用油井数达 950 口井以上。技术实施后，有效减缓了高含水产出液对油井、油井井下工具、计量站设备、集输管网的腐蚀与穿孔，油井作业平均每年减少 900 井次，管线的年穿孔数下降 20% 以上。新研发的抗 S/抗 CO_2缓蚀剂在文卫采油厂应用 90 井次，油井腐蚀速率降到 0.05mm/a 以下，腐蚀躺井数降低 60% 以上。

(五)风险防控

(1)缓蚀剂加药应有专人负责，按照加药方案和操作规程实施。

(2)现场加药人员应穿戴劳保服装，应有 1 人作为安全监护员，进行安全监护。

(3)避免缓蚀剂与身体接触，如不慎溅入眼、鼻、口，应立即用大量水冲洗，再用肥皂清洗。

(4)剩余的缓蚀剂应及时回收，不得任意排放、污染环境。

第四节 油田产出水处理技术

目前中原油田东濮老区共 13 座油田产出水处理站，日处理污水约 $9\times10^4m^3$。根据东濮老区油田产出水特性及不同油藏的注水水质要求，形成了“除油－沉降－过滤”三段式预氧化水处理技术、“微生物＋膜”低污泥水处理技术和“气浮＋电化学”控油降泥水处理技术。

其中，应用较广泛的技术是“除油－沉降－过滤”三段式预氧化水处理技术，目前 11 个污水站在用；除此外，马寨污水站 2016 年引入了“微生物＋膜”低污泥水处理技术，马厂污水站 2022 年新建了“气浮＋电化学”控油降泥水处理技术。站内水质达标率 100%。

一、“除油－沉降－过滤”三段式预氧化水处理技术

(一)技术背景

中原油田东濮老区油田属于深层、低渗、高温、高压复杂断块油藏，采出水水性复

杂，pH 偏低（4.7 ~6.5）、矿化度高（10×10^4 ~ 15×10^4 mg/L，部分单井产出液高达 30×10^4 mg/L 以上）、Ca^{2+}、HCO_3^-、Fe^{2+}、细菌含量高，采出水具有强腐蚀性、易结垢等特点，水处理难度大。

（二）技术特色

针对中原油田东濮老区产出水特点，综合运用预氧化、水质改性、高效絮凝净化技术原理，形成了“除油－沉降－过滤”三段式预氧化水处理技术。

1. 三段式水处理流程

产出水经过除油罐收油后，向其出水中加入预氧化剂（目前为双氧水），然后进入一次缓冲罐，出水经一次提升泵进入混合器加药混凝，再进入斜板沉降罐进行污泥沉降，沉降罐上层清水进入二次缓冲罐后，由二次提升泵提升至过滤罐进行过滤，下层污泥排入污泥池。具体工艺流程图见图 1－4－1。

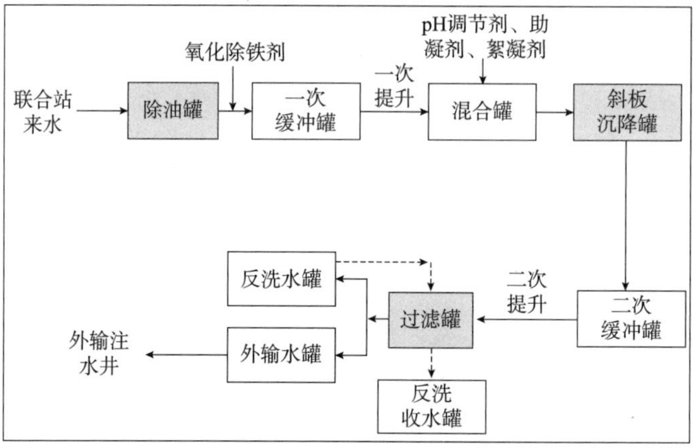

图 1－4－1　三段式水处理工艺流程图

2. 预氧化原理

产出水中 Fe^{2+} 对污水处理及水质稳定影响很大，一般需要将产出水的 pH 提高到 8.5 以上，才能去除污水中的铁离子（Fe^{2+} 和 Fe^{3+}），因此需要加入大量的石灰乳，造成污泥残渣量大。预氧化水处理技术是通过加氧化剂（如双氧水等）将 Fe^{2+} 氧化成 Fe^{3+}，在 pH > 7.1 时，Fe^{3+} 以 $Fe(OH)_3$ 沉淀除去，实现了低 pH 值条件下 Fe^{2+} 的转化与去除，从而减少石灰乳投加量和污泥产出量，同时氧化产生的 Fe^{3+} 自身有凝聚能力而起到加速助凝作用，提高净化效果。

3. 水质改性原理

该技术是在对含油污水进行 pH 值调整、氧化除铁基础上，采用高效絮凝、过滤工艺进行净化处理，最后进行化学稳定处理，实现水质稳定达标。

采用在采出水中加入复合碱调整采出水的酸碱度，使采出水中的化学平衡得以破坏，HCO_3^- 不断离解为 CO_3^{2-} 和 H^+，大量的 CO_3^{2-} 和 Ca^{2+} 反应生成 $CaCO_3$ 沉淀，Fe^{3+} 生成 $Fe(OH)_3$ 沉淀，利用高分子絮凝剂的网捕作用，与水中的悬浮固体等一同快速沉降，从系统中排出，并利用 OH^- 除掉 SRB、TGB，使腐蚀结垢受到抑制，形成不利于 SRB 等细菌生长的稳定水体，水质变为稳定的水。

$$CO_2+H_2O\longrightarrow H_2CO_3\longrightarrow H^++HCO_3^-$$

$$Ca^{2+} + HCO_3^{-} \longrightarrow CaCO_3 \downarrow + CO_2 \uparrow + H_2O$$

$$H^{+} + OH^{-} \longrightarrow H_2O$$

$$OH^{-} + HCO_3^{-} \longrightarrow CO_3^{2-} + H_2O$$

$$Ca^{2+}(Mg^{2+}) + CO_3^{2-} \longrightarrow CaCO_3 \downarrow (MgCO_3 \downarrow)$$

酸碱度对金属的腐蚀速率影响较大，随着 pH 值的上升，由于[H^+]降低，氢的去极化作用减弱，腐蚀速率降低。当 pH 值 >7.0 后，腐蚀主要由氧的去极化作用控制。

4. 配套药剂

主要包括氧化剂、pH 调整剂、絮凝剂和助凝剂。其中氧化剂(通常为双氧水)起氧化除铁和杀菌作用，实现低 pH 下除铁降泥目的，即双氧水可将水中的 Fe^{2+} 氧化成 Fe^{3+}，在 pH >7.1 时，Fe^{3+} 以 $Fe(OH)_3$沉淀除去，同时利用药剂强氧化性杀灭和控制细菌生长；复合碱调整污水 pH 值；絮凝剂和助凝剂强化净水效果。

(三)技术指标

处理后水质可满足 SY/T 5329《碎屑岩油藏注水水质指标技术要求及分析方法》，主要指标如下：

1. 含油≤6.0mg/L；
2. 悬浮固体含量≤2.0mg/L；
3. 悬浮物粒径中值≤2.0μm；
4. 腐蚀速率≤0.076mm/a。

(四)技术应用

在东濮老区除马厂和马寨污水站外的 11 座污水站和内蒙古采油厂 3 座污水站(桑合集中处理站、达尔其污水站、锡林好来综合处理站)进行了现场应用，处理水量约 $9.0 \times 10^4 m^3/d$；处理后水质的 pH 值控制在 7.0 ~ 8.0，出水指标满足回注水水质标准 SY/T 5329《碎屑岩油藏注水水质指标技术要求及分析方法》，站内处理达标率 100%。

(五)风险防控

该工艺应用的化学药剂(双氧水、复合碱等)，具有强氧化性和腐蚀性，出入库、储存及使用等可参照 GB 15603《常用危险化学品贮存通则》等标准进行管理。

二、“微生物 + 膜”低污泥水处理技术

(一)技术背景

中原油田东濮老区产出水 pH 值低，矿化度高，Cl^-、S^{2-}、HCO_3^-、Ca^{2+} 含量高，SRB 高，水中悬浮物增加，具有较强的腐蚀性，且表现出一定的结垢趋势。采出水站主要采用“除油 – 沉降 – 过滤”三段式水处理工艺，对来水适应性强、出水水质好，但污泥产生量大、药剂费用高。且存在污泥量大、回注成本高，污泥回注井选择困难等问题，因此急需寻找一种大量减少污泥产出量的绿色环保水处理技术，同时出水水质满足油藏精细注水开发要求。

(二)技术特色

针对中原油田东濮老区弱酸性产出水加碱水质改性处理过程中污泥产生量大问题，经

过室内试验及现场应用，形成了含油污水"微生物 + 膜"处理技术。

1. 技术原理

"微生物 + 管式超滤膜"工艺，是一种将膜分离与生物处理技术组合的新型污水处理工艺。

微生物处理技术利用特定微生物种群对特定化合物降解作用的专一性，在污水中投加特种微生物联合菌群，对有机物进行生物降解，从而达到净化污水的目的。膜组件主要采用管式膜，利用错流过滤原理，膜处理浓水大部分内循环，部分回流至微生物反应池，防止微生物流失。该流程自动化程度高，处理精度较高，污泥负荷(F/M)低，投药量低，剩余污泥产量少，可节省污泥处理费用，节约人工及占地面积。

微生物水处理工艺对来水具有一定的适应性要求，具体见表1-4-1。

表1-4-1　生化池进水条件

pH值	含油量/(mg/L)	悬浮物含量/(mg/L)	硫化物/(mg/L)	矿化度/(mg/L)	适宜温度/℃
5.5~9	10~100	≤500	≤100	≤100000	20~40

2. 工艺流程

"微生物 + 膜"水处理系统主要由微生物反应池、膜处理装置、曝气系统、除氧系统、清洗及回收等系统组成。整个工艺中除了为控制腐蚀在出水中添加除氧剂外，不添加其他药剂。具体工艺流程图如图1-4-2所示。

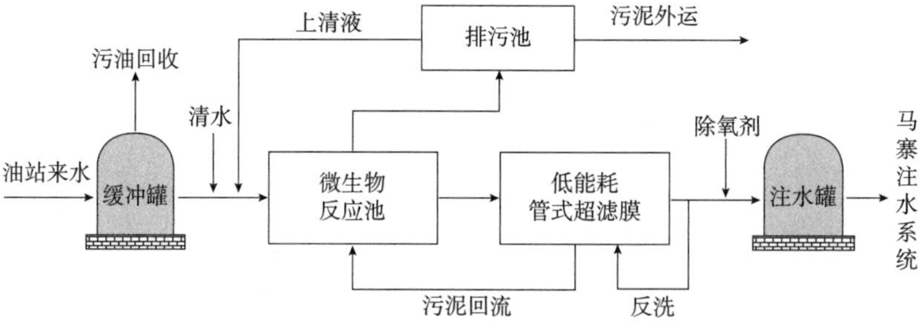

图1-4-2　"微生物 + 低能耗管式超滤膜"处理工艺流程图

油站来水经原有一级除油罐去除大部分浮油后，污水与部分清水混合进入微生物反应池，经微生物联合菌群的降解作用去除绝大部分的油及部分有机物和胶体物后，微生物反应池泥水混合液直接进入低能耗超滤膜系统。

通过膜的错流分离作用，能将污水中微生物(细菌、病毒等)、胶体、SS、大分子有机物等完全截留(低能耗管式超滤膜截留孔径为0.03μm)，降低出水SS和浊度，将活性污泥截留并回流到微生物反应池，只允许水及小分子物质透过膜，确保出水水质；膜滤后水在进注水罐前加注除氧剂，除去因曝气系统残留的溶解氧，解决系统腐蚀问题。

微生物池池底设有曝气系统，主要为微生物供氧，产出水中主要的链烃和芳香烃有机物在好氧条件下通过微生物的脱氢酶、氧化酶等的作用，将有机物分解、氧化成CO_2和H_2O；同时在持续曝气过程中，产出水中大部分以H_2S等其他易挥发硫化物形式存在的硫会吹脱出系统，从而降低污水中的硫含量，也可将污水中S^{2-}、SO_3^{2-}等低价态硫化物氧化为稳定的硫酸盐，进一步降低污水中还原性硫化物的含量；此外曝气系统也可将最终产物中的CO_2及H_2S等易挥发性气体吹脱排出。

(三)技术指标

(1)出水水质指标达到 SY/T 5329《碎屑岩油藏注水水质指标技术要求及分析方法》Ⅰ级标准。

(2)污泥产出量降低，且产出的污泥为生化污泥，1000m^3处理水污泥产出量可降至 0.03t，较三段式水处理工艺降低 95%。

(四)技术应用

“微生物 + 膜”水处理系统于 2016 年 12 月在马寨采出水处理站建成投产，建设有微生物反应池 1 座，管式超滤膜 3 组，综合用房 1 座，配套曝气、投菌装置、清洗、除氧、自控系统、供配电等。

其中微生物反应池由 4 座微生物反应池组成，每 2 座反应池一组，组内串联运行，组间并联运行，每座反应池尺寸 16.5m × 4.2m × 6.2m。低能耗管式超滤膜装置由 3 组膜组成，每组 14 支，单支膜面积 53.4m^2，膜通量 30L/(m^2 · h)。低能耗管式超滤膜组件具有亲水、耐污染、抗酸碱、耐腐蚀、高通量的特性。

现场工艺运行较稳定，出水水质达标；经现场测算 1000m^3处理水产出量为 0.02t，较原工艺 0.57t(不含水)减少 0.55t，注水残渣产生量较原工艺下降 96.5%；综合运行成本减少 0.53 元/m^3，如表 1－4－2 和表 1－4－3 所示。

表 1－4－2 运行前后水质变化对比表

部位地点	pH 值	总铁/(mg/L)	悬浮物/(mg/L)	滤膜/m^2	含油/(mg/L)	S^{2-}/(mg/g)	O_2/(mg/L)	SRB	TGB	FB	粒径中值/μm
水质改性	7.0	0.1	2.5	35	0.5	0.2	0.01	10	100	0	1.64
膜出水	5.5	0.1	1.4	45	0.4	0.1	0.01	10	10	0	1.29

表 1－4－3 综合运行成本费用对比表

项目	水质改性	“微生物 + 膜”	对比	备注
	费用/(元/m^3)	费用/(元/m^3)	差值/(元/m^3)	
药剂	0.74	0.22	－0.52	除氧剂 100kg/d
电费	0.29	0.87	0.58	
残渣处理	0.73	0.03	－0.7	
维护费用	0.45	1.83	1.38	5 年更换膜费用 600 × 10^4 元，水处理量按 1800m^3/d 计
人工	2.37	1.1	－1.27	
合计费用	4.58	4.05	－0.53	减少 0.53 元/m^3

(五)风险防控

(1)微生物池铁沉积、曝氧量不合适等因素导致的微生物菌种活性降低风险。应对措施：定期做好池中清泥排污工作；按照规定定期检测污泥沉降比及浓度，观测菌种活性；定期检测溶解氧含量确保合适溶氧量保障微生物活性。

(2)膜污染导致的膜通量下降风险。应对措施：检测膜通量变化情况，做好日常膜维护、定期膜化学清洗工作。

(3)膜清洗风险：严格执行膜清洗操作规程。清洗剂多为氧化剂、酸、碱类等物质，做好个人防护，加注药剂时佩戴护目镜和耐酸碱手套。

(4)动设备风险。应对措施：对于该技术涉及的曝气机、鼓风机等电器设备，在启动、运行、检修、维护等环节要严格执行设备相关要求，操作人员要进行相关培训。

三、“一级气浮除油+电化学预氧化+二级气浮净化”控油降泥水处理技术

(一)技术背景

中原油田东濮老区产出水具有矿化度高、含油高、总铁高、悬浮物高和 pH 值低的特点，目前主要采用“除油－沉降－过滤”三段式水处理工艺，配套相应药剂体系，同时满足腐蚀和除铁控制要求，工艺稳定性和出水水质相对较好，但是处理过程中污泥产量大、药剂费用高，同时随着湿泥回注压力升高，处置难度和成本加大，安全环保风险凸显。因此急需研究开发一种新的控油降泥工艺技术，在保证处理后水质全面稳定达标的前提下，强化提高系统单元设施的除油净化效果，减少无机类絮凝剂的投加量，降低污泥产率，缓解处理成本与环保压力。

(二)技术特色

针对中原油田东濮老区弱酸性产出水处理过程中污泥产生量大，后期处置难度和成本高的难题，在分析污泥来源的基础上，通过高效除油、氧化、净化工艺的比选，结合站内现有水处理工艺，确定了“一级气浮除油+电化学预氧化+二级气浮净化”的控油降泥工艺技术，具体工艺流程图见图1－4－3。即通过气浮除油工艺直接降低水中含油量，通过电化学氧化和气浮净化工艺提高水中有害离子的转化和悬浮固体杂质的去除净化效率，减少配套药剂特别是无机絮凝药剂的加量，进而间接降低污泥产出量，最终实现原油高效回收利用、减少无机类药剂加量、降低污泥产出量和污泥处理处置成本、提高效益的目标。

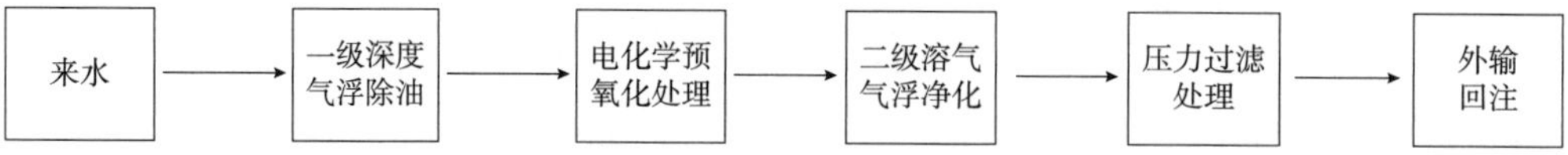

图1－4－3　“一级气浮除油+电化学预氧化+二级气浮净化”控油降泥工艺流程图

一级气浮除油：气浮产生大量微米级气泡，加大了水中原油颗粒的有效碰撞概率，粒径不断变大，降低了油粒密度，提升油粒上浮速度，提高原油收率，实现高效控油，直接减少污泥含油量，同时减少因原油吸附而导致的水处理药剂的无效投加。气浮除油机理符合 Stockes 公式：

$$u=\frac{g(\rho_w-\rho_o)d^2}{18\mu} \tag{1-4-1}$$

式中　u——油粒的浮升速度，m/s；

ρ_w、ρ_o——分别表示水及油粒的密度，kg/m^3；

g——重力加速度，m/s^2；

μ——污水的黏度，Pa·s；

d——油粒的粒径，m。

电化学预氧化：电化学预氧化是充分利用油田采出水富含 NaCl 等可溶性无机盐的特点，通过电化学装置使水中发生电化学反应，产生中间态的强氧化性物质，如：·OH、O、ClO^-等，这些强氧化性中间体不仅能够对采出水中还原性离子(如 S^{2-}、Fe^{2+}等)进行快速高效无选择性氧化，还可以将水中难降解的有机物、生物毒性污染物转化为可生物降解物质，降低后续污泥处置难度，同时还具有良好的气浮、絮凝和杀菌作用，而且能够有效消除化学预氧化药剂大量使用及药剂运输、贮存和投加过程中潜在的安全隐患，节约了资源和成本，符合“绿色化学工艺”的发展要求。

二级气浮净化：二级气浮通过向水中释放大量微小气泡，与水中杂质和絮体裹挟在一起，并在气泡的吸附与顶托的作用下，大幅加快絮体的上浮速度，提高了水体的净化效率；同时需要投加少量絮凝剂和助凝剂，强化药剂/气体/水的混合作用效果，提高药剂的净水作用效率，减少无机类药剂的加量，降低污泥产出量。

(三)技术指标

该工艺出水水质可满足油藏回注水标准要求(含油≤6.0mg/L，悬浮固体含量≤2.0mg/L，悬浮物粒径中值≤2.0μm)；同时污泥降减率达到 80% 以上，一级气浮原油回收率达 85.2%。

(四)技术应用

1. 马厂污水站现场情况

2019 年 3 月在马厂污水站开展了油田采出水“一级气浮除油 + 电化学预氧化 + 二级气浮净化”控油降泥环保处理技术工艺先导试验项目，2022 年 10 月 11 日“一级气浮除油 + 电化学预氧化 + 二级气浮净化”工艺技术正式在马厂污水站现场投入、连续运行。马厂污水站设计处理量 2500m^3/d，实际处理量约 1500m^3/d，改造前采用“重力收油 + 絮凝沉降 + 压力过滤”的三段式污水处理工艺，改造后具体流程见图 1 –4 –4。

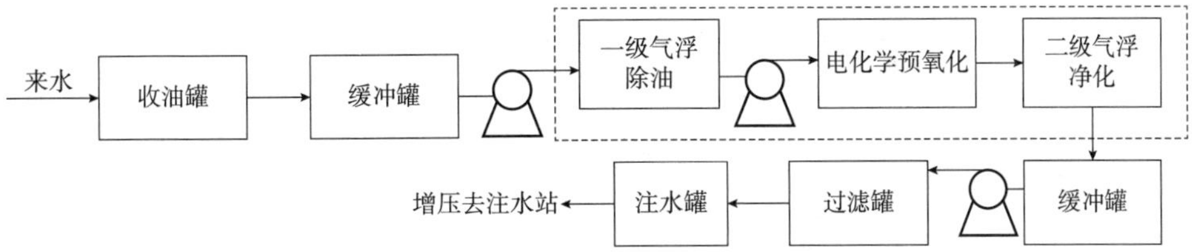

图 1 –4 –4　马厂污水站改造后工艺流程

新建系统处理水量 1500m^3/d，主要包括“一级气浮除油 + 电化学预氧化 + 二级气浮净化”橇装装置，辅助系统增加了制氮装置，更新了加药装置，其他设备设施均利旧，其中二级气浮混合器配套连续加注少量絮凝剂与助凝剂，滤后管道加注水质稳定剂。

(1)一级气浮橇：采用氮气加压溶气气浮回流方式，回流比 30%，溶气压力 0.4MPa 左右。随溶气压力升高，小尺寸气泡增多，更易进入絮体，有更长停留时间，与絮体碰撞、黏附概率增大，提高气浮效果，0.5MPa 条件下含油及悬浮物去除率均 >95%。考虑节能方面因素，确定最优溶气压力在 0.4MPa 左右。随着回流比增加，气泡的数量浓度随之增大，30% 的回流比最利于气浮反应进行，出水含油可控制在 10mg/L 以内。

(2)电化学预氧化橇：在优化电极材料结构和改进除垢材料的基础上，安装气浮除油系统和油气分离功能包，降低原油对极板运行效率与寿命的影响。具体运行电流和电压等参数随着出水 Fe^{2+} 含量变化做适时调整，出水 Fe^{2+} 含量小于 10mg/L。

（3）二级气浮净化橇：投加少量絮凝剂和助凝剂，配套 3 个加药口，同时配置了高效管道涡旋混合器，确保所加药剂和气体能与水中原油/悬浮固体充分混合形成良好结合体与水分离，出水絮体分离时间 10～20min，效率高于沉降工艺。

2. 应用效果

“一级气浮除油＋电化学预氧化＋二级气浮净化”工艺在现场平稳运行后，从表 1－4－4 中可以看出，来水含油 54～69mg/L，悬浮物含量 39.3～43.7mg/L，Fe^{2+} 含量 15mg/L 左右；一级气浮后出水含油下降至 6.2～7.3mg/L，有显著的除油效果；电化学橇出水 Fe^{2+} 含量下降至 1mg/L 左右，氧化效果显著；二级气浮橇出水悬浮物降至 6.8～8.1mg/L，总铁含量降至 2.6～3.1mg/L，悬浮物与总铁去除净化作用明显；末级过滤出水水质满足油藏回注水标准要求。

同时控油降泥效果显著。一级气浮装置进口含油 50～80mg/L，出水平均含油为 6.98mg/L，原油回收率 85.2%。降泥率达到 80%以上，降泥效果显著。

表 1－4－4 “一级气浮除油＋电化学预氧化＋二级气浮净化”控油降泥装置现场运行水质统计表

时间	取样位置	含油/（mg/L）	SS/（mg/L）	Fe^{3+}/（mg/L）	Fe^{2+}/（mg/L）
2022.10.18	来水	69	41.2	2	15
	一级出水	6.6		2.2	14.18
	电化学出水			14.2	1.2
	二级出水		7.3	2.6	0
	滤后		1.9	0.3	0
2022.10.19	来水	54	39.3	2	15.2
	一级出水	6.2		2.6	14.6
	电化学出水			16.3	0.8
	二级出水		6.8	3	0.1
	滤后	0.8	2.2	0.8	0
2022.10.20	来水	68	43.7	2	14.1
	一级出水	7.3		3.4	12.3
	电化学出水			14.2	0.6
	二级出水		8.1	2.7	0.1
	滤后	1	1.8	0.4	0

（五）风险防控

（1）气浮池溢油冒池风险：应及时清理气浮池上层浮油，设置安全液位监控系统，加强刮渣机的维护和自控管理。

（2）电化学极板结垢风险：加强电化学装置监管维护，定期清垢或更换极板。

（3）设备检测与维护：为保证气浮一体化设备的操作安全，需要定期对设备进行检测和维护。检测内容包括设备结构、动作部件、气动部件等。维护工作包括对设备进行清洗、加油、更换磨损零部件等。

第五节　注水特色技术

随着油田发展的加速和能源资源的日益紧张，注水系统作为油田开采领域中不可或缺的一环，其节能降耗与优化运行技术的重要性日益凸显。首先，注水系统的节能降耗与优化运行技术，能够降低生产成本，提高企业的经济效益，还能够减少能源消耗，为环境保护作出贡献。其次，注水管网作为水资源输送的关键通道，其沿程水质控制技术直接关系到生产过程的稳定性和产品质量。同时，随着环保要求的不断提高，移动橇装式水处理及注水一体化技术因其灵活性、高效性和环保性而备受关注，因此注水特色技术是推动注水系统发展的重要方向。

一、注水系统节能降耗技术

油田开发过程中，能耗主要消耗在机械采油、注水、集输等环节，其中注水系统耗能是油田生产系统的耗能大户，用电占油田开发用电的三分之一左右。据2016年的统计，中国石化油田企业注水系统日注水量为$95.10\times10^4m^3$，年耗电$26.3\times10^8kW\cdot h$，占油田企业生产用电的30%以上。而中原油田东濮老区已进入高含水开发阶段，注水量大，注水能耗已占油田生产能耗的40%左右，注水开发的成本越来越高，严重制约着油田的持续稳定发展。为降低注水成本，中原油田大力研究应用注水系统的节能降耗与优化运行技术，取得了很好的节能降耗效果。

(一)技术背景

1. 分级分压注水技术

部分配水间投产初期采用一级配水方式配水，由于断层发育、层间矛盾突出，注水井注水压力差异大，配水阀组只能按照最高注水井注水压力配水，中、低压注水井节流严重，配水阀组运行效率仅为60%～70%。配水阀组节流造成的压力损失占管网总压力损失的80%左右，是影响系统效率的主要因素。

2. PCP(泵控泵)技术

国内油田大部分注水泵站设备比较陈旧，普遍存在压力和流量不可调现象，在设计阶段，为保证正常注水，注水泵输出压力和流量均设计余量较大，一旦系统注水量波动大，变化频繁，输出压力和流量只能通过节流方式来调节，能量损失严重，而应用PCP(泵控泵)技术，对原有的注水泵进行PCP(泵控泵)技术改造，可有效提高主泵的泵效，减少泵管压差，实现节能降耗。

3. 电动机变频调速

注水泵工频运行时，当实际流量小于额定流量或管线压力小于额定压力时，一般依靠泵出口阀门来调节流量，造成节流损失；往复泵在低于额定排量工况下运行，易导致憋压、泵温升高，存在安全隐患，工频运行时一般采用放回流措施，也造成较大的能量损失。针对以上情况，变频调速是可通过降低泵转速，调节排量及泵压的，具有显著的节能效果。

4. 大排量往复泵应用

目前，国内油田使用的注水泵主要有离心泵和柱塞泵，由于大排量离心泵过流面积大，阻力小，使之容积损失和水力能变换损失小，泵效比小排量泵高，因此，对于注水量需求较大注水系统优先选用大排量离心泵。而对于注水量需求较小的注水系统，结合股份公司关于“严禁购置排量 $120m^3/h$ 以下离心泵，并逐渐淘汰已有旧泵”的相关要求，应选择泵效较高的柱塞泵。

(二)技术特色

1. 分级分压注水技术

分级分压注水技术主要应用于注水系统的集中分级供水和配水阀组的分压注水。集中分级供水即二次增压注水，一般以大排量离心泵(或大排量往复泵)为一次增压供水泵，供水压力一般为16MPa，该水源为注水压力低于16MPa注水井注水，还用于增注站内的二次增压往复泵供水，二次增压后，主要用于注水压力高于16MPa注水井注水。配水阀组分压注水，根据单站注水井压力等级，设计高、中(低)压双汇管或三汇管阀组，实现单井两级、三级分压注水，减小井间注水压差的干扰，降低阀组节流损耗，提高阀组效率。

2. PCP(泵控泵)技术

泵控泵是一种基于双泵串联的技术，利用变频控制前置小功率灌注泵，调节大型注水泵的压力和流量，使高压大功率注水泵工作于高效区。简单地说，PCP技术就是将大功率注水泵的一级叶轮从注水泵中取出，在泵外进行变频调节。前置灌注泵可以灵活调节总输出排量和压力，节约了驱动高压泵所需的变频控制设备，同时避免了高压泵吸入口压力低造成喘振现象。该技术适用于注水量波动大，变化频繁的油田。

3. 电动机变频调速

变频调速技术的基本原理是根据电机转速与工作电源输入频率成正比的关系：$n=60f(1-s)/p$(式中 n、f、s、p 分别表示转速、输入频率、电机转差率、电机磁极对数)，通过电机配套的变频器来改变电源频率，从而调节电动机转速。电动机变频调速目的是在保证配注要求及注水系统压力稳定的前提下，合理匹配注水泵与管网工况点，使注水泵运行在高效区，可大幅度减小泵管压差，降低能耗。

4. 大排量往复泵应用

往复柱塞泵水力性能高于离心泵，漏水量小，实际运行效率达到85%以上，泵效大幅高于离心泵。近年来，中原油田先后在胡二、马厂注水站应用大排量高效对置往复泵，通过安装大排量柱塞泵与站内离心泵并联运行，从而提高机组效率，降低能耗。对置往复泵因液力端和柱塞的对称布置、回转过程柱塞的惯性作用和电机做功相对平稳等因素，该泵机组效率较普通单边柱塞泵更高。对置往复泵的泵效比同排量离心注水泵的泵效高约20%。目前 $150m^3/h$ 以内的对置往复泵型技术已经比较成熟、运行可靠稳定，逐步成为中小排量低效离心注水泵的节能改造的替代品。

往复泵属于容积式泵，其排量无法调节，在用于油田注水时，常因泵排量和注水井配注量不匹配，影响泵的运行，因此，一般采用变频器调节泵的排量，导致投资偏高。

(三)技术指标

注水系统节能改造后，系统节能指标应满足GB/T 31453《石油生产系统节能监测规范》。涉及其他详细指标如下：

1. 分级分压注水技术

配水阀组实现分二、三级压力注水，一般第一压力等级 < 16MPa，第二压力等级 16 ~ 25MPa，第三压力等级 > 25MPa。配水阀组平均压降降低 > 2MPa。

2. PCP(泵控泵)技术

(1)该技术适用于注水量波动较大油田的泵站的新建和原建大型离心注水泵站的改造。

(2)压力与流量调节范围，取决于系统设计和增压泵的选型，通常能够满足油田注水系统的各项需求。

(3)通过 PCP 技术改造后的注水泵站，能够有效减小泵管压差，同时，可确保注水泵工作在高效区，泵效显著提高。

3. 电动机变频调速

(1)变频调试属于无级调速，调速范围宽，通常为 20% ~ 100%；

(2)变频器本身有 5% 左右的功耗。

4. 大排量往复泵应用

(1)适用于排量 150m^3/h 以下；

(2)改造后泵机组效率可达到 85% 以上，与同排量离心泵相比机组效率可提升 20%。

(四)技术应用

1. 分级分压注水技术

目前中原油田采用二次增压注水系统共 10 个。注水站分级改造以 2013 年卫城油田卫 3#注水站改造为例，该站注水井开井 21 口，总配注 1260m^3，实注 1220m^3，注水井最高注水压力 29MPa(欠注)，最低注水压力 0MPa。该站注水井注水压差很大，采用单级配水将造成低压井严重节流，最高节流损失达 29MPa，因此根据注水井注水压力实际情况，将配水阀组分为 3 级注水，改造后，节流最大损失由 29MPa 下降到 16MPa，节约电能损耗 3256kW · h/d，节能效果显著。

2. PCP(泵控泵)技术

中原油田卫城注水站安装 DF400 型注水泵 1 台，DF250 型注水泵 2 台，日常运行 1 台 DF400 型注水泵，理论供水量 9600m^3/d，受油田开发调水影响，实际供水在 8200 ~ 9800m^3/d，水量的变化，导致多级离心注水泵偏离高效区运行。为保证卫城注水站的长期高效运行，实施泵控泵技术，设施配套主要包含对已建大型注水泵拆除 1 级叶轮作为主泵、新建前置增压泵及变频器、配套仪表控制、润滑、冷却系统等。改造后，该注水站年节电量 354×10^4kW · h，节电效果很好。

3. 电动机变频调速

柱塞泵的低压变频调控技术已相当成熟，得到了广泛应用。目前，柱塞泵站多数实现了变频控制，较好地解决了注水量的平衡问题，降低了电能损耗。

离心泵电动机高压变频调速技术于 2014 年在文明寨注水站实施应用，配套高压变频器 1 台，采用一拖三的变频方式，改造后优化了泵机组的运行参数，降低能耗损失，与工频运行状态相比，注水标耗降低 0.038kW · h/m^3。电机功率因数提高到 0.98，减少无功损耗，合计年节约电量约 128.7×10^4kW · h。离心泵高压变频调速技术目前较少应用，主要原因是投资高、对电网污染大以及可靠性差等。

4. 大排量往复泵应用

油田先后在胡二注水站、马厂注水站开展了大排量往复泵替代离心泵技术，胡二注水站通过安装100m^3柱塞泵与站内1台250型离心泵并联运行，可满足胡二注水站注水需要。实施改造后，柱塞泵机组效率87.3%，比离心泵机组效率64%，高出23.3个百分点。

(五)风险防控

(1)结合节能技术改造应制定对应的操作规程、管理制度，明确设备维护、安全检查、应急响应等方面的要求；同时，应对相关员工进行设备及系统操作、维护、安全等方面的培训，提高员工的安全意识和操作技能。

(2)对改造后注水系统实时监测压力、流量，应根据地层压力和注水需求，合理调节注水压力和流量，避免超压或低压注水。尤其分级分压注水工艺应做好压力匹配，避免高压低注造成能量损耗。

(3)在电动机上应用变频调速技术，应注意变频器的选择与配置，确保其与电动机匹配，避免不匹配导致的设备损坏或性能下降。同时，日常操作中应避免频繁调速和快速启停，减少对电动机的损害。

(4)应做好对改造工艺、设备的定期检查与维修，确保及时发现并处理设备故障，防止因设备故障导致的注水异常或安全事故。

二、移动橇装式水处理及注水一体化技术

移动橇装式以“设备橇装化、工艺简约化、现场标准化、运输方便化”为原则，进行工艺流程的设计，采用不同处理工艺的移动橇装式处理装置，减少现场施工工作量、后期人员数量和劳动强度，降低施工和运行成本，实现经济高效运行，服务于油田注水开发需求。

(一)技术背景

东濮老区污水处理站目前的水处理工艺大部分为重力除油罐—预氧化除铁(双氧水)—水质改性(熟石灰+PAC+PAM)—斜板沉降罐—过滤罐，如图1-5-1所示。该处理工艺存在以下几个方面问题：一是污水处理站占地面积大，设备设施多，处理工艺流程长，投资大，后期维护工作量大。二是部分边缘区块无法根据水处理工艺建立相应规模的污水处理站，而油气采出水无法得到有效处置，只能通过罐车拉运至第三方进行处理，处理费用高，油区现有的水处理工艺和模式已不能满足油气田效益开发的需要。

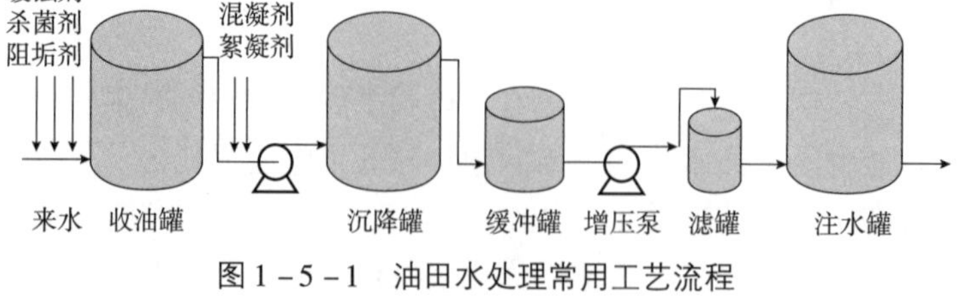

图1-5-1　油田水处理常用工艺流程

(二)技术特色

为降低生产成本，提高生产效率，按照“分质处理、分质注水，就地处理、就地回注”

思路，通过移动橇装式工艺流程的设计，实现现场无人值守、数据录取远传、视频监控、远程控制一体化高压注水系统。满足区块试注的要求，为零散区块注水开发提供基础数据，确保建站后能及时投入使用。

1. 内蒙古拐子湖调质与精细过滤橇设计

设置加药部分，投加无机盐(氯化钠)，投加浓度1.5% ~2.0%，提高水的矿化度。设置自动反冲洗的过滤系统，优选多介质过滤器与保安过滤器组成过滤系统，使过滤精度达到1μm，满足产出水精细过滤要求，同时自动反冲洗减少人员劳动强度。图1-5-2为多功能一体化水处理橇装图。

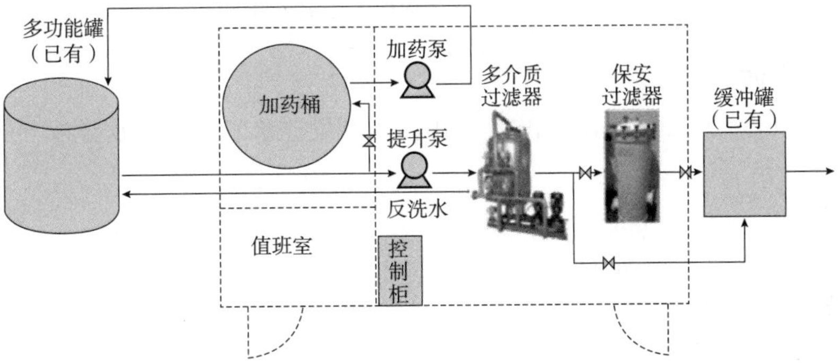

图1-5-2 多功能一体化水处理橇装图

2. 复杂水短流程处理橇设计

用提升泵将上清液提升至一体化橇块，进行多级过滤处理，根据出水水质要求，设置为串联、并联、单级过滤以及旁通模式，滤后水流入注水罐进行贮存，经增压泵进行增压后回注地层。图1-5-3为多功能污水处理橇装图。

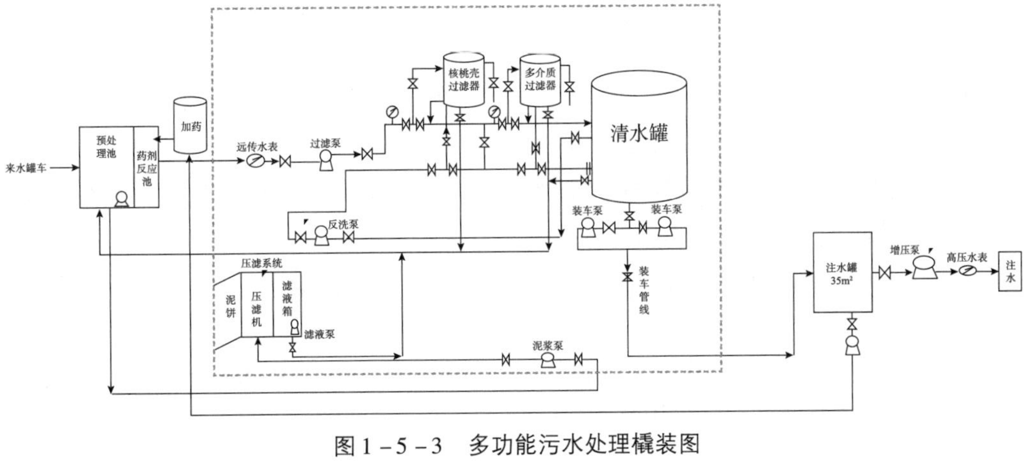

图1-5-3 多功能污水处理橇装图

3. CO_2驱产出水多效澄清橇装设计

采用一体化多效澄清系统(pH调节池、多效澄清系统、加药系统，其中加药部分增加磁混凝处理过程)，如图1-5-4所示，其良好的混凝絮凝条件加强了对污染物的捕捉和聚集，使得系统达到相同反应效率所需的药剂大大减少，一般能节约10% ~20%的药剂使用量，从而显著节约运行费用。

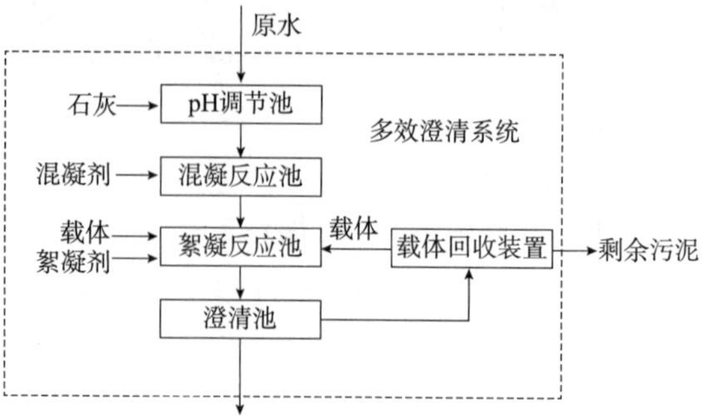

图 1－5－4　一体化多效澄清橇装图

（三）技术指标

处理后水质可满足 Q/SH 10251058《油田注水开发注水水质指标及分析方法》，主要指标如下：

（1）滤膜系数 >15；

（2）悬浮固体含量 <2.0mg/L；

（3）总铁 <0.5mg/L；

（4）含油 <6.0mg/L；

（5）悬浮物粒径中值 <2.0μm；

（6）腐蚀速率 <0.076mm/a。

（四）技术应用

开展移动橇装式水处理及注水一体化，实现边缘区块就地处理、就地回注对降本增效具有重要意义。目前在内蒙古、通南巴区块进行应用，满足边缘区块注水开发生产需求。

（1）该系统满足了边缘区块注水需求，能够节约管网投入费用，降低管网损耗，提升注水效率。

（2）根据处理水量和来水水质，按照工艺简约化，优选不同的水处理模块。根据出水水质要求，优选适宜的过滤模式组合。

（3）该处理工艺单元所有运行参数均可进入信息化系统，实现远程显示、采集及操控。

（五）风险防控

（1）制定相关管理制度、操作规程、应急预案等，负责对施工人员开展安全培训、技术交底、应急演练。

（2）施工作业人员应经相应的岗位技能培训，并持证上岗。进入现场人员应正确穿戴和使用劳动防护用品及其他防护用具，并做好安全防护设施的维护。吊装、电力操作人员必须持有特种工种作业证。

（3）站场区内严禁烟火，备齐各种消防器材，及时清除易燃、易爆品。

三、注水管网沿程水质控制技术

（一）技术背景

中原油田作为复杂断块油田，其油藏渗透率差异显著，对注水水质提出了严格要求。

随着油田东濮老区进入开发中后期，地层能量逐渐下降，注水成为维持油层压力、确保油田稳产的关键工艺措施。特别是深层、低渗油藏储量占总储量的39.5%，对注水水质的要求更为苛刻。然而，由于注水管网在输送过程中存在沿程二次污染问题，出站水质虽达标，但经过配水间至井口的过程中，水质逐渐下降，导致井口水质达标率相比出站水质达标率下降了7%以上。针对这一挑战，中原油田创新性地应用了管网清洗等沿程水质达标控制技术，有效降低了注水管网沿程的水质污染，满足了油藏精细注水开发需要。

(二)技术特色

通过分析注水水质在注水管网沿程的变化规律，找准水质污染原因，不断加强理论和技术创新，采取针对性的治理措施，降低注水管网沿程水质污染。

管网清洗技术主要包括化学清洗技术及物理清洗技术。

化学清洗技术是采用化学方法使被清洗物体表面污垢去除，恢复原表面状态的一项清洗技术。

物理清洗技术主要包括PIG物理清洗、高压水清洗、空穴清洗和超声波清洗，中原油田注水管网主要采用PIG物理清洗技术。

PIG清洗系统由PIG清洗头、发射器、接收器、压力检测装置、PIG清洗头定位装置和动力源及推动介质等组成。

如图1-5-5所示，PIG清洗主要是通过发射器将清洗头导入管道后，利用流动介质在清洗头前后的压差产生的推动力，推动清洗头沿介质流动方向运行。清洗头在运动当中，清洗头表面与污垢发生摩擦，或其上所带的刮具直接与污垢作用，从而达到清洗头将附着在管道内壁上的污垢除下的目的。同时清洗头尾部的推动介质经过清洗头周围与管壁之间的环隙到达清洗头头部，形成小流量、高速度的环隙射流，将已松动的污垢剪切掉，并冲开堆积在清洗头前部的污垢，防止堵塞管道。

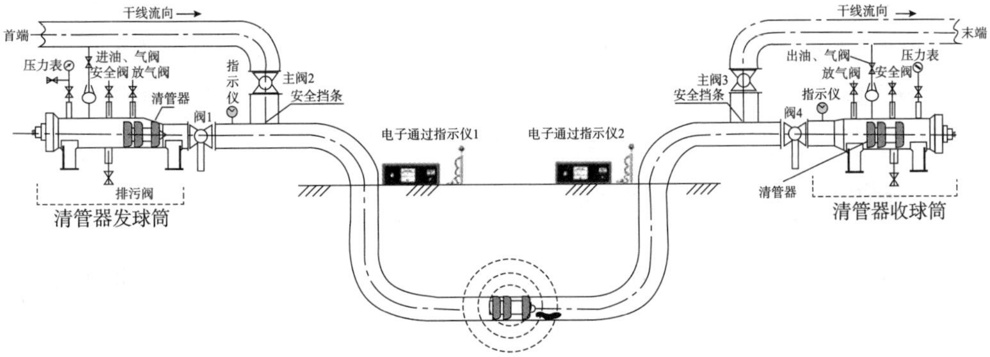

图1-5-5　PIG物理清洗技术示意图

PIG清洗能安全高效地实现长距离各类管线的在线清洗，具有清洗彻底，对管线无损伤、无腐蚀等优点。PIG直径50~3000mm，收缩比可达35%，可通过变径管，180°转弯，90°弯头、阀门、旁通接头等，通过性能好。

(三)技术指标

按照注上水、注够水、注好水和精细注水管理要求，采出水处理系统技术提升的工作思路，强化注水管网沿程水质控制和治理，降低注水水质沿程污染，确保井口水质指标稳定达标，为提高水驱开发效果提供保障。中原油田井口水质稳定达标率稳定在93%以上，处于中国石化领先水平。

(四)技术应用

管网清洗技术在中原油田进行了全面推广应用。其中2018—2019年清洗干支线309条341.99km、单井管线1220条638.4km。清洗后井口水样中总铁含量全部达A2级水质标准，滤膜系数上升，悬浮物含量分别达到相应级别的水质要求。

(五)风险防控

风险分析：化学清洗过程中产生大量的残酸溶液存在环境污染风险；酸化产生的硫化氢气体为剧毒物质，存在人员中毒风险。物理清洗时产生高压，存在清洗头伤人和连接部位泄漏伤人风险；清洗头存在卡死在管线内的风险。

防控措施及注意事项：化学清洗后的残酸要选择合适的中和剂对残酸中和至pH≥7，并及时进行回收处理；排酸口设置固定式硫化氢报警仪，施工人员携带便携式硫化氢报警仪。物理清洗打压管线优先使用硬管线连接，如使用高压软管须采取防脱固定措施；每个清洗管段管径尽量一致，且不得有盲肠管段和非标准弯头；选择清洗头直径要综合考虑清洗管线内径和结垢厚度，结垢厚度大的管段可按照从小到大的顺序选择清洗头直径进行2~3次清洗。

第六节 生产信息化技术

油田生产信息化建设是落实中国石化对信息化建设的总体要求，通过传统工艺技术和自动化、信息化技术高度融合，改变传统工作模式，优化管理流程和劳动组织方式，压扁管理层级，建立以数字化为基础、以生产指挥中心为中枢、多业务协同联动的运行模式。从2012年建成四厂三区第一个先行示范区、2017年建成马12第一座无人值守站、2022年建成明一中转站第一座信息化示范站，到2022年建成文卫第一个厂级指挥中心，经过十多年的探索与实践，已基本形成一套较为完整的生产信息化管理、技术架构体系。

一、油气生产指挥系统(PCS)

2014年中国石化提出了“大力推广油公司模式”的举措，并下发了《关于推进油公司体制机制建设的指导意见》。其中要求：“在推进油公司体制的同时，有针对性、有重点推进信息化建设，充分发挥信息化提升对油公司体制机制建设的促进作用。”

(一)技术背景

PCS是油气生产信息化平台(Production Command System)的简称。按照“统一平台、信息共享、多级监视、分散控制”的原则，利用物联网、组态控制等信息技术，集成实时采集的生产动态数据、图像数据和相关动静态数据，进行关联分析，实现油气生产全过程的自动监控、远程管控、异常报警，覆盖分公司、采油(气)厂、管理区三个层级。

“十三五”期间，配套生产信息化建设，中国石化推广部署了PCS1.0系统，建设形成包括生产监控、报警预警等6大功能模块、33个二级模块，253项功能。2018年，中国石化胜利油田分公司完成了124项功能提升，总体形成油田版PCS1.5，于2023年开始全面推广。随着油田改革发展的不断推进，油田各级管理层迫切需要支撑内外操一体化高效运行新模式的生产指挥、应急管理功能，因此油田自主开发采油厂生产指挥系统，作为PCS系统的扩展完善和深化应用，支撑采油厂生产运行需求。

（二）技术特色

以总部PCS建设内容为基础，结合中原油田油公司机制改革、生产现场信息化改造等实际情况开展深化应用，打造中原油田特色PCS，为科学指挥决策、劳动效率提升提供支撑。

1. 技术架构

遵循中国石化信息化标准体系，按照“数据+平台+应用”模式，依托数据资源层的勘探开发数据资源中心（EPDC）和服务层中台的能力支撑，按照组件化、模块化进行设计、开发和测试，基于云平台进行开发过程的在线管控。PCS一级部署在原有系统基础上进行推广升级，支持未来集团公司统一应用需求。图1-6-1为国内上游信息化架构。

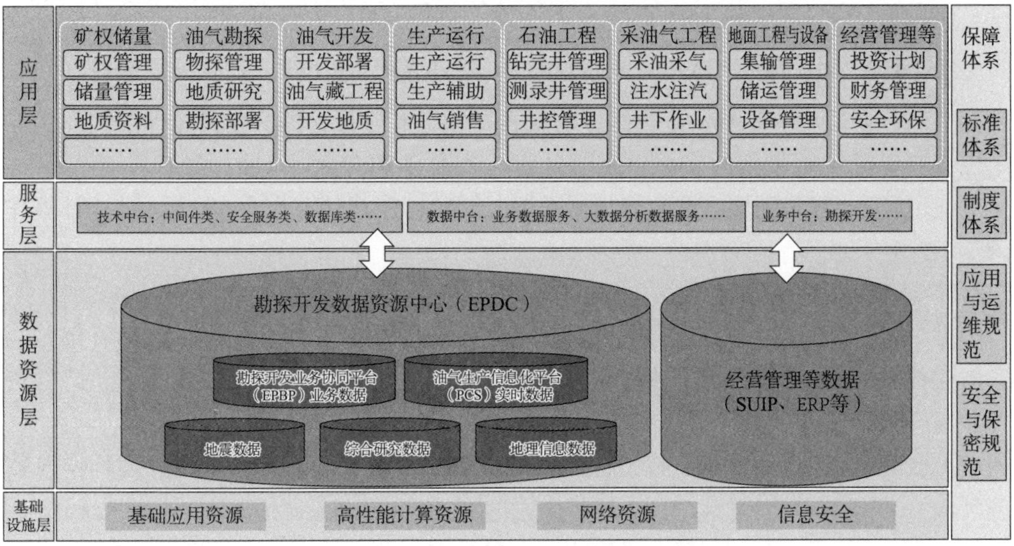

图1-6-1 国内上游信息化架构

2. 数据架构

采用“时序+关系+数据处理环境+数据服务环境”的存算分离技术架构，构建从“前端采集-分公司-总部”的数据管理体系，实现数据分层级汇聚、集中统一处理和统一服务。

1）时序数据库集群部署架构

按照要求，选用国产时序数据库（TDengine）进行实时数据存储，按照三节点三副本的配置进行分布式集群部署（集群部署环境：实体机）；通过数据转储工具实现数据到分公司和中心节点双链路传输，一条数据链路出现故障时自动切换至另一条数据链路，保障系统的稳定运行。

2）关系数据库集群部署架构

按照要求，选用国产关系数据库（KingbaseES）进行关系数据存储，按照1主1从的配置进行部署(集群部署环境：实体机)，通过数据转储工具开展 PCS 系统历史数据的迁移和第三方系统(如 EPBP、EPDC 等应用系统)的数据交换。

3)实时数据转储接入

实时数据，使用数据转储工具(ETL)从力控 SCADA 提取数据，写入实时数据接口(虚拟机集群部署)，经过井号代码处理后，写入时序数据库。功图数据，使用数据转储工具(ETL)从功图结果数据库(SQL Server)主动提取，写入功图数据接口(虚拟机集群部署)，经过井号代码处理后，直接写入时序数据库。

4)数据流向

①实时数据：SCADA 采集数据—数据转储工具(ETL)—实时数据接口服务—分公司级时序数据库—数据转储工具(TaosX)—中心节点时序数据库(呼市)—数据转储工具(TaosX)—EPDC(时序数据库)。

②业务数据：分公司级时序数据库(数据提取)—大数据处理平台(数据处理)—分公司关系数据库(数据回写)。

③云边协同：分公司级关系库与总部级关系库之间，存在业务数据的上传与下发。

5)数据处理平台(VLink)

部署大数据处理平台，采用消息队列技术为大数据实时计算进行数据的削峰填谷，通过计算引擎替换现用中原 Oracle 数据库的触发器和存储过程，提升数据处理的整体性能和稳定性，实现对实时数据的实时、定时处理，支撑油田分钟实时数据的高速接入和“实时 + 离线”运算。部署环境：虚拟机集群部署。其中，流式计算作业 38 个，批式计算作业 56 个。

3. 部署架构

根据 PCS 一级部署“分布式部署，集中管控”应用要求，采用云边协同部署架构、应用容器化技术，完成整体部署架构升级，实现云端集中管控、边缘端快速支撑，降低资源消耗、减轻运维压力。

(1)云节点：部署在呼和浩特，包括全量应用、全量数据存储、数据处理环境及数据服务环境。

(2)分公司节点：胜利部署全量应用、全量数据存储、数据处理环境及数据服务环境，其他分公司部署生产监控前端应用、分公司数据存储、数据处理环境及数据服务环境，接受中心节点管理。

4. 安全架构

通过统一身份集成、凭证通信加密、代码安全监测与整改，开展平台安全建设。遵循安全等级保护要求，平台提供授权服务，使用数据加密、数据隐私策略，形成完备的安全体系。采用替换、重排、加密、截断、掩码、日期偏移取整等技术对敏感数据进行脱敏，保证勘探开发数据安全。

5. 系统功能

按照总部 PCS 统一功能规划要求，将原有 6 大功能模块进行整合，形成生产监控、动态管理、协同管理、应急处置 4 大功能模块。应用国产数据库、操作系统等技术对功能进行全面改造，进一步优化功能逻辑、简化功能菜单、提升功能效率，提高用户体验感。图 1 -6 -2 为 PCS 功能架构图。

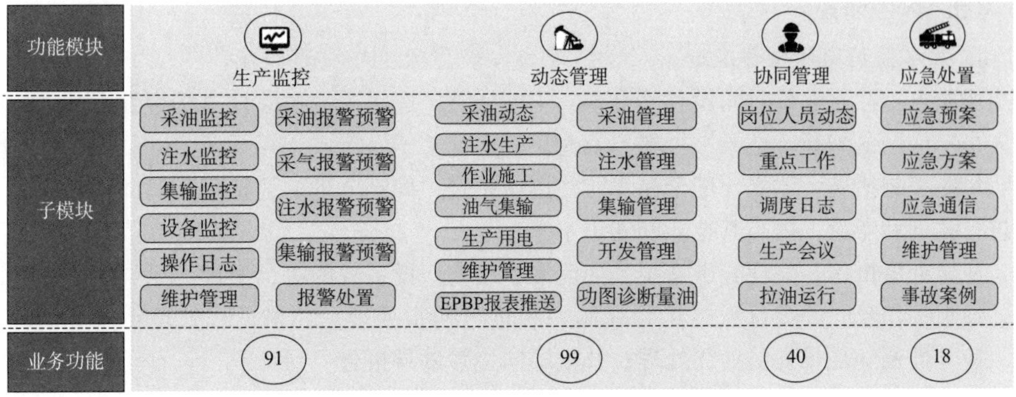

图 1-6-2　PCS 功能架构图

(1)生产监控：包括生产监控和报警预警功能，监控全系统各节点的实时情况，精准定位生产波动环节，提升生产现场管控能力。报警预警关注异常变化，对生产监控问题确认、落实、跟踪处理。实现了系统监控、关联分析及多参数预警。

(2)动态管理：包括开发动态和开发管理，实现了采油、集输、注水等系统的动态数据及日报查询，能够对生产过程进行跟踪及分析；在此基础上，打造智能化应用服务，基于实时采集的示功图等单井参数，实现单井实时动液面的计算、抽油机地面设备的工况诊断等智能化应用。

(3)协同管理：以生产指挥为中心，多方协同，对岗位动态、值班情况、生产运行等内容进行统筹协调，覆盖采油厂生产指挥全部工作内容。按照厂直管班站的模式，实现内外操一体化运行。

(4)应急处置：通过预置应急处置流程、应急资源数字化管理，实现一键启动、任务群发，构建应急事件分级高效处置体系。

(三)技术指标

(1)系统设计功能测试覆盖率达到 95%；

(2)满足 300~500 名用户的应用规模；

(3)用户测试通过率达到 100%；

(4)系统点击响应时间在 300 条数据量以内不超过 5s；

(5)用户对测试功能满意度不能低于 95%；

(6)系统出现故障后，完全重启时间 <30min。

(四)技术应用

油气生产信息化平台目前覆盖了油田 4 个采油厂，21 个管理区。系统的应用实现了“电子巡井、中心值守、人机联动、快速响应”，有效支撑高效、优化、超前、精细、安全运行的生产信息化指挥模式，全面提升了油气生产信息化应用水平，促进油田组织管理模式变革，奠定了新型人力资源管理模式基础。

实时动液面计算技术研究与应用，已实现油田所有油井示功图的液面计算，有效提高抽油机泵效，效果显著；抽油机地面设备工况诊断，陆续接入油田 3587 口抽油机井，成功预报碰井口、毛辫子断股、光杆断等多起故障。

（五）风险防控

1. 注水监控巡检操作风险

风险点：注水巡检时间设置不合理，不能做到应巡尽巡；对巡检过程中发现的问题巡检人员对问题的判断、记录、处置不及时。

风险控制措施：建立、健全注水监控巡检制度，确定合理的巡检间隔时间；对操作人员进行培训和考核，提高其技能和知识水平。

应急处置措施：发现异常情况，如泄漏、堵塞、设备故障等，立即记录异常现象、时间、地点等信息，并尝试通过远程控制系统进行初步处理。如果远程处理无效或情况严重，应立即通知现场人员前往处理，并立即向主管领导报告。

2. 采油监控巡检操作风险

风险点：巡检间隔设置不合理，造成漏检；对巡检中发现的问题判断、记录、处置不及时。

风险控制措施：建立、健全采油监控巡检制度，确定合理的巡检间隔时间；对操作人员进行培训和考核，提高其技能和知识水平。

应急处置措施：发现异常情况，如压力异常、温度异常、设备运转异常等情况，立即记录异常现象、时间、地点等信息，并尝试通过远程控制系统进行初步处理。如果远程处理无效或情况严重，应立即通知现场人员前往处理，并立即向主管领导报告。

3. 阈值设置操作风险

风险点：操作人员在设置阈值时，可能会因为疏忽、经验不足或操作不当，导致阈值设置错误。

风险控制措施：制定明确的阈值设置标准，根据生产工艺、设备性能和安全要求等因素，合理确定各参数的阈值范围。同时，对阈值设置进行定期审查和更新，以适应生产条件的变化。加强操作人员的培训和教育，提高其专业素质和操作技能。

应急处置措施：对阈值设置后的生产过程进行实时监控和评估，确保阈值设置的合理性和有效性。对于出现的异常情况和问题，应及时进行分析和处理，以优化阈值设置和提高生产效率。

二、油气工业控制系统（OICS）

随着油田生产信息化完善提升，工业控制体系由已逐步应用到油气生产各个生产环节，延伸覆盖生产管理、石油工程、安全环保等各个业务域，企业的组织形式、运行模式、管理方式也在发生变化，需要逐步构建一体化协同的“大工控”架构，形成油气工控系统统一软硬件架构，规范工控应用，助推油气行业高质量发展。

（一）技术背景

随着中原油田信息化应用与勘探开发、生产经营管理业务的深度融合，建设数智赋能型油田战略持续推进，越来越多的自动化技术、信息技术、通信技术和人工智能技术等应用到油气生产各个领域。工业控制系统中常用的系统结构（包括SCADA、DCS、PLC等）在油田油气生产的关键领域或关键体系结构中都有应用，随着信息化与工业化进程的不断交叉融合，为了保障工业自动化和控制系统的信息安全，越来越多的信息技术应用到了工业领域。

(二)技术特色

中原油田生产数据的采集与传输主要分为三类：办公网、生产网、工业控制系统(包括 SCADA、DCS、PLC)，其中生产网、工业控制系统与生产信息化密切相关。自 2012 年油田生产信息化开始建设以来，各油气生产单位逐步完善生产网和工业控制系统建设，实现生产数据采集、传输、存储、应用全流程优化。图 1－6－3 为油田骨干网络专网设计示意图。

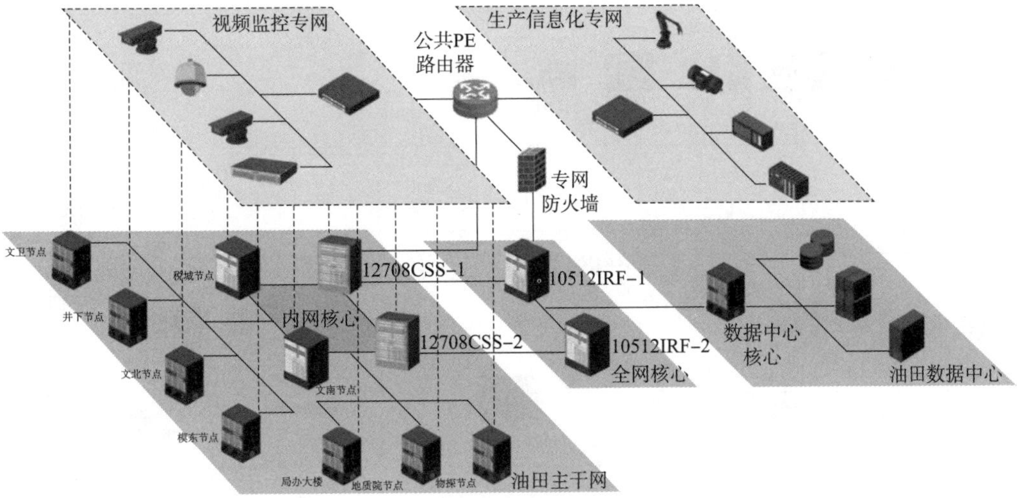

图 1－6－3 油田骨干网络专网设计示意图

1. 工业控制系统

1)数据采集与监视控制系统(SCADA)

结合油田生产信息化发展需要，以油田生产现场实行动态监测、智能控制和多级化管理为导向，以自动化程度高、数据处理能力强、调控灵活、决策支持高效、远程通信稳定、高度集成以及支持多级管理和协同作业为信息化生产理念，分级部署数据采集与监视控制的 SCADA 系统。图 1－6－4 为 SCADA 系统拓扑图。

数据流向在 SCADA 系统中遵循以下步骤，如图 1－6－5 所示。

①数据采集：系统通过安装在现场的传感器和远程终端单元(PLC/RTU)来收集数据。传感器负责监测并记录关键参数，并将这些信息传输至 PLC/RTU。

②数据传输：PLC/RTU 将收集的数据通过通信网络发送至 SCADA 系统的中心控制站。通信网络可以是有线或无线形式，包括以太网、串行连接和卫星通信等。

③数据处理与存储：中心控制站接收来自 PLC/RTU 的数据，并进行验证、解析和转换，以确保数据的准确性。处理后的数据被存储在数据库中，便于进行历史记录分析和数据回溯。

④监控与显示：处理后的数据通过 SCADA 的用户界面展示，该界面通常包含图表、图形和报警指示器，使操作人员能够实时监控系统状态和过程参数。

⑤控制命令下发：SCADA 系统根据预设控制逻辑或操作人员指令，向现场设备发送控制信号。这些命令通过通信网络传输回 PLC/RTU，进而实现对现场设备的控制。

⑥报警与事件处理：系统在检测到异常或触发预设条件时发出报警。操作人员依据报

警信息采取相应措施，以确保系统安全稳定运行。

⑦数据分析与报告：SCADA 系统对收集的数据进行分析，用以识别趋势、预测潜在问题或进行操作优化。分析结果用于生成报告，支持决策制定。

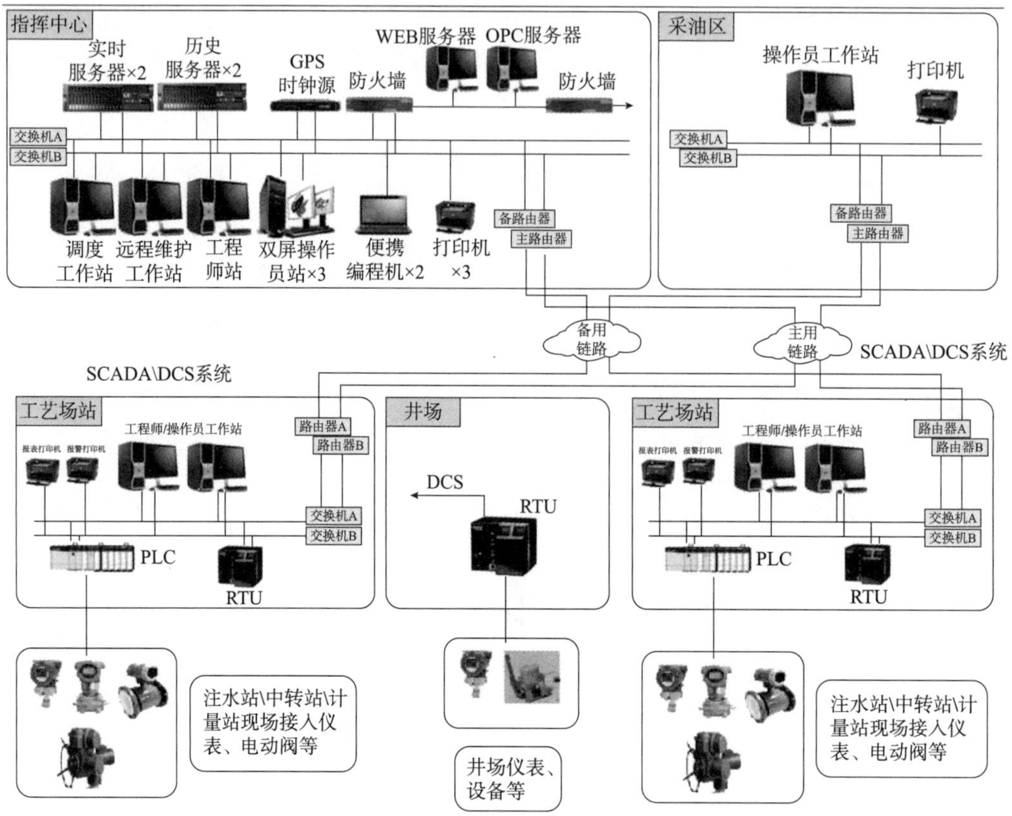

图 1-6-4　SCADA 系统拓扑图

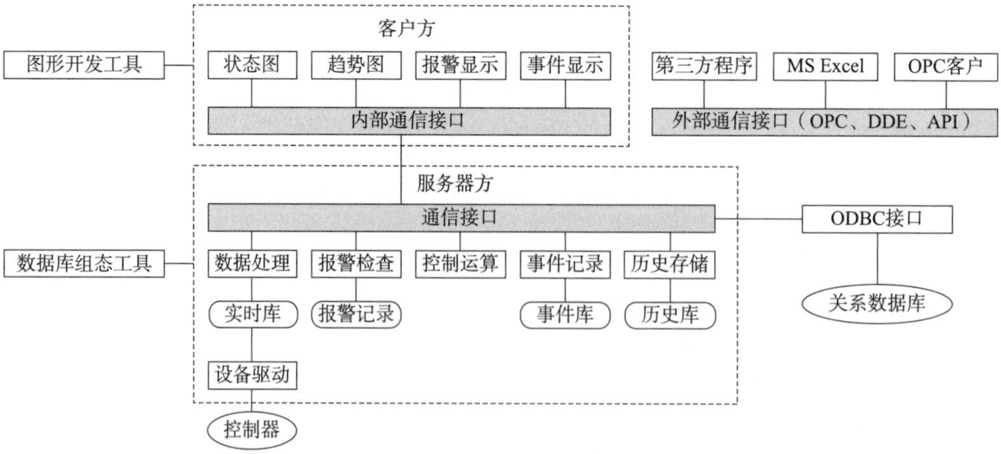

图 1-6-5　SCADA 系统数据流向

2) DCS 系统

DCS 系统即集散控制系统，以微处理器为基础，采用控制功能分散、显示操作集中、兼顾分而自治和综合协调的设计原则的仪表控制系统，主要体现在其分散控制与集中管理的结构设计、高可靠性与容错能力、开放式和标准化的系统架构、灵活的软硬件组态能力以及多层次的控制体系结构上。

①分散控制与集中管理：DCS 系统的控制任务被分配到多台计算机上执行，从而提高了系统的可靠性和灵活性。即使某一部分发生故障，也不会影响整个系统的运行。

②高可靠性与容错设计：DCS 系统采用容错设计，系统的一部分出现故障时，其他部分仍能继续正常工作，从而保证了生产过程的连续性和安全性。

③开放式和标准化的设计：采用开放式、标准化、模块化和系列化的设计，便于系统的扩展和维护。

④灵活的软硬件组态：根据不同的生产流程和应用对象进行软硬件的配置。用户可以从控制算法库中选择适用的控制规律，并快速搭建起满足特定需求的控制系统。

⑤多层次结构：多层次的结构设计，分为过程控制层、操作监控层和生产管理层等，每层都由多台计算机组成并通过通信网络连接，形成一个分布式计算机控制系统，不仅提高了系统的整体性能，而且有助于实现不同层次间的有效通信和数据共享。

3）PLC 系统

PLC 系统，即可编程逻辑控制器系统，包含了 CPU、内存、输入输出端口、通信接口等多种功能组件，用于实现顺序控制、逻辑运算、定时、计数等功能。

①高度的灵活性和通用性：PLC 的硬件设计遵循标准化原则，产品系列化程度高，功能模块种类繁多，可以根据不同的控制需求灵活组合成各种规模和功能的控制系统。

②可靠性和抗干扰能力：PLC 采用了微电子技术，用无触点的电子存储器件代替了大量的机械触点，减少了物理磨损，延长了使用寿命。

③模块化结构：采用模块化设计，各个功能模块可根据需要进行组合和扩展，既方便系统的安装调试，又便于日后的升级和维护。

④易于编程和监控：PLC 的编程语言简洁明了，易于学习和掌握，可以通过编程器在线或离线修改程序，实现对控制系统的快速调整。PLC 系统可以与计算机连接，利用专门的监控软件实时监控生产线的运行状态，及时发现并解决生产过程中的问题。

2. 生产网

以油田数字化转型安全需求为导向，结合国家和中国石化相关政策要求，以网络安全等级保护 2.0 标准和《中国石化油气工业控制系统网络安全防护建设规范》安全设计要求为指引，在"油田生产一张网"模式下进行厂级工控网络安全规划，建设油田局、厂两级工业网络安全管理中心，引入动态防护理念，提出油田生产网安全防护技术架构，如图 1－6－6 所示。

油田生产网安全防护技术架构主要分为三个防护视角，分别是防护对象、安全模型和安全管理；从安全防护对象视角来看，每个防护对象都需要采用自适应 PPDR 闭环安全防护模型，并配备完备的防护措施及防护管理流程对其进行安全防护；从安全防护模型视角来看，自适应 PPDR 闭环安全防护模型适用于所有的安全防护对象，可以根据实际的业务特点，并在具体防护管理流程指导下发挥作用；从安全防护管理视角来看，防护管理流程的实现离不开对防护对象的界定，并需要安全模型及各类防护措施的有机结合使其能够顺利运转。油田生产网安全防护技术架构的三个防护视角相辅相成、互为补充，形成一个完整、动态、主动、持续的防护体系。

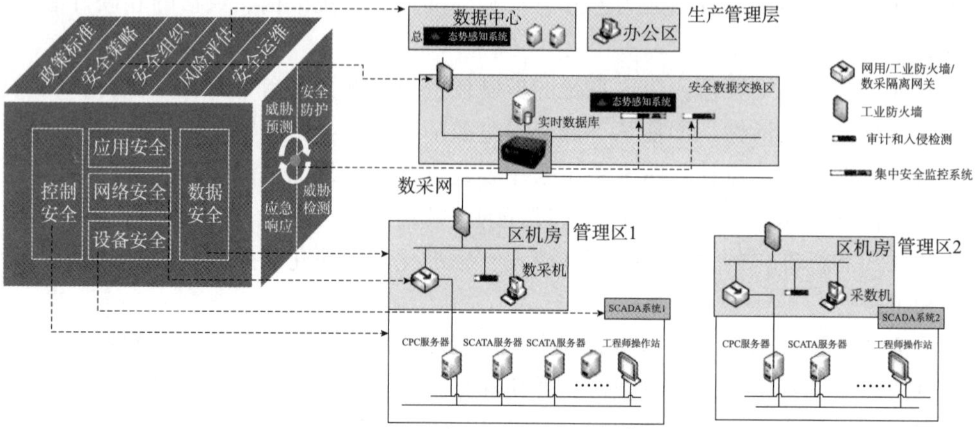

图1-6-6　油田生产网安全防护技术架构

1)通信网络与区域边界安全防护技术

建立生产网分层模型，适应油田数字化转型需要，将油田核心网络与厂级网络扁平化为二元结构。在厂区级生产网内部，从生产指挥中心到边缘采集端，区分不同的功能域和安全域，建立“横向分区、纵向分层”的精准防护的网络安全架构。各生产单位内部网络相对独立，生产指挥中心与生产现场强控制模式下，则应建设物理光纤环网连接各生产管理区，通过物理专网方式与其他业务网络严格隔离，并实现较高的网络可靠性。在弱控制模式下，则可以依托油田主干网，使用MPLS VPN技术建设逻辑专网，在网络路由层面与其他业务网络逻辑隔离，并通过强化主干网保障机制确保较高的网络可靠性。图1-6-7为采油厂内部专网设计示意图。

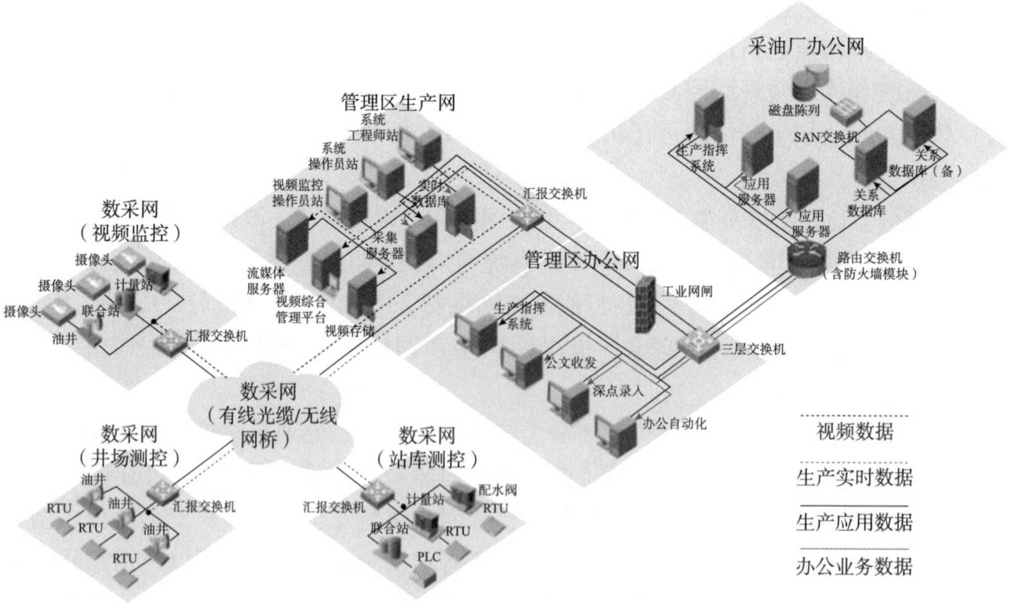

图1-6-7　采油厂内部专网设计示意图

2)安全区域边界隔离技术

生产网络与办公网络区域边界安全隔离技术应用，形成工业协议内容识别和网络访问控制能力，并启用网络访问策略保障双向通信安全。生产厂区内部，避免层与层之间非法流量的纵向渗透，同时，通过横向隔离技术避免因一个子系统被攻击后病毒进行横向传播。通过配置精细颗粒度的访问控制策略，实现 IP、端口级访问控制；部署并配置工业应用协议的防病毒策略、优化应用边界 WAF 安全防护策略，实现应用对外的三到七层安全防护。

3）网络安全自动化运营技术

针对油田网络安全运维面临的技术要素瓶颈，探索业务编排与自动化响应技术，结合脚本化和软件定义方式，利用安全编排自动化平台将各类网络、安全、运维工具、即时通信等平台通过 API 接口统一集成与调度，在与网络及安全设备、态势感知、运维平台、安全系统接口打通的基础上，逐渐形成自动化、智能化的网络安全运营新模式。

4）安全态势实时感知、智能防控相关技术

在安全防护智能化、信息系统自主可控安全等方向开展技术应用，进一步完善网络安全态势感知平台数据收集，实现告警数据的统一集中展示和关联分析；优化工单模块实现工单闭环处置，通过对网络攻击流量的收集、存储和分析降低网络攻击告警误报率，提升安全事件处置效率。

（三）技术指标

1. 工业控制系统

SCADA 是一种关键的工业自动化技术，是油田生产信息化的重要组成部分，主要应用于油田采油厂实现远距离的监视、控制、数据采集和管理。

（1）实时数据最小采样周期为 0.1s，实时监控画面调出时间≤1s。

（2）从产生开关量报警到人机界面显示的平均响应时间≤2s，从产生模拟量报警到人机界面显示的平均响应时间≤3s，人机界面下发命令的平均响应时间≤1s。

（3）主备网络的平均切换时间≤1s，冗余服务器切换时间≤2s。

（4）可靠性一般要求可用率高于 99.8%。

DCS 是将分布在各井场、注水站、中转站、计量站等不同位置的 PLC/RTU 连接起来，实现对整个系统的集中控制与监视。主控制器的网络控制容量一般控制周期在 500ms 至 1s 之间，从实时数据库内存中访问获取一个数据对象的时间约 200μs，控制器中通信任务的执行时间约 50ms，操作员站画面上的数据刷新速度约 1s。

PLC 分布在各井场、注水站、中转站、计量站等不同位置，用于实现顺序控制、逻辑运算、定时、计数等功能。技术指标是由品牌、选型等决定的，主要包括：输入输出点越多，访问的输入输出设备越多，控制规模越大；扫描速度越快，实时性越强；存储容量越大，存储用户程序就越多；指令系统的指令越多，编程功能越强等。

2. 生产网

油田生产网络的安全建设要针对油田生产系统的运行特征进行精准的、定向的安全防护设计，研究适合中原油田的安全防攻击技术，真正发挥安全技术和安全设备的合力，同时有利于横向扩展、形成规模化安全防护能力，能够为后续油田工业信息化高速发展提供有力安全支撑。

（1）工控网络边界防护上能够符合国家网信办、工信部、公安部等部门提出的要求，满足网络安全等级保护 2.0 标准的基本要求。

（2）中国石化网络安全水平评价 A 级。

（3）国家网络安全攻防演习“零失分”。

（四）技术应用

中原油田东濮及内蒙古现共有191套工控系统，其中SCADA系统5套、DCS系统15套、PLC系统171套。SCADA系统应用于文留、濮城、文卫、濮东、内蒙古等采油厂，DCS系统应用于天然气处理厂、天然气产销厂及储气库管理中心，PLC系统应用于井场、注水站、中转站、计量站等。对油田生产数据进行采集、存储等过程的自动监测，显著提高了油田生产过程控制的效率，支撑油田生产的数字化转型和智能化发展。

（五）风险防控

在工业控制系统施工过程中，安全防控措施是至关重要的，可以最大限度地降低施工过程中的安全风险，保障施工人员的生命安全和设备的安全运行。

（1）施工前准备：施工前需要进行详细的风险评估，制定周密的施工计划和应急预案，并对施工人员进行必要的安全培训。

（2）机械设备操作：定期进行检查和维护，并由持证人员操作，确保设备的安全运行。

（3）电气安全管理：所有电气设备应符合安全标准，并定期检查电线和电缆的状况，以防漏电和短路，使用绝缘工具和设备，防止触电事故的发生。

（4）环境保护：采取措施减少施工对环境的影响，如防尘、降噪等，妥善处理施工废弃物，避免环境污染。

三、油田生产信息化前端硬件

全面感知是油田智能化的数据基础，油田常见的生产信息化前端硬件场景主要包括：油井信息化（含非承载示功图、一体化智能控制柜、视频监控报警、企业4G APN）、长停井与水井信息化、集输泄漏监测技术应用、泵效监测技术应用。

（一）非承载示功图遥测技术应用

1. 技术背景

示功图可以反映出抽油泵在井下的工作状况，可结合地质情况和利用生产数据来分析解释抽油井的工作制度是否合理，实测示功图经过诊断技术处理后，可以找出影响油井泵效的原因，然后采取相应的采油工艺技术来解决生产问题。

传统的示功图测试主要是依靠测试队定期进行人工测试，该方法存在测试周期长、不能连续反映抽油井工况变化、操作烦琐，消耗大量人力物力，安全性低、测试数据共享困难，利用率低等问题。

2. 技术特色

非承载示功图遥测技术实现了游梁式抽油机井连续监测抽油井的工作状况，改变了传统功图测试需直接测量载荷的方式，是功图测试手段的一次革命，形成中原油田专有特色技术，可大幅度显现富余人工和节约功图测试费用。油井产量连续在线计量的实现，替代了传统计量站计量模式，实现中原油田传统采油管理方式向现代化采油管理方式的转变，是“两化”融合战略的重要技术成果。

（1）提出基于悬点位移计算模型的高精度非承载式工况监测方法，创建长寿命、低功耗、一体化工况远程自动监测装置，解决了传统承载式工况测量方法带来的工作效率低、精度降低、寿命短等难题，测量精度由1.0%提升至0.5%，使用寿命提升3倍以上。

(2)创建了基于人工智能及云计算的智能诊断模型，实现工况精准诊断和快速计算产量，解决了传统诊断符合率低、效率低、计量误差大等问题，工况诊断符合率由80%提升至95%以上，平均误差由12.5%降低至2.34%。

3. 技术指标

安装于现场的仪器实测游梁的应变和倾角，根据建立的数学模型自动计算出悬点的载荷和位移，通过一个周期内的多点数据捕捉，即得到示功图。安装在游梁上的检测单元通过无线方式，将检测到的载荷、位移等信号发送到接收装置，接收装置收到信号后通过油田信息化网络将信号传输到功图服务器进行存储和分析。

(1)工作温度范围：－20～60℃。

(2)测试装置的电路工作电压为直流3.3V。

(3)载荷传感器及位移传感器测量精度不低于1.0级。

(4)载荷测量范围不小于游梁式抽油机承受的载荷范围。

(5)冲次测量范围为0.5～12min^{-1}。

4. 技术应用

该技术自2017年至今，在中原油田文留采油厂、濮城采油厂、文卫采油厂、濮东采油厂进行规模化应用共计3419口井；系统软硬件各项指标均达到现场使用要求，载荷位移测试误差小于0.5%，工况诊断标定符合率达95%以上，功图量油误差0.3%～9.05%。通过应用该技术，累计减少功图测试216276井次，节约测试费用共计约6207.13×10^4元；减少工时432552h，节约费用约2162.76×10^4元；缩短发现躺井时间共计约30494.92h，减少损失565.97×10^4元。节约费用共计约8935.86×10^4元。

5. 风险防控

(1)作业人员劳保配备应符合Q/SH 0096.1《个体劳动防护用品配备要求 第1部分：油田企业》的规定。

(2)设置警戒线，并设立安全标语和警句，符合SY/T 5727《井下作业安全规程》中3.1条的规定，安全标志应符合GB 2894《安全标志及其使用导则》的规定。

(3)电焊作业安全应符合GB 9448《焊接与切割安全》中第11章的规定。

(4)高处作业安全要求应符合《中国石化高处作业安全管理规定》的规定。

(二)油井一体化智能控制柜集成与应用

1. 技术背景

东濮老区油井现场的配电柜和数据采集柜独立设置，不利于油井远程控制等信息化功能的实现和油井的标准化管理，需要研究配电柜、数据采集柜一体化设计。

2. 技术特色

油井一体化控制柜整合了传统的油井配电柜、数据采集柜，实现了外观结构的统一和功能的集成，在原有功能的基础上，增加了低带宽传输、综保等功能，满足油井信息化提升和后期智能化功能扩展的需要。

(1)一体化设计：油井一体化控制柜将传统的配电柜和数据采集柜合二为一，实现了外观结构的统一和功能的集成。

(2)远程控制与数据传输：油井一体化智能控制柜支持远程控制和数据传输功能，可以实现油井的远程启停控制、数据采集和传输等功能。这大大提高了油井管理的效率和灵活性，降低了人工成本。

(3)智能化应用：油井一体化智能控制柜具备智能化应用功能，如低带宽监控传输、电机综合保护等，提高油井的生产效率和经济效益。

(4)安全性与便捷性：油井一体化控制柜采用304不锈钢板制作外壳，具有户外防水防尘结构设计，提高了控制柜的使用寿命和多场景适应性。同时，优化了元器件和线路布局，实现强弱电部分物理隔离，提升了操作维护的安全性和便捷性。

(5)低成本解决方案：针对内蒙古探区的特殊需求，研究了低成本油井信息化解决方案，整合了RTU采集模块、多功能电表、4G传输模块等设备，实现了视频现场存储、定时回传图片、异常报警联动实时视频展现等功能。

3. 技术指标

(1)运行环境。温度：$-40\sim60$℃；湿度：$(0\sim95)\%$RH。

(2)防护等级IP55。

(3)柜体材质304不锈钢板，厚度≥1.6mm。

(4)具备防晃电功能，断电2s内恢复供电，实现电机自启动。

4. 技术应用

已经在文留采油厂和内蒙古采油厂的油井安装测试，下一步将在内蒙古采油厂提质增效项目和油田新井信息化配套中推广应用。电容延时自动投切功能，实现无功补偿；防晃电功能，断电2s内恢复供电，实现电机自启动；对电机缺相、过流、过压、欠压、三相不平衡等故障实现保护功能；远程数据采集功能，将电机运行状态、电流、电压、功率、油井运行参数(压力、温度、功图等数据)、抽油机死刹状态等信号采集远传。

5. 风险防控

1)加强设备管理与维护

定期清洁：控制柜内部积尘会导致散热效果下降，应定期清洁。

定期检查：包括电缆、元器件等，及时更换老化部件，减少故障发生。

备份记录：做好软件备份和维修记录，为后续维护提供参考。

2)规范安装施工

环境评估：确保控制柜满足防尘、防潮、防腐蚀等要求。

规范接线：严格按照电气图纸接线，确保连接牢固、绝缘良好。

调试测试：安装后进行全面调试与测试，确保功能正常，无安全隐患。

(三)视频监控电子围栏报警技术应用

1. 技术背景

油田生产单井多临近村镇、道路，每日人员、车辆流动性大，存在安全隐患，需要以视频监控信息技术为依托的解决方案，生产单井实现视频监控覆盖，部分视频监控按生产场景配置轮训模式，对周边注水井口进行巡视。

2. 技术特色

以“地面工艺优化+信息化+生产指挥模式”三位一体融合设计，通过信息化提升，推进油气生产劳动组织方式与生产管理模式的变革。图1-6-8和图1-6-9为区域绘制界面和联动配置界面。

(1)信息化：视频监控电子围栏功能与传统井场周界围栏有本质区别，可通过在视频监控画面中绘制出生产井场周界区域，比传统周界围栏部署成本低、效率高。

(2)区域化：生产井场按现场设备及安全等级分为井场区域和设备运行区域，可以在视频监控画面中绘制两层电子围栏，灵活区分井场区域和设备运行区域。

图1－6－8　区域绘制界面

图1－6－9　联动配置界面

(3)智能化：在绘制井场区域和设备运行区域时，通过识别进入区域物体的最小尺寸、最大尺寸识别条件，过滤掉小型物体的误触信息，提高报警准确度。

(4)高安全：通过前端不同区域报警信息，触发视频监控系统后台联动机制，推送不同语音至前端现场进行提示、警告，对生产单井闯入物体进行警示、驱离。后台人员还可通过报警弹窗界面，进行实时语音喊话制止不安全行为。

(5)低强度：视频监控电子围栏模式应用，强化了生产单井的视频监控巡检功能，缩短了各类闯入事件的警示、驱离工作，前、后联动处置机制，大大降低了员工的工作强度。

(6)联动响应技术：通过生产单井现场多层警戒区域触发机制，联动系统后台对应警示语音推送至前端，实现生产单井自动语音警示、驱离功能。同时设备运行区域高危报警触发系统后台弹窗功能，远程监护人员可重点关注和人工喊话警告。

3. 技术指标

(1)视频监控摄像头可自定义绘制入侵、闯入多层电子围栏。

(2)视频监控摄像头需支持400万以上像素。

(3)视频监控摄像头支持视频数据预处理及物体检测算法功能。

(4)视频监控摄像头可接收后端系统发送驱离语音信息。

4. 技术应用

该技术已在中原油田文留采油厂、濮城采油厂、文卫采油厂、濮东采油厂生产单井现场的视频监控摄像头进行实施，覆盖油区内所有井场。通过前端分区域对井场、设备多层区域进行实时电子监护，利用视频图像分析技术，动态检测入侵目标，区分人、物等各类信息，加上驱离语音和后端同步报警提示功能叠加，强化了日常安全巡检效率。利用电子围栏报警技术，还降低了井场周界设施采购、安装、运维等费用。

5. 风险防控

(1)视频监控摄像头登录密码必须符合安全防护等级，避免口令外泄。

(2)禁止一个视频监控摄像头上连接多个 NVR 或视频监控平台，导致前端视频码率过高，画面出现卡顿。

(3)定期对视频监控摄像头固件进行加固，修补已存的安全漏洞。

(四)长停井压力监测技术应用

1. 技术背景

油田的水井与长停井数量众多、分布散乱、现场无电源，传统 4G 通信持续产生费用且功耗较高。采用 LoRa 技术对于水井与长停井的监测管理具有重要意义，其部署简单、功耗低、传输距离远。

2. 技术特色

为了提高油田水井、长停井的信息化覆盖率，LoRaWAN 是一种合适的低成本技术解决方案。LoRaWAN 压力监控系统包括以下几部分，如图 1-6-10 所示：

(1)LoRa 终端节点，用于接入若干采集长停井数据的传感器，每个节点都内置了 LoRa 无线收发器芯片，利用无线收发芯片将长停井数据发送给 LoRa 网关。

(2)LoRa 网关，用于连接若干终端节点，实现长停井数据的汇聚与转发，当 LoRa 节点发送长停井数据时，LoRa 网关会接收这些数据包，并进行验证。验证过程包括检查数据的完整性、校验数据的有效性以及确认数据的来源。

(3)LoRa 网络服务器，用于接收网关数据，管理网络状态，网络服务器通过 Packet Forwarder 协议与 LoRa 网关进行通信。

(4)IoT 物联网平台，负责收集网络服务器数据，统一管理实时数据。

(5)LoRa 应用服务器，对 IoT 平台数据进行分析处理，可视化展示。

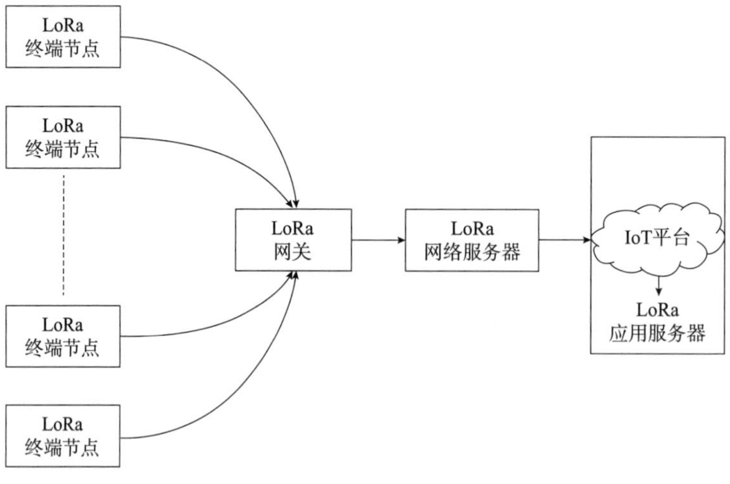

图 1-6-10　长停井压力监控系统示意图

3. 技术指标

(1)通信距离：在 Sub-GHz 频段下，LoRa 的理论通信距离可达 15km，但实际应用中受环境因素影响，如建筑物和地形等，通信距离会有所变化。

(2)数据速率：支持从 1kbps 到 50kbps 的数据传输速率，具体速率取决于扩频因子

(SF)的选择。在125kHz带宽下，LoRa支持的数据速率范围从300bps到5kbps。

(3)功耗：通过自适应数据速率(ADR)技术，可以根据信号质量动态调整数据速率，从而降低功耗。

(4)节点寿命：得益于低功耗特性，LoRa节点的电池寿命可达10年以上，减少了维护和电池更换的频率。

4. 技术应用

在濮城采油厂完成LoRa试验，试验证明：长停井与水井基本都没有外电，且采集数据频次不高、数量不大，比较适合LoRa低功耗、低速率、广覆盖的特点。在濮城文51示范区开展LoRa主干网建设，作为无线网桥通信链路的补充，不同于主流的单井“RTU+功图+摄像头”采集方式，油水井的功图数据、温度、压力、开关状态(含控制的井除外)不在单井汇集，直接连接LoRa网关传输到物联网平台，形成油井数据采集“低成本”新模式，为油田探索按效益分层级的生产数据采集“高标准+低成本”融合模式，支撑油田降本提质增效。

5. 风险防控

(1)接入设备禁止直连油田办公网络；

(2)非登记设备，禁止接入LoRa网关。

(五)物联网4G APN技术应用

1. 技术背景

中原油田通过顶层网络设计，制定技术路线和建设标准，规范建设4G APN专网业务基础设施平台，通过一个集中入口安全接入油田网络。

2. 技术特色

将中国联通、中国电信、中国移动等运营商的物联网4G APN业务规范接入，实现具有GRE(通用路由封装)、L2TP(第二层隧道协议)、IPsec(IP安全协议)和VRF(虚拟路由转发)多技术接入路线，做到全区域信号强度差异化补偿，满足今后复杂的组网要求。

(1)低功耗。物联网设备通常需要长时间运行，移动物联网卡具备低功耗特性，能够延长设备的续航时间，适用于很多电池供电的设备。

(2)安全性。物联网4G APN支持加密通信，保障设备间的数据传输安全，防止数据泄露和恶意攻击。

(3)远程管理。物联网4G APN支持远程管理功能，运营商和设备制造商可以实时监控设备状态、远程配置和升级，大大提高了设备的管理效率。

3. 技术指标

(1)传输速率。最少支持下行100Mbps，上行50Mbps速率。传输速率越快，就可以实现更快速、更稳定的数据传输。

(2)带宽。带宽越大，可支持更多的设备连接，具备更高的通信能力。

(3)信号强度。接入设备的信号在−40～60dBm为非常好；−60～70dBm为良好；−70～90dBm为偏弱；信号强度越高，该区域就可有更多的设备接入。

(4)安全性。可以通过GRE、L2TP、IPsec和VRF多技术接入。安全性越高，就可以保障数据和连接的安全，避免数据泄露和攻击等问题。

4. 技术应用

近几年油田在物联网中的应用场景也逐渐增多，业务应用趋势逐渐成熟，涵盖生产井场、长停井、井(站)场视频监控、移动布控球、移动单兵、视频会商等应用场景，如图1-6-11所示，以下应用场景将是油田拓展的方向。

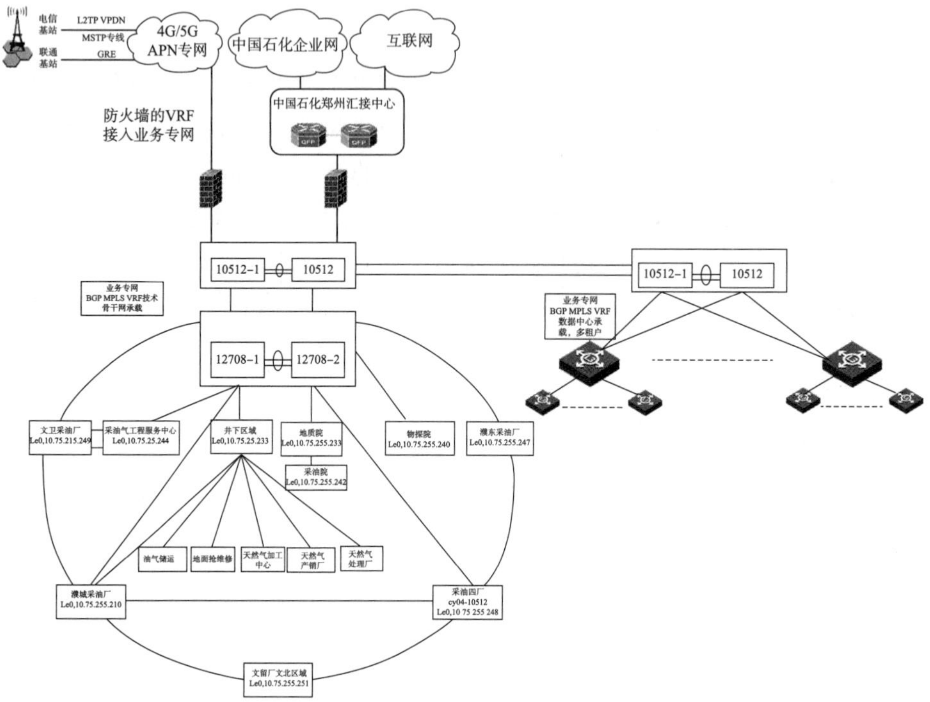

图1-6-11　中原油田4G APN业务网络拓扑图

(1)智能穿戴。随着油田员工老龄化的问题日益突出，用于监测员工心率、心跳、血氧饱和度等生命体征，通过物联网4G APN技术实时监测在岗人员身体数据，结合每年体检数据综合分析对比，提前预判各类高危疾病的发生，保障员工的身体健康。

(2)智慧安监。通过一线员工佩戴智能安全帽，通过物联网4G APN技术将前端感知数据、可视化数据实时回传，通过物联网、云服务、视觉识别、人工智能应用技术，为现场作业提供可视、可感，做到作业风险可知、可控，实现一体化的智能安全管控系统。

5. 风险防控

(1)4G APN禁止随意更换接入设备，更换后自动启动停机机制；

(2)禁止通话、短信提醒功能开通，避免成为电信诈骗工具；

(3)4G APN数据网络禁止与办公网络直通，保证网络之间安全隔离。

(六)机泵效能工况检测技术

1. 技术背景

当前的油田关键设备管理主要依赖人对设备运行参数采集，设备出现异常时对设备维修现状还是以事后处理为主，人工巡检测量(如振动、温度)不能形成直观的机组状态运行趋势图。设备运行健康状态无法实时知晓，突发状况无法准确预测。存在着运维管理模式效率低，对人依赖程度大，基本是故障后处理，对事先预防能力不足的问题。油田开展了一系列技术攻关和新技术推广应用，油田总结和积累多年经验，于2024年发布了《中原油田设备管理办法》，要求积极采用先进的监测技术，开展机泵状态监测和故障诊断工作；加强机泵仪表预防性检维修和试验工作，建立预防性更换制度，提升安全平稳运行水平。

2. 技术特色

通过对设备运行状态监测，进一步提供故障诊断依据，提高设备管理、维修、经济运行水平，提高设备运行稳定性，降低整体运维成本。

主要从机泵故障诊断技术应用角度出发，分析诊断数据(包括设备健康状况等级、故障类型次数、同一设备故障次数等)，在机泵设备管理方面应用可行性，分析机泵(组)诊断数据，来确定设备运行状态，并对异常设备，提出可行维修建议，提高设备维修效率，提升企业管理水平。

技术应用见表1－6－1和表1－6－2。

表1－6－1　泵、风机、电机等设备运行常见故障原因与分析

故障现象	故障表现	原因与分析
温升	轴承、密封腔、机封压盖和润滑油温升	轴承温升，轴承对泵的转子部件起支撑作用，轴承温度过高，会增加泵工作的不可靠度
振动	来自外部因素和泵自身	外部因素主要是泵管口载荷过大，基础不平或强度不够，运行偏离允许工况范围等原因。 本身因素： ①铸造、加工、装配等原因； ②泵体和叶轮设计不合理引起的水力振动
噪声		泵发生气蚀，轴承损坏，转子部件如口环、平衡鼓等位置发生摩擦所引起的
泄漏	泵体和泵盖之间介质的泄漏	密封处的泄漏
转速	变频	判断转速对泵性能(流量和扬程)的影响

表1－6－2　在线监测仪器的组成与工作原理

监测仪器	组成	工作原理	性能和特点
温度传感器	接触式热电阻和热电偶	采用热电偶、热电阻作为测温元件，从测温元件输出信号送到变送器模块，经过稳压滤波、运算放大、非线性校正、V/I转换、恒流及反向保护等电路处理后，转换成与温度呈线性关系的数字信号输出	具有尽可能大和稳定的电阻温度系数和电阻率，输出最好呈线性，物理化学性能稳定，复线性好
	非接触式包括红外线和激光两光学传感器	利用透镜将物体放射的红外线聚集到热电堆检测元件。热电堆吸收由物体发出的红外线，并被其加温后，产生与温度相应的电信号的检测元件。对该电信号进行放大，并经过发射率补正后显示温度	不需要与被测物体接触，不会对被测物体造成损害或变形，且测量速度快、安全性高、精度高
振动传感器	一轴、三轴振动传感器	将工程振动的参量转换成电信号，经电子线路放大后显示和记录。电测法的要点在于先将机械振动量转换为电量(电动势、电荷及其他电量)，然后再对电量进行测量，从而得到所要测量的机械量	测量旋转机械的运行状态，安装方便、防护等级较高，广泛应用于机泵能效管理

续表

检测仪器	组成	工作原理	性能和特点
噪声传感器		内置一个对声音敏感的电容式驻极体话筒，声波使话筒内驻极体薄膜振动，导致电容的变化，而产生与之对应变化的微小电压，从而实现光信号到电信号的转换	快速响应、易于集成、高稳定性和可靠性等特点，在噪声监测和控制领域表现出色
泄漏在线监测	常用监测方式有浮球液位开关、水浸传感器、漏水检测线缆传感器等，由于油田生产介质结垢、油污等问题，现场应用效果还不理想		
转速传感器	霍尔式转速计	利用霍尔效应使位移带动霍尔元件在磁场中运动产生霍尔电热，即把位移信号转换成电热变化信号的传感器	频率特性好、无触点设计，精确测量转速，用于电机控制与保护、风机与泵类设备、机械设备
	振动计算转速计	采用振动传感器从电机转子的振动频率来计算电机转速	主要用在发动机转速测量和尾气分析方面

3. 技术指标

(1)温度传感器：机泵运行主要发热设备是电机，最大温升要符合 IEC 60168 标准中的电机的热等级规定范围。

(2)振动传感器：按照 GB 50275《风机、压缩机、泵安装工程施工及验收规范》中的规定执行。

(3)噪声传感器：往复泵噪声测定按照 GB/T 9069《往复泵噪声声功率级的测定 工程法》，电机噪声和测定方法及限值按照 GB/T 10069《旋转电机噪声测定方法及限值》的规定执行。

4. 技术应用

在东濮老区濮城采油厂半数以上增注站已实现机泵保护，80#、12#、112#增注站、黄河水源管理区进行了更深入的现场应用，机泵管理上台阶，设备检测工况还原率95%以上。

5. 风险防控

(1)保持测试环境稳定、避免气温过高或过低、防止管道堵塞等。

(2)确保测试数据的准确性和可靠性，异常情况及时进行分析和处置。

(3)安全操作和保护措施：注意保护联锁、操作人员的安全，遵守相关规章制度，并配备必要的防护设备，确保过程安全性。

(七)站场无人值守技术

1. 技术背景

为落实油田数字化转型建设需要，聚焦采油管理区运营能力提升，以价值创造为目标，坚持业务流与管理流相融合、“内操”与“外操”相协调、标准固化和流程再造相统一，不断推进信息化条件下采油管理区劳动组织方式与生产运行模式的变革，构建与改革管理发展相适应、生产运行高效的标准化运行体系，指导管理区全面提升运行效能，油田推进油气生产无人值守站场建设。本着“总体规划、先行试点、无人值守、有人巡检”的建设思路，先后实施了东濮老区 22 座集输站场的数字化、无人化，实现“无人值守、远程控制、区域管理、运检维一体化”的智慧站场建设目标。

2. 技术特色

为落实油田站场无人值守建设需要，油田制定了《中原老区生产信息化建设软硬件配置标准》作为指引，从技术背景和目标、技术内容和标准、技术应用场景、系统组成和功能、采控节点和配置、安全管理和运行维护等方面做出了完整的要求。

1）建设原则

以简洁、实用、高效、经济为原则，按照五化的建设标准，建成视频监控、数据采集、数据传输、自动报警、监控指挥、巡护运维六大功能模块，实现数字巡检、中心值守、人机联动、快速响应，形成以生产运行中心为核心，注、采、输一体化管理的信息化采油管理区运行模式。

2）建设目标

覆盖采油管理区生产及管理整个流程，覆盖油井、水井、计量站、增压站、注水站、中转站、联合站等一线生产要素，全面实现油气生产过程可视化、生产运行状态感知、实时监控和高效运行指挥，全面提高油气生产管理水平，促进油田管理效率和经济效益的提升。

集中监控、无人值守、有人巡检、专业维护所有数据应采必采、全站覆盖，集中管理、数据贯通；所有数据集中运行管理，适度自动化，精简岗位，联合站16人、污水站10人。

3）基本配置标准

无人值守技术包括感知层、传输层、应用层和展示层四层。感知层：包含采集仪表、温湿度、运行状态、开关量采集装置等。传输层：包含现场智能网关和交换机等设备。应用层：包含应用服务器和数据库服务器。展示层：针对管理、技术、运行不同的数据可视化成果。

系统功能：

①自动化运行：可以自动调速、调压、自动开停机及转换运行方式，事故（故障）自动停机等。

②自动巡检：定期对设备进行巡视检查。在线监测：机组的启停、振动、摆动、压力温度、液位流量、机组能耗等工况参数。

③消防：集中控制灭火装置，由报警和火灾联动系统组成，安装气体、液体灭火装置、烟感式、缆式报警装置和自动风道等消防装置。

④工业视频监控：具备智能识别的视频监控系统，对安全管理要素进行AI分析，自动提示和警告，动环数据采集、人体传感器、站控外操以语音或视频交互，应急话站、号角广播等。

⑤数据采集：能够实时获取生产数据、设备运行状态及运行状况，及时发现设备存在的异常情况并及时报警，同时减轻现场人员巡井及录入数据的强度，实现自动采集、自动分析。在布置采集点时，只采集能反映设备运行状态、流程运行情况、工况变化的数据，以数据采集状态监测为主，原则上不涉及设备自动控制功能。

⑥数据传输：传输方式包含有线或无线两种通信方式；井场与站间通信以无线为主，有线为辅；站间、站与区域生产管理中心间通信应以有线光纤为主，无线为辅。传输干线：站场监控中心—区域生产管理中心—上级数据管理中心之间，用光纤组网；传输支

线：井场—站(厂)—站场监控中心之间，光纤 + 电缆 + 无线组网；远端生产现场的接入，可使用互联网 VPN 接入油田工控网。

⑦自动报警：主要包括数据超限报警、视频监控报警、工况异常报警以及设备节点离线报警。数据超限报警：当系统采集到的数据超出设定值时，系统自动报警。数据报警限值可快捷、方便设定，并支持分类批量设定。工况异常报警：油(气)、水井系统能根据自喷井、抽油井、单拉井、注水井、注气井、电泵井、长停井所采集的各项参数实现异常工况识别、分析、报警。

⑧监控指挥：搭建采油管理区监控指挥系统，具备信息汇集、展示、处理、分析及生产分派能力，可召开方案分析、小型生产会议、井组分析会等，具备大屏显示功能，并建立后台数据库，同时做到“三统一”：统一软件平台、统一硬件配置、统一外观标识。主要功能：油水井数据、计量站数据、注水站数据的实时展示、处理、分析、自动报警能力。

⑨巡护运维：巡护生产信息化系统运行后，管理区内建立巡护小组。巡护小组应配备专门车辆，并配备必要的应急处理工具。单一巡护小组巡护范围不少于 4 座计量(注水)站、30 口油水井。

3. 技术指标

立足节能减效，结合信息化改造工程，实施东濮老区油气地面工程系统优化整合，开展单井计量，将计量站简化为增压站，安装视频监控系统，实现无人值守，已撤并计量站(增注站)36 座，撤减加热炉 110 台，油田三年滚动计划预计优化改造计量站 203 座，助推节能减污增效。

4. 技术应用

油田落实《关于开展采油气基层单位标准化建设的通知》安排，全力抓好基层单位无人值守信息化建设试点，按照“集中监控、无人值守、有人巡检、专业维护”总体要求，实施集输、污水站信息化提升和自动化建设。

油田深入推进智能化站场建设，采用“人工巡检 + 远程监控”“常规检查 + 关键部位”相结合的方式，从文卫采油厂采油管理四区首座无人值守马 14 号计量站开始，建设完成 10 余座无人值守的计量站。智能化技术在天然气产销厂的应用，超过七成采气集输站场实现无人值守。濮城采油厂 112# 无人值守自动化增注站落成。首个 CO_2 驱无人值守井站在文 153 – 3 井建成。油田“无人值守 + 集中监控”变电运维模式在变电运行工区呼沱集控站落成。

油田要通过改革实现劳动效率的提升，各站场都要实现无人值守，坚持以数据采集自动化、现场操控自动化为主要路径，加快集输站场无人值守信息化示范改造，分步分批实现油田生产现场数字化全覆盖，劳动效率大幅提升。

5. 风险防控

无人值守自动化控制技术应用，前端设备选型要注意与生产工况、材质、精度、防护等级做对应，工艺设计要安排好本地和远程切换以及主备用冗余设计，逻辑设计时要做好故障和应急状态下的保护设计。

四、油田产出水处理自动化控制及水质在线监测

(一) 技术背景

东濮老区油田属于深层、低渗、高温、高压复杂断块油藏，采出水水质复杂，pH 偏低

(4.7～6.5)、矿化度高(站内 10×10^4～15×10^4 mg/L，部分单井产出液高达 30×10^4 mg/L 以上)、Ca^{2+}、HCO_3^-、Fe^{2+}、细菌含量高，增加了采出水的强腐蚀性、易结垢等特点，采出水处理难度大。

随着油田开发的不断深入，油田含水量上升，在油田生产中，大部分油田采出污水经处理后回注油层。油田从 1996 年起开始技术攻关，对站内主要处理构筑物进行技术改造，对加药、排污及过滤反洗采取自动控制技术，对含油污水处理实现了加药、排污、过滤反洗工艺自动化。工艺自动化系统不仅处理效率高，而且操作简单、管理方便，污水、废液通过综合处理，重新回注井下，实现了含油污水处理稳定达标，生产运行效果良好。

(二)技术特色

1. 水质在线监测

根据回注水水质基本要求，控制指标和辅助性指标，在水处理控制指标中具备水质在线监测的仪器仪表，实现生产过程水质检测、监测数据的实时采集，为实现生产过程自动化控制提供依据。

油田回注水水源水质符合以下要求：水质稳定，与油层水相混不产生沉淀；水注入油层后不使黏土矿物产生水化膨胀或悬浊；水中不得携带大量悬浮物；对注水设施腐蚀性小；当两种水源进行混合注水时，先进行室内实验，证实两种水的配伍性好，对油层无伤害才可注入；评价注水水源确定注水水质参照企标 Q/SH 1025 1058《油田开发注水水质指标及分析方法》中规定的碎屑岩油藏注水水质的基本要求、水质指标及检测分析方法。表 1-6-3 为东濮凹陷油藏注水水质主要控制指标。

表 1-6-3　东濮凹陷油藏注水水质主要控制指标

控制指标	平均空气渗透率/$10^{-3}\mu m^2$	≤5	>5～≤25	>25～≤50	>50～≤500	>500～≤1500
	悬浮固体含量/(mg/L)	≤1	≤2	≤2	≤5	≤10
	颗粒直径中值/μm	≤1	≤1.5	≤2	≤3	≤4
	含油量/(mg/L)	≤3	≤5	≤6	≤15	≤30
	膜滤系数/MF	20	20	15	15	10
	平均腐蚀速率/(mm/a)	≤0.076				
	点腐蚀	试片各面都无点腐蚀				
	SRB 菌/(个/mL)	≤6	≤10	≤10	≤25	≤25
	铁细菌/(个/mL)	≤10	$\leq10^2$	$\leq n\times10^2$	$\leq n\times10^3$	$\leq n\times10^4$
	腐生菌/(个/mL)	≤10	$\leq10^2$	$\leq10^2$	$\leq n\times10^3$	$\leq n\times10^4$
	溶解氧含量/(mg/L)	≤0.5	≤0.1			
	硫化物含量/(mg/L)	0	≤2			
	pH 值	6.5～7.5				
	总铁含量/(mg/L)	≤0.5				
	侵蚀性二氧化碳含量/(mg/L)	$-1\leq\rho_{CO_2}\leq1$				

(1)工作原理：水质在线分析方法包含电化学分析、光学分析和流动注射－分光光度法分析。

①电化学分析：电化学分析是采用电化学方法进行水质分析的技术，基于电化学反应的原理，通过测量电流、电位、电导等参数来确定水里的化学物质浓度。常见的电化学分析技术包括电导度测量、pH 测量、离子选择性电极测量等。基于离子选择电极法有氨氮、氯离子、硝酸盐氮、亚硝酸盐氮等。

②光学分析：以物质发射或吸收电磁辐射及其物质与电磁辐射相互作用(发光、吸收、散射、光电子发射等)来确定水里的化学物质浓度或其他参数。光学分析法可分为光谱分析法与非光谱分析法，这两种方式在水质分析中都有各自的应用。

a. 光谱分析法。基于物质和光的相互作用，通过测量样品和光的相互作用过程中的光的吸收、发射或散射等特性来确定样品中的化学物质的浓度或其他相关参数。包含：

紫外可见吸收光谱分析：通过测量样品对紫外和可见光的吸收，来确定样品中的化学物质的浓度。

荧光光谱分析：测量样品在受激发光下的荧光发射，来确定样品中的化学物质的浓度。

拉曼光谱分析：测量样品在受激发光下散射光的频率偏移，来确定样品中的化学物质的浓度。

b. 非光谱分析法。运用光学原理进行分析的方法，但是不涉及光的吸收、发射或散射等特性。包含：

光散射分析：测量样品中散射光的强度或角度分布，来推断样品中的颗粒浓度或大小。在线浊度分析仪是当前非光谱分析法中水质在线分析技术中最有价值的应用。

光导管分析：测量样品中光的传输特性，如光散射、光衰减等，来确定样品中的浊度或颗粒物浓度。

光纤传感分析：运用光纤传感器对样品中的特定物质进行检测，如 pH 值、溶解氧、氨氮等。

③流动注射－分光光度法分析。基于流动注射分析与分光光度法的组合技术。通过流动注射系统将样品和试剂混合，将混合物引入分光光度计进行光谱测量。是一种“非平衡态”化学分析技术，能实现高灵敏度、高选择性与高自动化程度的水质分析，可以根据具体的水质参数和分析需求选择适合的技术。

采用这类分析原理的水质参数最多，包括总磷分析仪、总氮分析仪、氨氮分析仪、六价铬、铜等各类参数。

(2)水质在线分析仪器。广泛应用于各种环境和行业。在工业领域，可以用于监测生产过程中的水质，实时监测水中的各种污染物质，如 pH 值、溶解氧、BOD、氨氮等，及时掌握水质状况，为污水处理提供有力的支持，防止因水质问题导致的生产事故。

①pH 值在线监测仪。用于实时监测污水的酸碱性，确保处理过程的稳定性。

原理：据测量电极与参比电极组成的工作电池在溶液中测得的电位差，并利用待测溶液的 pH 值与工作电池的电势大小之间的线性关系，再通过电流计转换为 pH 单位数值来实现测定。

②溶解氧(DO)在线监测仪。用于实时监测污水中的溶解氧含量，评估处理过程中的氧气供应情况。

原理：基于物理学中特定物质对活性荧光的猝熄原理。传感器前端的荧光物质是特殊的铂金属卟啉复合了允许气体通过的聚酯箔片，表面涂一层黑色的隔光材料以避免日光和水中其他荧光物质的干扰。

③电导率在线监测仪。用于实时监测污水中的电导率，评估溶解物质的含量和水体的盐度。电导电极分为铂金型、四电极石墨型、感应式电极。铂金型电导电极使用了高纯度的贵金属铂作为极片；四电极石墨型电导电极使用了密度大、质量高的石墨作为极片；感应式电导电极由耐化学腐蚀的材质制造，不会被极化干扰，避免污垢甚至结垢层覆盖等。

④水中油含量在线监测仪。原理：分离出的排放水样进入该装置的光电传感器的测量室。测量水样对红外产生的透射光和散射光的信号，经过微处理器的采集和处理，测出水样中的含油量。

⑤在线浊度分析仪。由主机和传感器组成，以福肼悬浊液作标准，浸渍方式，对通过悬浊液透射及散射光强的采集，再进行数据分析得到光强与浊度的关系，通过光强测量出浊度。

⑥BOD(生化需氧量)在线监测仪。用于实时监测污水中生化需氧量，评估有机污染物的去除效果。

⑦氨气在线监测仪。用于实时监测污水中的氨气含量，评估氨氮的去除效果。根据采出水介质特性采用重铬酸钾法和分光光度法测定。

⑧总铁在线监测仪。原理：通过强酸酸化，将所有形态的铁转化成可溶解的铁离子，在掩蔽掉其他干扰离子后调节溶液 pH 值，然后加入特性显色试剂测量地表水和工业废水中铁离子的含量。

亚铁离子在 pH 值 3 ~9 的条件下，与邻菲啰啉(1，10 - 二氮杂菲)反应，生成橘红色络合离子：$3C_{12}H_8N_2 + Fe^{2+} \longrightarrow [Fe(C_{12}H_8N_2)_3]^{2+}$，络合离子在 pH 值 3 ~4.5 时为稳定。水中 Fe^{3+} 用盐酸羟胺还原成 Fe^{2+}，即可测定总铁。

在酸性和氧化剂共存条件下，所有形态的铁被转化为 Fe^{3+}；还原剂将 Fe^{3+} 还原成 Fe^{2+}；Fe^{2+} 与邻菲啰啉反应生成橙黄色的络合物，于 510nm 波长处测定吸光度并换算成相应浓度值。

总铁在线测量法：邻菲啰啉分光光度法。

⑨膜滤系数在线监测仪。换膜机构实现全自动滤膜更换(卷式滤膜和自动抽吸取样装置)。全自动 SDI 仪能够全自动运行，PLC 集中控制，无须人工介入，实时监控，独特的换膜机构实现全自动滤膜更换。设定循环周期，实现全自动测量和远程监测。

⑩硫离子在线监测仪。在线硫离子浓度计，适用于测量液体的硫离子浓度和温度值，配置原装进口的硫离子选择电极，无须参比电极，固态传感器设计，无须添加填充液。

表 1 -6 -4 为水质控制指标及对应常用检测仪表。

表 1-6-4 水质控制指标及对应常用检测仪表

控制指标及计量单位	测量范围	推荐在线监测方法	检测原理
平均空气渗透率/$10^{-3}\mu m^2$	≤5～≤1500	SDI 测定仪	
悬浮固体含量/(mg/L)	≤1～≤10	在线浊度分析仪	对红外产生透射光和散射光
颗粒直径中值/μm	≤1～≤4	激光在线颗粒计数器	激光光束通过粒子并受到散射
含油量/(mg/L)	≤3～≤30	紫外荧光水中油传感器	
膜滤系数/MF	20～10	多通道全自动 SDI 仪	ASTM D4189-07
平均腐蚀速率/(mm/a)	≤0.076	腐蚀速率检测仪	电化学原理和电阻测量原理
点腐蚀	试片各面都无点腐蚀		
SRB 菌/(个/mL)	≤6～≤25		
铁细菌/(个/mL)	≤10～≤$n\times10^4$		
腐生菌/(个/mL)	≤10～≤$n\times10^4$		
溶解氧含量/(mg/L)	≤0.5		
硫化物含量/(mg/L)	0～≤0.5	在线硫离子测定仪	
pH 值	6.5～7.5	在线 pH 水质自动分析仪	参比电极测电位差
总铁含量/(mg/L)	≤0.5	在线总铁分析仪	邻菲啰啉分光光度法
侵蚀性二氧化碳含量/(mg/L)	$-1\leq\rho_{CO_2}\leq1$		

2. 产出水处理自动化控制

针对中原油田东濮老区产出水处理，“除油－沉降－过滤”三段式水质改性处理工艺，按照预氧化、水质改性、高效絮凝净化技术原理，采用对多种药剂的自动化投加控制技术实现保证出水水质稳定达标的目标。

配合三段式水处理流程，设计配套了水处理相关自动化控制系统。包括处理环节生产及管理整个流程自动化控制，覆盖全部一线生产要素，监控、报警、生产指挥、应急处置等功能全面配套。实现生产过程可视化、生产运行状态全面感知。

1)控制原理

单一联锁－PID 控制：PID 控制是基于控制系统输出和输入的偏差进行调节的一种控制方式，PID 控制器由比例单元(P)、积分单元(I)和微分单元(D)组成。

PID 算法：控制点目前包含三种比较简单的 PID 控制算法，分别是：增量式算法、位置式算法、微分先行。

PID 的整定方法和调整步骤：①关闭 I 和 D，也就是设为 0。加大 P，使其产生振荡。②减小 P，找到临界振荡点。③加大 I，使其达到目标值。④重新上电看超调、振荡和稳定时间是否符合要求。⑤针对超调和振荡的情况适当地增加一些微分项。⑥注意所有调试均应在最大正载的情况下进行，才能保证调试结果可以在全工作范围内均有效。

2)全站控自动化－智能协同控制

把握油田生产信息化提升的新契机、以新 SCADA 时代智能协同控制为核心技术的设计思路，以实现站场无人值守、有人巡检为目的，不断加强理论和技术创新，加大数智赋能信息化改造力度，形成了“精准采集、精细分析、精致运行”的技术路线。

①药剂自动化投加技术。控制系统硬件组成：站控 PLC 系统、通信处理器、模拟量输入输出模块、数字量输入输出模块、中间继电器、电涌保护器。

采集前端有：pH 酸碱度、ORP、电导率采集，浊度硫离子采集。

控制端有：(氧化剂、助凝剂、A 剂)药剂泵控制变频器，配药注水用电磁阀、远程本地切换控制、主备用泵切换控制。

取样点选择：pH 值混合罐出口(双线取样)+滤后，浊度沉降罐出口(双线取样)，电导率来水提升泵出口，来水流量来水提升泵出口。

②控制方法与原理。药剂作用：三段式水处理技术配套处理药剂主要包括氧化剂、pH 调整剂、絮凝剂和助凝剂。氧化剂(通常为双氧水)起氧化除铁和杀菌作用，实现低 pH 下除铁降泥目的，即双氧水可将水中的 Fe^{2+} 氧化成 Fe^{3+}，在 pH > 7.1 时，Fe^{3+} 以 $Fe(OH)_3$ 沉淀除去，同时利用药剂强氧化性杀灭和控制细菌生长，另外有一定脱硫效果；复合碱调整污水 pH 值；絮凝剂和助凝剂强化沉降净水效果。

控制关系：pH 对应复合碱投加；电导率和硫离子对应氧化剂投加；浊度对应絮凝剂投加。

该技术是在对含油污水进行 pH 值精准调整、氧化剂精准除铁基础上，使用 PAM 精准高效絮凝、过滤工艺进行净化处理，实现水质稳定达标。

3)自动化控制系统设计

系统选型：PLC、数字量模块、通信模块、HMI 等硬件设备。

软元件规划：包括内部继电器、保持继电器、数据寄存区、定时器、计数器等，并有中文注释。

程序规划：以故障提取、故障处理、手动处理、自动处理、输出处理的顺序进行编程。自动模式切换手动模式时，程序应清除自动模式下的输出和中间状态。

自动配药控制逻辑：依据手动配药流程进行程序控制逻辑编写。

自动加药控制算法：自动加药功能用控制算法，以采集的在线水质仪表数据作为反馈信息，与设定值进行运算后输出调节值，以调节加药泵的加药量大小。

①液位采集。分析罐体材质、物料特点选择液位计类型和规格；原液罐和加药罐均全部安装液位计。表 1-6-5 为液位计安装位置及选型。

表 1-6-5　液位计安装位置及选型

单法兰液位计	超声波液位计	投入式液位计	磁翻板液位计
絮凝剂配液罐	石灰浓浆池、加药搅拌罐、加药成品罐	絮凝剂加药罐、混凝剂加药罐、预氧化剂加药罐、加药罐	絮凝剂加药罐、混凝剂加药罐、预氧化剂原液罐、加药罐

②在线水质采集点选取原则。直接反映不同药剂投加后所对应水质指标的变化，为精准控制提供依据，对水质进行全面监测。

图 1-6-12 为三段式水处理工艺采集点布设示意图。

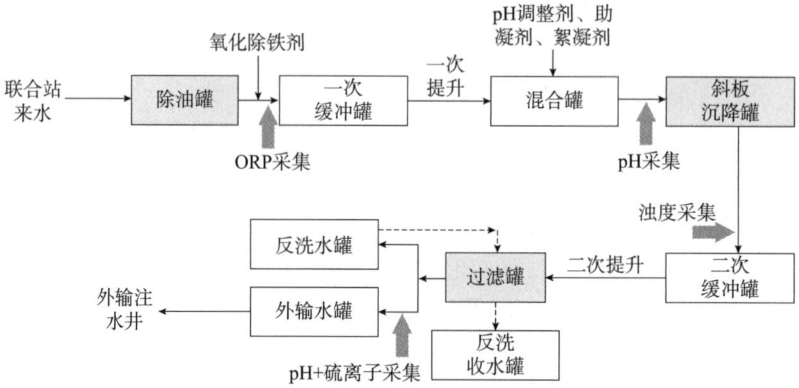

图 1－6－12　三段式水处理工艺采集点布设示意图

③其他在线采集点设置(表 1－6－6)

表 1－6－6　其他在线采集点设置

流量计	pH	ORP	浊度	硫离子
来水管线(三个指标的比例调节依据)	混合罐出口，滤后出水口(pH 调整剂反馈调节依据)	收油罐出口(预氧化剂反馈调节依据)	沉降罐出水口体现絮凝剂的沉降效果(絮凝剂反馈调节依据)	滤后出水口(预氧化剂反馈调节依据)

④现有设备控制点设置(表 1－6－7)

表 1－6－7　现有设备控制点设置

连续运转设备	加药泵	电磁阀	管道泵
运行状态采集	本地远程、运行状态、频率反馈、频率控制	pH 调整剂配药罐清水自动进水控制；预氧化剂原液罐出口，预氧化剂加药罐清水自动进水控制；絮凝剂配药罐出口	预氧化剂原液罐出口，絮凝剂配药罐出口

PLC 输入电路的类型和传感器输出信号的形式，确保 PLC 输入模块接线正确，输入/输出点数正确，输入输出信号和 PLC 侧正确对应。

⑤人机界面。分别介绍污水处理工艺界面、采集数据、数据储存、远程控制等。

污水处理工艺界面：上位机显示工艺流程、加药流程和实时运行数据。

采集数据：机泵运行状态、药剂罐液位、设定频率、流量、pH 值、ORP 值、浊度值、硫离子等。设备、阀门工作状态运行或开启绿色，停止或关闭红色，动画闪烁显示介质流动和静止状态，显示工艺流程走向、主要运行参数及实时动态数据。

数据储存：存储数据库包括实时数据库和历史数据库。数据报警液位、pH、ORP、浊度等数据的超限报警功能、报警阈值设置功能，超限上位机发出声音报警，并在工艺流程图上进行醒目的展示，报警查询。

远程控制：通过上位机控制加药设备启停操作，控制参数修改。仪表选型符合 SH/T 3005《石油化工自动化仪表选型设计规范》的规定，电动防爆仪表符合 GB 50058《爆炸危险环境电力装置设计规范》的规定。

(三)技术指标

1. 水质在线监测

1)pH值在线监测仪

量程0～14pH；分度值0.01pH；承压≤0.6MPa；测试标准GB/T 27757《pH值测定用参比电极》。

2)溶解氧(DO)在线监测仪

O_2浓度：0～90mg/L；饱和度：0%～600%；测试标准GB/T 11913《水质 溶解氧的测定 电化学探头法》。

3)电导率在线监测仪

量程0.01～20μS/cm(配0.01电极)，10～20000μS/cm(配10.0电极)；测试标准GB/T 11007《电导率仪试验方法》。

4)水中油含量在线监测仪

量程0～200mg/L；测量标准GB/T 12152《锅炉用水和冷却水中油含量的测定》。

5)在线浊度分析仪

量程流通式0～100NTU；投入式0～4000NTU。

6)BOD(生化需氧量)在线监测仪(需试剂)

量程0～800mg/L；检测标准GB/T 27852《化学品 生物降解筛选试验 生化需氧量》。

7)氨气在线监测仪

量程0～1000mg/L；测量时间25min；检测标准HJ 536—2009《水质 氨氮的测定 水杨酸分光光度法》。

8)总铁在线监测仪(需试剂)

量程10～500ppb；0.1～20ppm；测试标准HJ/T 345—2007《水质 铁的测定 邻菲啰啉分光光度法》，检测时间4～7min。

9)膜滤系数在线监测仪

量程0～20；SDI测试时间5～15min；测试标准ASTM D4189-07《Standard Test Method for Silt Density Index (SDI) of Water》。

10)硫离子在线监测仪

量程0.03～30000ppm；测试标准GB/T 16489—1996《水质 硫化物的测定 亚甲基蓝分光光度法》。

2. 采出水处理自动化控制

检测：进水、出水流量、COD、pH、总铁、ORP、SDI、浊度、液位等。

功能：实时监测和管控工艺流程，报警与处置、实时数据采集转储、数据可视化、参数设定。通过变频控制实现氧化剂、絮凝剂、pH调整剂自动投加，控制精度达到2%，处理后水质满足Q/SH 1025 1058《油田开发注水水质指标及分析方法》要求。

(四)技术应用

在东濮老区胡状、明二、濮二3座污水站进行了现场应用，处理水量约$2\times10^4m^3/d$；处理后水质的pH值控制在7～8，出水指标满足回注水水质标准Q/SH 1025 1058《油田开发注水水质指标及分析方法》，站内处理达标率100%。

（五）风险防控

（1）在线监测仪表尽量做到介质在闭环状态下实时监测，避免因二次排放造成污染和浪费。

（2）在允许多参数同时监测的条件下，尽可能采用多参仪表同时监测。

（3）保证本地和远程两种控制运行正常。采集传感器要及时清理，保证精准采集。

（4）工艺设计要安排好本地和远程切换以及主备用冗余设计，逻辑设计时，做好故障和应急状态下的保护设计。

第二章　储气库工程技术

中原油田储气库布局于“十一五”，起步于“十二五”，2012 年 8 月建成中国石化首座地下储气库——文 96 储气库；“十三五”期间又建成中国东部最大储气库——文 23 储气库。2 座储气库的建成，为中原油田培养了大批设计、建设、运行人才，也为“中原储气库群”的建设奠定了坚实基础。

进入“十四五”后，中国石化积极响应国家能源局“加快储气能力建设”要求，油田党委审时度势，提出了中原储气库群建设规划，明确了“建设一百亿方储气库运营商”工作目标。

2021 年以来，中原油田先后建成投运了卫 11、清溪、文 13 西、白 9、文 24 等 5 座储气库，在建 1 座白庙浅层储气库，正在论证 1 座卫 2 储气库。十余年来，攻关形成了储气库建库、运行及达容达产技术系列，快速推动了中国石化储气库建设工作，为华北地区天然气调峰保供提供有力技术支撑。

第一节　建库关键技术

2012—2023 年，先后建成 7 座储气库，并创造了国内同类型储气库建设周期最短、第一座超高压碳酸盐岩裂缝型储气库、我国第一座凝析气藏提高采收率协同储气库等纪录，形成了储气库钻完井、注采工程、老井利用及封堵工程、地面工程等储气库关键技术系列。

一、钻完井技术

储气库在钻井过程中存在井网密集防碰绕障难度大、地层压力系统复杂、盐层蠕变性强、储层亏空易发生漏失等难点，逐步形成了丛式井井眼轨道设计、储气库井身结构优化设计、钻井液及储层保护、盖层及低压储层固井等钻完井关键技术，满足储气库注采气及井控安全方面的要求。

（一）钻井技术

气藏型储气库钻井工程与常规油气田开发钻井工程有一定相似性，其基本原理相同，但在建设过程中对地面丛式井场布局、储层专打、储层保护有特殊要求，在钻井过程中逐步形成了储气库井口布局优化、井身结构优化设计等关键技术。

1. *井身结构优化*

与常规油气藏相比，储气库地层压力呈现“高 – 低”或者“低 – 高 – 低”的特征，为了最大限度地保护储气层，井身结构采用“储层专打”，结合区块地层三压力剖面，形成了适合中原储气库群不同区块的井身结构优化设计技术，能够满足地质、钻井及注采气等方面的要求。

1)三开井身结构

基于“储层专打、储层保护、保障井筒完整”的井身结构设计原则，采用三开井身结构方案。不发生漏失及复杂状况的井，采用常规三开结构；处于浅层易漏失的井，采用表层套管加深至500m的三开结构。图2－1－1(a)为卫11储气库三开井身结构，表2－1－1为卫11储气库地层层序表。

表2－1－1　卫11储气库地层层序表

层位		垂深/m	地层压力系数
平原组		300	1.05
明化镇		1200	
馆陶组		1410	
东营组		1470	
沙一段	中	1595	
	下	1640	
沙二段	上	1820	
	下	1985	
沙三段	上	2250	
	中	2730	0.1～0.6
	下	2870	

2)四开井身结构

针对盖层压力系数高、储层埋藏深的区块，优化采用“盖层专打、储层专打、储层保护、保障井筒完整”的四开井身结构设计方案。图2－1－1(b)为文13西储气库四开井身结构，表2－1－2为文13西储气库地层层序表。

表2－1－2　文13西储气库地层层序表

层位		垂深/m	地层压力系数
平原组		300	1.05
明化镇		1250	
馆陶组		1450	
东营组		1980	
沙一段	上	2080	
	下	2350	
沙二段	上	2700	1.1～1.2
	下	2850	0.8～1.2
沙三段	上	2880	
	中	3180	1.6～1.7
		3630	0.2～0.8

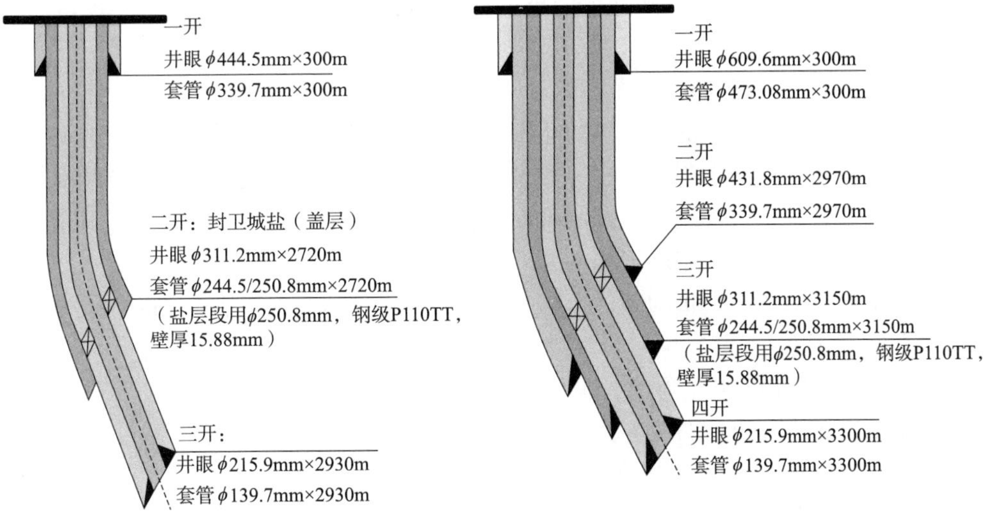

(a) 卫11储气库三开井身结构　　　　(b) 文13西储气库四开井身结构

图2－1－1　储气库井身结构图

2. 套管柱优化

1)生产套管

通过防腐评价实验，气源按照一类气标准，优选气密封扣生产套管，悬挂器以下选用钢级 P110－13Cr 抗腐蚀套管，悬挂器以上选用钢级 P110 的套管。

2)盐层加厚套管

针对盐膏层的蠕变特点，为减少复合盐膏层段的套损，在套管选材、套管串组合及强度方面进行研究，结合中原油田盐膏层特性和埋深情况，优选高强度、厚壁套管。表2－1－3 为盐层井段套管性能表。

表2－1－3　盐层井段套管性能表

套管尺寸/mm	钢级	壁厚/mm	扣型	最大抗外挤/MPa	最大抗内压/MPa	最大抗拉/kN
250.8	P110TT	15.88	气密封扣	88	65.1	6640

3. 井口优化布局

目前中原储气库群主要采用丛式定向井，根据平台各井靶点与平台位置的关系确定各井的布局，利于简化搬迁工序。每个丛式井场布井 3～8 口，丛式井场采用单排或双排直线型布井，设计丛式井组井口井间距为 15m，井排排距为 45～50m，井场布置尽可能做到各井井眼轨迹水平投影不交叉，减小井眼轨迹控制难度，防止井眼相碰。

1)井剖面设计标准要求

井口要做到合理布局，避免出现两井交叉，减少钻井过程中井眼轨迹控制的难度；各井造斜点的深度要互相错开，一般平台井数较少时应错开 50m 以上距离，井数较多错开距离也要大于 30m；井身剖面要避免井眼平行，以防碰撞和干扰；钻井顺序应先钻水平位移大、造斜点浅的井，后钻水平位移小、造斜点深的井，以防定向造斜时，邻井套管的磁干扰。具体按标准 SY/T 6396《丛式井平台布置及井眼防碰技术要求》执行。

2）实施要点

先浅后深：靶前位移决定造斜点深度，应尽量先施工靶前位移大、造斜点浅的井，后施工靶前位移小、造斜点深的井，以防止定向施工时，邻井套管对随钻仪器产生磁干扰。

先难后易：由于井网密集，防碰井数多，已完成的新井眼可能对后施工的井眼造成干扰，因此应尽量先施工轨迹复杂、控制难度大的井，比如防碰绕障压力大、井眼扭方位工作量大的井，再施工轨迹控制难度小的井。

钻井施工顺序应考虑钻机的整体搬移，提高效率，部署井在平台一侧时应沿着钻机整拖方向部署钻井顺序。

以文 23 储气库井口布局为例，采用“一字形”或“双一字形”等布井方式进行模拟分析，优选出适合各个井组的布井方式，见图 2－1－2。

采用“一字形”布井方式的井组：储 6#平台、储 11#平台。

采用“双一字形”布井方式的井组：储 2#平台、储 3#平台、储 4#平台、储 5#平台、储 7#平台、储 8#平台。

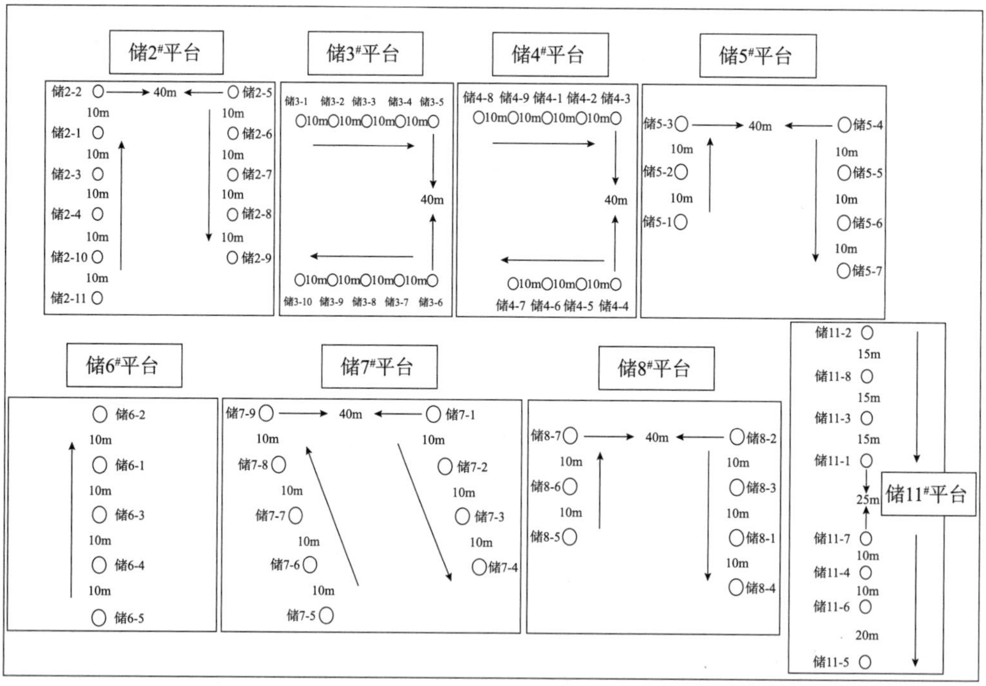

图 2－1－2　文 23 储气库平台井组布井方式及钻井顺序

（二）储层保护技术

储气库的地质构造采出程度高，地层亏空严重，目的层地层压力系数低，钻井极易发生漏失且对储层保护提出了更高的要求。储气库盖层多为盐层和泥岩，盐层蠕变性强，易发生缩径、井壁失稳等情况。文 96 储气库储层采用油包水钻井液体系，存在油基岩屑处理难度大、费用高等局限性，创新研发了微泡钻井液体系，可满足储气库低压易漏地层段钻井施工需求。

1. 微泡钻井液

针对文23储气库微泡钻井液存在微泡抗压缩性、防漏性不足等局限性，攻关研究阴离子表面活性剂、极压润滑剂、烷基糖苷抑制剂等处理剂，形成了抗温120℃微泡钻井液体系。在卫11、文13西、文24等储气库进行应用，具有较好的防漏性能和抑制性能。表2-1-4为钻井液密度。

表2-1-4　钻井液密度

储气库名称	密度/(g/cm^3)	岩性	施工井数/口	漏失井数/口	漏失发生率/%
卫11	0.95~0.98	粉砂岩、泥岩	10	0	0
文13西	1.35~1.50	粉砂岩、泥岩	8	0	0
文24	0.98~1.15	粉砂岩、泥岩	5	0	0
合计			23	0	0

该体系微泡粒径保持在50~200μm，在降低钻井液密度同时，有变形桥堵作用和高触变性，当钻遇微裂缝时，流动速率降低，黏度升高，减少钻井液漏失，在室内40~60目砂床中(孔隙直径约40~130μm)，承压可达15MPa以上，有效降低漏失发生概率。

在卫11、文13西储气库应用中，储层段井壁稳定、无坍塌掉块现象，井径规则、起下钻顺畅，电测、下套管顺利，储层段平均井径扩大率小于6%。

2. 储层保护

储气库经过长期开发，地层亏空严重，地层压力系数较低，储层渗流通道的孔喉直径分布范围较广，储层保护材料粒径级配难，部分储层由于敏感性问题难以实施酸化或压裂，一旦储层保护材料对储层造成永久性伤害，则严重影响储气库注采效果。因此，需针对不同储气库储层物性(孔隙度、渗透率、孔径分布等)特征，通过岩心实验进行室内评价，确定储层敏感性，制定针对性的储层保护方案。

1)自降解防漏堵漏材料

自降解储层保护材料，封堵层强度可达到10~20MPa，具有自降解解堵特性，可在10~20天完全降解，储层渗透率恢复值达到80%，恢复储层孔道渗流能力，同时能够有效封堵微裂缝及孔喉发育的储层，减轻钻井液渗漏。

2)充填粒径优化

通过优化油气层架桥暂堵剂的材料构成，合理匹配纤维状封堵剂、硬性架桥粒子及充填封堵粒子的用量，实施整个储层段的储层保护作业。油气层可变形封堵剂通过变形挤入孔隙，其中架桥暂堵剂微观形态为球形粒子，并具有软硬核结合结构；粒径分布较宽，粒径在0.1~10μm，与储层的孔径分布相匹配，形成致密封堵层，可有效延缓压力传递和滤液侵入。可变形封堵剂具有变形封堵能力，可以封堵微裂缝及较大的孔道，同时，建立连续分布颗粒堆积模型，优选颗粒尺寸分布的屏蔽暂堵剂，实现紧密堆积，减轻钻井液固相和液相侵入深度和伤害程度。图2-1-3为钻井液粒径分布图。

卫11储气库10口新钻注采井应用微泡钻井液及屏蔽暂堵储层保护技术后，平均渗透率恢复值大于80%，具有良好的储层保护效果。

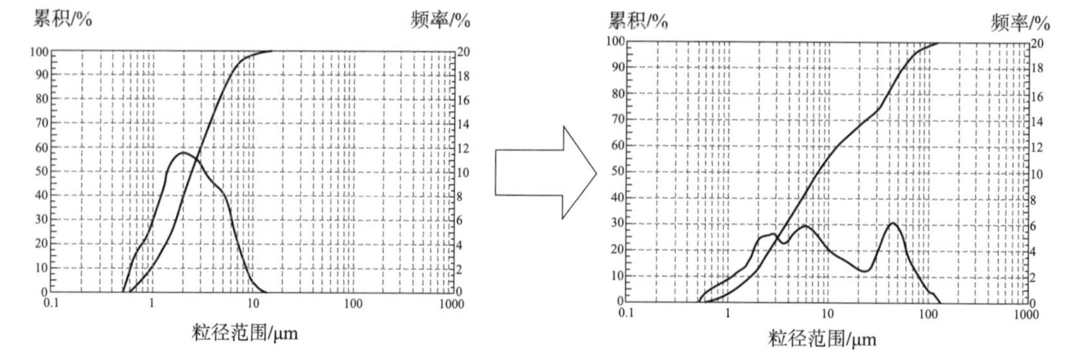

(a)微泡钻井液粒径分布　　(b) 配方钻井液粒径分布

图 2－1－3　钻井液粒径分布图

(三)固井技术

储气库的运行特点决定了储气库注采井固井与常规采气井固井不同，需要承受周期性的压力变化。因此对注采井固井质量提出较高要求，要求井筒能够承受注气与采气交变载荷的冲击，保持井筒的密封性能。由于储气库在同一构造单元上钻有多口注采井，某一口井固井质量出现问题将影响整个储气库的安全运行。而储气库注采井一旦发生管外天然气泄漏等问题，安全风险高、处理难度大。储气库盖层段常为盐层、泥岩，分布范围广、厚度大，且储层压力系数低，固井中易造成返高不够，为固井安全施工带来困难。因此，应通过改进水泥浆体系、优化固井工艺等措施，保证储气库井固井施工质量。

1. 固井泥浆设计

经过多轮储气库应用实践优化，形成了适用于盐层盖层段的非渗透抗盐增韧水泥浆体系、适用于低压易漏储层段的防窜弹韧水泥浆体系。

1)非渗透抗盐增韧水泥浆体系

钻遇盐岩层段时对水泥浆产生污染，失水增大，根据污染程度不同，为使水泥浆提前凝固或过度缓凝，研发 AMPS 多元共聚物类中温抗盐降滤失剂，有效控制水泥浆滤失量，形成了具有抗盐能力的水泥浆体系，少量盐污染后仍能保持良好的性能，从而保证盐层的封固质量。对漏涌并存的地层，通过加入膨胀早强剂、增韧防窜剂，提高水泥浆的防漏及防窜性能，调整稠化时间，尽早形成胶凝强度，保证了封固质量，见表 2－1－5。

表 2－1－5　非渗透抗盐增韧水泥浆性能

项目	水泥浆设计指标	实测性能
密度/(g/cm³)	1.85～1.90	1.88
失水量/mL	≤50	26
游离液/%	0	0
100Bc 稠化时间/min	80～300	70～360
初始稠度/BC	≤30	10～30
SPN 值	≤3	1.67
48h 抗压强度/MPa	≥16	22.36

续表

项目	水泥浆设计指标	实测性能
7 天抗压强度/MPa	≥28	30.2
7 天杨氏模量/GPa	≤6	5.8
7 天气体渗透率/$10^{-3}\mu m^2$	≤0.05	0.04
7 天线性膨胀率/%	0～0.2	0.15

2)非渗透防窜弹韧水泥浆体系

高压注气、采气过程中，压力及温度变化对水泥环的长期耐久性及防窜性能提出了更高的要求，需具备良好的力学性能，满足长期注采的需要。优选采用非渗透防窜弹韧水泥浆体系(表 2－1－6)，在体系中加入黏弹性液体降失水剂，可形成分散的连续相，填充水泥颗粒空隙，增加水泥浆弹性；加入复合增韧剂，填充水泥石微裂隙，提高水泥石耐冲击能力及阻裂能力，提高水泥石韧性和长期防窜能力；加入界面增强剂改善水泥石与界面的胶结(图 2－1－4)；加入膨胀早强剂提高水泥石强度，抑制水泥石收缩，避免界面因体积收缩而形成气窜通道，以提高水泥石长期防窜性能。表 2－1－7 为水泥石弹性模量对比。

表 2－1－6　非渗透防窜弹韧水泥浆性能

项目	水泥浆设计指标	实测性能
密度/(g/cm^3)	1.85～1.90	1.88
失水量/mL	≤50	24
游离液/%	0	0
100Bc 稠化时间/min	80～300	70～360
初始稠度/BC	≤30	10～30
SPN 值	≤3	1.67
48h 抗压强度/MPa	≥16	23
7 天抗压强度/MPa	≥28	33
7 天杨氏模量/GPa	≤6	5.8
7 天气体渗透率/$10^{-3}\mu m^2$	≤0.051	0.04
7 天线性膨胀率/%	0～0.2	0.15

(a) 常规水泥石

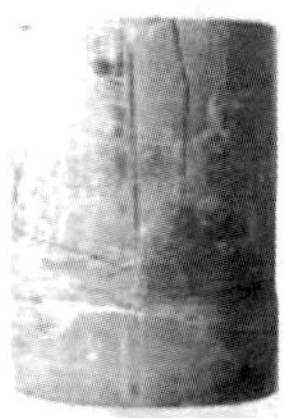

(b) 弹韧水泥石

图 2－1－4　水泥石承压实验后实物图

表 2-1-7　水泥石弹性模量对比

水泥石类型	养护条件	弹性模量/GPa
常规配方水泥石	70℃、21MPa 条件下养护 7d	9.50
抗盐弹韧性水泥石	70℃、21MPa 条件下养护 7d	5.69
	90℃、21MPa 条件下养护 7d	5.81
	110℃、21MPa 条件下养护 7d	5.75

测试数据表明，抗盐弹韧性水泥浆体系的水泥石硬脆性得到明显改善，水泥石弹性模量降低了 40%。弹韧性水泥石的弹性模量均符合储气库固井水泥石指标“7d 弹性模量≤6GPa”的要求。

2. 固井施工工艺

1）防漏固井工艺

①井眼准备。固井前井眼的准备尤为重要，清洁规则的井眼和足够的承压能力是保证固井成功的基础。下套管前提前做好预堵漏工作，对地层进行静态承压试验，满足固井需要；优化通井措施，采用双扶钻具组合通井、划眼，环空返速要求 >1m/s，保证井眼清洁；套管下到位后，先由单凡尔开泵改为由水泥车顶通，尽量减小压力激动，防止压漏地层；循环 1h 待泵压稳定，返出正常后，再改为单凡尔循环一周，破坏井内浆体结构力，根据泵压和返出情况逐步提高排量，循环 2 周以上。

②优化浆柱设计。遵循平衡压力原则设计浆柱结构，根据前期堵漏情况建立裸眼井段的破裂压力剖面，利用固井施工软件依据压力剖面设计环空浆柱分布，采用双密度三凝水泥浆体系固井，适当加入堵漏纤维，达到防漏堵漏的效果。

③注替排量设计。采用紊流 + 塞流复合顶替模式，降低摩阻，防止压漏地层。对于堵漏较好或固井后期可能发生漏失的井，采用紊流 + 塞流固井，即注水泥和替浆前期达到循环压力前采用紊流方式施工，替浆后期即达到循环压力后采用低返速塞流顶替，可以大大降低环空流动阻力；对于漏失严重的井，注浆排量不超过循环排量，采用水泥车顶替，替浆排量小于洗井排量。当起压后立即降低排量，实现塞流固井；对于渗漏井，注浆排量不大于循环排量；替浆起压后降低排量，在压力接近地层破裂压力前，采用水泥车替浆，减小摩阻，防止压漏薄弱层。

2）提高顶替效率

①冲洗隔离优化设计。井眼受钻井液长期浸泡，环空井眼虚泥饼较厚，受堵漏剂、混油、“糖葫芦”井眼的限制，进一步增大了固井难度。为有效去除环空泥饼和油膜，提高顶替效率，优化了针对不同区块的隔离冲洗液。采用四基冲洗隔离液体系，该体系以清水为基液，掺入适量的驱油剂、表面活性剂、悬浮剂及防漏材料辅助添加液体分散剂，集防漏、冲洗、隔离三者于一体，与钻井液、水泥浆具有良好的相溶性，可有效分散泥饼和吸附油膜，提高井眼环空的顶替效率。

②套管居中设计。利用固井施工软件模拟优化施工压力、排量和井筒内流体当量密度的分布，优化扶正器安放位置及数量，保证套管居中度 >67%。例如卫 11 储 2-2 井二开直井段采用 ϕ308mm 一体式弹性扶正器，每 30m 加 1 只，斜井段采用 ϕ308mm 刚性旋流扶正器 + ϕ308mm 一体式弹性扶正器，每 10m 加 1 只，交替加入，保证了技术套管居中度。

3)无牙痕下套管技术

尾管选用P110－13Cr抗腐蚀套管，为降低套管损伤，需采用无牙痕下套管技术，最大限度保护套管。

表2－1－8为常用合金油(套)管的上扣控制扭矩。

表2－1－8　常用合金油(套)管的上扣控制扭矩

序号	外径		扣型	钢级	壁厚/mm	最小扭矩/(N·m)	最佳扭矩/(N·m)	最大扭矩/(N·m)
	mm	in						
1	73.02	2 7/8	BGT2	L80－13Cr	5.51	2340	2600	2860
2	73.02	2 7/8	BGT2	BG13Cr－110	5.51	2600	2890	3180
3	73.02	2 7/8	TP－G2	TP125－TDJ028	5.51	3120	3470	3820
4	73.02	2 7/8	VAM TOP	G3－125	5.51	2590	2880	3170
5	88.9	3 1/2	VAM TOP	G3－110	6.45	3870	4300	4730
6	88.9	3 1/2	VAM TOP	G3－125	6.45	4100	4560	5020
7	88.9	3 1/2	BGT2	BG13Cr－110	6.45	3970	4410	4850
8	88.9	3 1/2	TP－G2	TP125－TDJ028	6.45	4100	4560	5020
9	88.9	3 1/2	VAM TOP	SM2550－125	7.34	5000	5600	6200
10	139.7	5 1/2	TP－CQ	P110－13Cr	9.17	10480	11650	13970
11	139.7	5 1/2	VAM TOP	SM2550－130	10.16	12800	14200	15600
12	177.8	7	VAM TOP	SM2242－110	12.65	20300	22600	24900
13	177.8	7	BGT2	BG13Cr－110	10.36	15620	17350	19090
14	177.8	7	BGT2	L80－13Cr	12.65	17980	19980	21980
15	177.8	7	BGT2	BG13Cr－110	12.65	22570	25080	27590
16	177.8	7	TP－G2	TP110－TDJ028	12.65	25500	28300	31100
17	177.8	7	TP－G2 HP	TP110－13Cr	12.65	26800	29800	32700

无牙痕下套管技术措施：

①起吊套管时必须使用尼龙绳，起吊时要求操作平稳、缓慢，要求公扣端用尾绳拉紧，绝对防止碰撞。套管沿橡胶铺垫方向吊起，在橡胶铺垫上向前滑动。套管拉上钻台前必须戴好母扣护丝和公扣护丝，护丝必须全部戴完扣。

②扣合吊卡时应慢推轻扣，平稳操作，严禁猛烈撞击套管本体。公母扣对扣连接时，应使用引扣器对扣，以避免下放对扣碰伤丝扣。

③套管密封脂。用毛刷将丝扣油均匀涂在公扣上，均匀覆盖为佳。

④引扣器对扣。用布袋钳或摩擦钳引扣，上下连接的两根套管保持在同一轴线上，避免错扣。

⑤连接丝扣，以5～20r/min的转速将扭矩上至预定值，到预定参考扭矩，将套管钳转至低挡，以1～5r/min的转速上完余扣，扭矩值达到最佳值时自动停止上扣。其扭矩值以套管厂家提供的最佳扭矩值为标准。

⑥控制下放套管速度。套管的下放速度不宜过快，控制管串下放速度为0.25～0.3m/s

(1.5～2min/立柱，35～45s/根)。吊卡在接近转盘时，慢慢下放，避免冲击载荷对丝扣和管体造成损伤。

3. 固井及套管质量评定

储气库井对套管的强度要求、螺纹密封性能要求均有很高的指标。储气库在使用过程中，地层压力也要反复变化，因此对水泥石弹韧性及水泥环与套管、井壁的胶结质量提出了更高的要求。

固井质量要求：按 SY/T 6848《地下储气库设计规范》，要求气层顶界以上盖层段固井质量连续优质段不小于 25m，且以上固井良好及优质段长度占比不小于 70%。具体执行 SY/T 6592《固井质量评价方法》。

套管完井要求：生产套管用清水介质试压至储气库最高运行压力值，30min 不大于 0.5MPa；按实测套管壁厚进行套管柱强度校核，校核结果应满足储气库实际运行工况要求。

(四)卫 11 储气库典型案例

卫 11 储气库为中原油田建设的第 3 座枯竭气藏型储气库。卫 11 气藏经过多年勘探开发，存在储层亏空严重、盖层为盐层、高矿化度、周边井眼密集等情况，给高效钻井提出了挑战。卫 11 储气库应用了储层专打井身结构设计技术、微泡钻井液及储层保护技术，有效解决了枯竭型储气库钻完井过程的技术难题。

1. 钻井工程地质特征及难点

卫 11 气藏为卫城地垒带西部的一含油气断块，沙三下 1－3 砂组为主要含气层系，纵向上泥、砂岩呈互层状发育，砂岩成组性强，组内砂岩发育集中。盖层主要为卫城盐，具有厚度大、岩性纯、封堵性强(盐膏岩塑性强，即使断层发育时期其连续性也不易遭到破坏)的特点。沙三下 1－3 砂组为中孔、中渗储层，地层水矿化度高，为典型的 $CaCl_2$ 型水，地层温度在 95～105℃、原始地层压力系数为 1.02～1.04，属于常温常压地层，长期开发后气田地层严重亏空，平均地层压力只有 4.6MPa。

1)已钻开发井情况

卫 11 储气库地层压力系统紊乱，呈现“高(盖层)－低(气层)”或者“低(气层)－高(泥岩、干层)－低(气层)”特征，且目的层地层压力系数仅为 0.18。若采用传统井身结构设计方法，运用压力平衡关系可知，需要下入多层套管，难以实现储气库井的高效、经济开发。

2)储气库钻井技术难点

卫 11 储气库地层水矿化度高达 27×10^4mg/L 左右，氯离子含量约 17×10^4mg/L，为典型的 $CaCl_2$ 型水，易造成套管腐蚀。沙三中发育大段卫城盐，盐层蠕变易造成套管损坏，从而破坏井筒完整性。因此，卫 11 储气库套管柱的设计需要满足高抗挤、耐腐蚀、密封性等多项要求。

卫 11 气藏目的层沙三下 1－3 砂组采出程度高，地层亏空严重，地层压力系数仅为 0.18，钻井极易发生漏失且对储层保护提出了更高的要求。另外沙三中发育大段卫城盐，盐层蠕变性强，易发生缩径、井壁失稳等情况。

卫 11 气藏老井密集，同一平台防碰井数多，防碰距离小，对轨迹设计及施工要求高。

2. 井口布局

卫11储气库共部署井台3个，新钻注采井数10口(表2－1－9)，采用了丛式井布局。井场采用单排或双排型布井(图2－1－5～图2－1－7)，井口间距为10～30m、井排排距为40～50m，既满足了同一平台两台钻机同时施工需要，又满足了储气库注采要求。井场布置应尽可能做到各井井眼轨迹水平投影不交叉，以减小井眼轨迹控制难度，避免井眼相碰。

表2－1－9　卫11储气库井位部署表

井台	总井数/口	新井		
		井数/口	井型	
			直井/口	定向井/口
1	4	4		4
2	2	2		2
3	4	4		4
总计	10	10		10

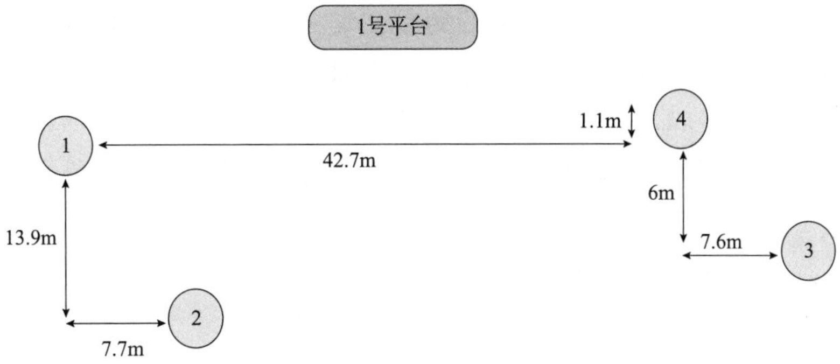

图2－1－5　1号平台部署情况

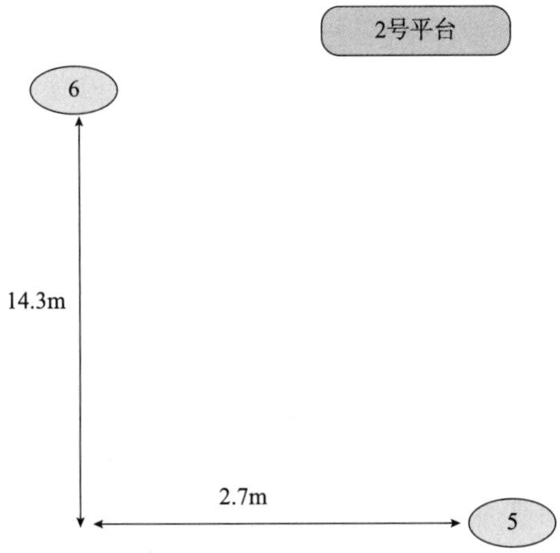

图2－1－6　2号平台部署情况

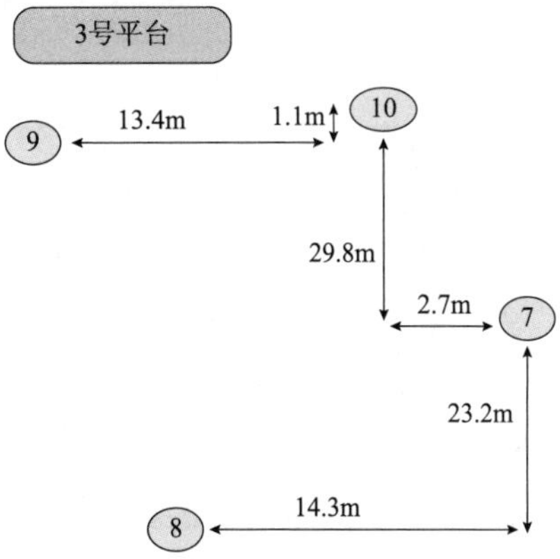

图2－1－7　3号平台部署情况

3. 井身结构优化设计技术

卫 11 储气库目的层平均地层压力系数 0.18，漏失压力低，地层压力整体呈现出"高-低"压力特征。而盖层沙三中地层沉积巨厚盐层，盐层蠕变性较强，平衡地层所需钻井液密度高达 $1.30g/cm^3$。若盖层与储层同时揭开，极易发生漏失，必封点为沙三中卫城盐。

通过对国内外储气库井身结构的调研以及卫 11 气藏已完钻井施工情况的统计分析，并结合已建储气库井身结构设计经验，对卫 11 储气库工程井身结构进行优化设计。采用自下而上的井身结构设计方法，储层考虑为异常低压，验证技术套管封盐层时二开是否有压裂地层的风险、二开有无卡钻风险、按溢流压井条件校核表层套管鞋处是否有压漏的风险。综合邻井实钻情况和卫 11 储气库目前储层压力特点，初步采用技术套管封盖层的"储层专打"井身结构，技术套管下入深度初选点为卫城盐盐下 5m，即 2730m。

结合邻井实钻情况，预测卫 11 储气库 ρ_f 为 $2.00 \sim 2.10g/cm^3$，S_f 取 $0.03g/cm^3$，经过计算地层安全破裂压力当量密度 ρ_{ff} 为 $1.97 \sim 2.07g/cm^3$。依照发生溢流关井情况，D_m 取值 2300m，D_x 为 300m，S_k 取值 $0.06g/cm^3$，经过计算卫 11 储气库 ρ_{bamax} 为 $1.86g/cm^3$，小于且接近地层安全破裂压力当量密度 ρ_{ff}，因此技术套管下深 2730m 满足溢流压井要求，最终选定技术套管下入深度为 2730m，即卫城盐盐下 5m。

一开：采用 ϕ444.5mm 钻头钻至井深 300m，下入 ϕ339.7mm 表层套管封隔平原组及以上松散、易垮塌地层，缩短二开裸眼段长度，保证二开井眼安全、快速钻进。

二开：采用 ϕ311.2mm 钻头钻至卫城盐底界以下垂深 5m 完钻，下 ϕ244.5mm 普通套管和 ϕ250.8mm 厚壁套管封隔卫城盐及以上易漏地层，为三开储层段的安全钻进和储层保护创造条件。

三开：采用 ϕ215.9mm 钻头钻至沙三下 3 底界完钻，加强地层对比至少保留 5m 泥岩隔层，下 ϕ139.7mm 套管。采用尾管悬挂 + 回接的固井工艺，悬挂点位置为卫城盐顶以上 100m，且与上层套管的重叠段不少于 300m。

表 2-1-10 为卫 11 储气库井身结构设计数据。

表 2-1-10　卫 11 储气库井身结构设计数据

开次	井段/m	地层	钻头尺寸/mm	套管尺寸/mm	水泥返高/m
一开	0 ~ 300	平原组	444.5	339.7	地面
二开	300 ~ 2730	沙三中	311.2	244.5	地面
三开	2730 ~ 2930	沙三下	215.9	139.7	地面

4. 丛式井井眼轨迹优化设计

卫 11 储气库技术套管下入较深，为了降低钻井施工难度，将 ϕ311.2mm 井眼造斜率控制在 3.0°/30m，井斜角小于 40°，保证正常安全钻井和固井作业、顺利测井作业、安全下入完井管柱等，通过调整造斜点深度尽量避开馆陶组底砾岩造斜。

对于单靶定向井、井口与靶点二维布局的井位，采用"直-增-稳"三段制剖面，如图 2-1-8(a)所示；针对防碰导致造斜点深度受限、单圆弧轨道不能满足位移控制要求的井位，选用"直-增-稳-增-稳"双增型剖面，更有利于井眼轨迹控制，如图 2-1-8(b)

所示；对于防碰风险高的井，轨道上部采用小井斜走位移的方式进行绕障，下部采用“直－增－稳”三段制剖面，如图2－1－8(a)所示。以卫11储1－4井为例，该井与邻井卫侧27井防碰距离较近，为拉大防碰距离，上提造斜点至1600m，设计为“直－增－稳－增－稳”双增型剖面(表2－1－11)。

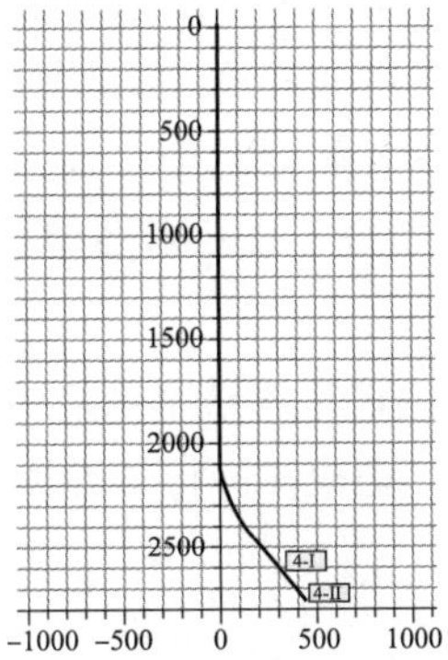

(a)“直–增–稳”三段制

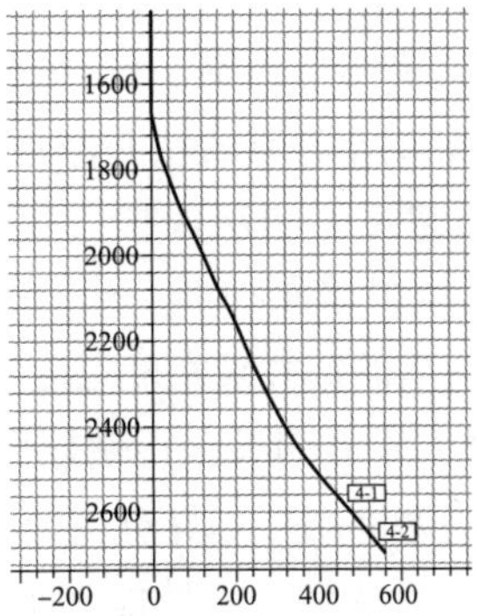

(b)“直–增–稳–增–稳”五段制

图2－1－8　卫11储气库定向井井身剖面类型(纵坐标为垂深/m，横坐标为投影位移/m)

表2－1－11　卫11储2－2井井身剖面设计参数

井深/m	井斜角/(°)	方位角/(°)	垂深/m	南北/m	东西/m	狗腿度/[(°)/30m]	备注
0.00	0.00	0.00	0.00	0.00	0.00	0.00	井口
1600.00	0.00	0.00	1600.00	0.00	0.00	0.00	造斜点
1851.50	25.15	353.21	1843.50	57.52	－6.42	3.00	增斜段
2427.14	25.15	353.21	2364.57	296.86	－35.33	0.00	稳斜段
2595.92	41.63	0.00	2505.05	389.21	－39.60	3.00	增斜段
2615.92	41.63	0.00	2520.00	402.50	－39.60	0.00	稳斜中Ⅰ靶
2736.34	41.63	0.00	2610.00	482.50	－39.60	0.00	稳斜中Ⅱ靶
2850.06	41.63	0.00	2695.00	558.06	－39.60	0.00	稳斜至井底

5. 钻井液和储层保护技术

1)微泡钻井液技术

针对卫11气藏低压产层的特点，通过表面活性剂等关键处理剂的开发，增黏剂、降滤失剂等配伍处理剂选择，形成了微泡钻井液体系，性能见表2－1－12。微泡钻井液对微裂缝具有较强的封堵性能(在40～60目砂床封堵强度达15MPa以上)，密度低，可满足卫11气藏低压易漏地层段钻井施工需求。

表2－1－12　微泡钻井液性能

ρ/(g/cm^3)	FL/mL	AV/(mPa·s)	PV/(mPa·s)	YP/Pa
0.85	5.0	57.5	32.5	25

微泡钻井液体系密度0.85～1.30g/cm^3、抗温135℃，该体系在卫11储气库三开储层段应用10口井，未出现漏失情况，较好地解决了低压储层钻进漏失问题。

2)储层保护技术

卫 11 储气库气层压力系数低，钻井液作用于井底的压差较大，加剧了钻井液固相和液相侵入气层的深度和伤害程度。储层物性为中孔中渗储层，污染以钻井液固相侵入堵塞和滤液引起的液相伤害为主。储层以粗－细粉砂岩为主，含有伊利石及伊蒙混层等敏感性矿物，钻井液滤液与地层矿物及高矿化度地层水不配伍将导致气层敏感性伤害。

针对储层的主要伤害因素，设计储层保护思路为强化钻井液的封堵性能，提高井壁的承压能力，减少因漏失造成的钻井液侵入，避免地层的大范围污染。通过处理剂的筛选和配比，形成卫 11 储气库储层保护方案：微泡钻井液 +1% ~2% 刚性架桥堵漏剂 +2% ~3% 钻井液用油气层封堵保护剂。

加储层保护剂后的钻井液密度黏度基本无变化，室内评价渗透率恢复值由 61.4% 提高到 91.7%。卫 11 储气库 10 口井采用储层保护技术施工后，均取样进行了渗透率测试，经统计，平均渗透率恢复值为 85.5%，具有良好的储层保护效果。表 2－1－13 和表 2－1－14 分别为加入储层保护材料后的钻井液性能和加入储层保护材料前后的渗透率。

表 2－1－13　加入储层保护材料后的钻井液性能

样品名称	密度/(g/cm^3)	AV/(mPa·s)	PV/(mPa·s)	YP/Pa	FL/mL	pH	Gel10
微泡钻井液	0.96	53.5	29	24.5	6.4	8	8
加储保剂微泡钻井液	0.97	57.5	31	25.4	4.5	8	8

表 2－1－14　加入储层保护材料前后的渗透率

钻井液	岩心号	原始渗透率/mD	污染后渗透率/mD	渗透率恢复值/%
微泡钻井液	卫 217(4)	12.8	7.86	61.4
加储保剂微泡钻井液	卫 217(6)	14.4	13.2	91.7

6. 固井工艺

1)套管设计

生产套管的选择：选用 ϕ139.7mm 气密封扣套管，考虑气源的组分和卫 11 地层流体性质，按照一类气气质组分设计，悬挂器至井底选用钢级 P110－13Cr 抗腐蚀套管，以上选用钢级 P110 的套管，满足运行经济需求。表 2－1－15 为生产套管性能表。

表 2－1－15　生产套管性能表

套管程序	套管尺寸/mm	钢级	壁厚/mm	扣型	最大抗外挤/MPa	最大抗内压/MPa	最大抗拉/kN
回接段	139.7	P110	9.17	金属气密封	76.5	87.1	2851
尾管段	139.7	P110－13Cr	9.17	金属气密封	76.5	87.1	2851

卫 11 储气库设计二开及以下开次下套管作业符合扭矩要求，三开尾管段下套管作业用无牙痕下套管技术，保证生产套管完整性，采用 ϕ244.5mm × ϕ139.7mm 悬挂器，在

ϕ139.7mm 尾管重叠段加了 1 个管外封隔器。表 2－1－16 为管串结构设计相关数据表。

表 2－1－16 管串结构设计相关数据表

开钻次序	套管串结构
一开	ϕ339.7mm 浮鞋＋ϕ339.7mm 套管 2 根＋ϕ339.7mm 插入式浮箍＋ϕ339.7mm 套管串＋联顶节
二开	ϕ250.8mm 浮鞋＋ϕ250.8mm 套管 1 根＋ϕ250.8mm 浮箍 1 个＋ϕ250.8mm 套管 1 根＋ϕ250.8mm 防旋转浮箍 1 个＋ϕ250.8mm 套管串＋联顶节
三开	ϕ139.7mm 浮鞋＋ϕ139.7mm 套管 1 根＋浮箍＋ϕ139.7mm 套管 1 根＋浮箍＋ϕ139.7mm 套管串＋悬挂器＋回接筒＋ϕ127mm 送入钻杆
	引导式回接插头＋ϕ139.7mm 套管 1 根＋节流箍＋ϕ139.7mm 套管串＋联顶节

套管柱设计采用等安全系数法计算。表 2－1－17 和表 2－1－18 分别为套管性能数据表和套管强度校核数据表。其中抗内压强度校核：ϕ244.5/ϕ250.8mm 技术套管按 50% 井涌校核，ϕ139.7mm 生产套管按储气库运行上限压力 27MPa 的 1.1 倍校核。抗外挤强度校核：ϕ244.5/ϕ250.8mm 技术套管抗外挤按 30% 掏空校核，控制液面不低于 850m，盐层段考虑盐层蠕变，ϕ139.7mm 生产套管抗外挤按全井筒纯气相校核。抗拉强度校核：按空气中的净重校核，以卫 11 储 2－2 井数据为例。

表 2－1－17 套管性能数据表

套管程序	外径/mm	钢级	壁厚/mm	每米重量/(kg/m)	内径尺寸/mm	通径尺寸/mm	接箍外径/mm	抗外挤强度/MPa	抗内压强度/MPa	抗拉强度/kN
表层套管	339.7	J55	9.65	81.11	320.42	316.45	365.13	7.8	18.8	2286
技术套管	244.5	N80Q	10.03	59.53	224.41	220.44	269.90	21.2	39.6	4075
	250.8	P110TT	15.88	93.46	219.04	215.90	269.88	88	65.1	6640
生产套管	139.7	P110	9.17	30.05	121.36	118.19	154.25	76.5	87.1	2851
		P110－13Cr	9.17	30.05	121.36	118.19	154.25	76.5	87.1	2851

表 2－1－18 套管强度校核数据表

外径/mm	井段/m	段长/m	钢级	壁厚/mm	每米重量/(kg/m)	段重/t	累计重量/t	安全系数			钻井液密度/(g/cm^3)
								抗外挤	抗内压	抗拉	
339.7	0～300	300	J55	9.65	81.1	24.33	24.33	—	—	—	1.03～1.08
244.5/250.8	0～2367	2367	N80Q	10.03	59.53	140.91	167.45	1.25	1.69	2.43	1.25～1.30
	2367～2652	285	P110TT	15.88	93.46	26.54	26.54	1.84	2.78	25.02	
139.7	0～2317	2317	P110	9.17	30.05	69.63	69.63	3.43	2.93	4.09	0.90～0.98
	2317～2912	595	P110－13Cr	9.17	30.05	17.88	17.88	2.73	2.93	15.95	

2）水泥浆体系设计

卫11储气库技术套管盐层段选用非渗透抗盐增韧水泥浆体系，用于卫11储气库的盐层、储层尾管及回接套管间环空封固，从而提高水泥环的密封性。

配方：G级水泥+抗盐降失水剂SRJ－1+增韧防窜剂ZRJ+阻裂纤维DXW+膨胀早强剂ZQJ+缓凝剂SRH－1。各层水泥浆主要性能参数见表2－1－19。

表2－1－19 各层水泥浆性能要求表

非渗透抗盐增韧水泥浆性能						
水泥浆密度/(g/cm^3)	稠化时间/min	API失水/mL	游离液/%	抗压强度/MPa	弹性模量/GPa	SPN值
1.85～1.90	60～260可调	≤50	0	≥20	≤6	≤3

非渗透防漏防窜高强低密度性能							
水泥浆密度/(g/cm^3)	稠化时间/min	API失水/mL	游离液/%	上下密度差/(g/cm^3)	抗压强度/MPa		SPN值
					顶部	底部	
1.50～1.55	200～400可调	≤50	≤0.5	≤0.05	≥3.5	≥14	≤4

尾管常规密度水泥浆性能						
水泥浆密度/(g/cm^3)	稠化时间/min	API失水/mL	游离液/%	抗压强度/MPa	弹性模量/GPa	SPN值
	尾浆					
1.85～1.90	施工时间+30～150	≤35	≤0.5	≥20	≤6	≤3

尾管高强低密度水泥浆性能					
水泥浆密度/(g/cm^3)	稠化时间/min	API失水/mL	游离液/%	抗压强度/MPa	SPN值
	领浆				
1.35～1.50	施工时间+150～180	≤50	≤0.5	≥14	≤3

回接段水泥浆性能					
水泥浆密度/(g/cm^3)	稠化时间/min	API失水/mL	游离液/%	顶部抗压强度/MPa	SPN值
1.85～1.90	≥施工时间+90	≤35	0	≥20	≤3

卫11储气库共10口新井，二开固井均采用双密度水泥浆体系，盐层段采用抗盐韧性水泥浆体系，三开均采用尾管悬挂+套管回接至井口的固井工艺，采用声波变密度测试固井质量，固井合格率为100%，优良率为100%。

二、注采工程技术

注采工程主要是指在钻井完成后，射孔沟通地层、下入合适的管柱，安装相应井口装置，实现井筒生产通道。

中原枯竭气藏改建储气库具有储气层整体压力系数低（部分库储层层间压力差异大）、射孔井段跨度大及注采井长期处于高压天然气多周期强注强采等特点，对投产作业时的储层保护、井筒及井口在长期运行过程中的安全性相比常规气田具有更高的要求。经过十多年的不断总结，形成了完井投产技术、长效注采管柱优化、井口装置及安全控制技术、射孔工艺技术、储层保护技术等技术系列，满足气藏型储气库建设需要。

(一)完井投产技术

1. 完井方式

目前国内储气库应用较为成熟的完井方式主要为套管射孔完井、割缝筛管/衬管完井，需要根据储气库的类型和储气层的特性去选择最合适的完井方式(表2-1-20)。因储气库单井注采气量大，且长期反复注采，完井方式不仅要保证井筒和地层有足够的渗流面积，在考虑采用割缝筛管/衬管完井时，还应进行井壁稳定性分析和储层出砂预测，有条件可进行岩石力学实验评价。

表2-1-20 目前储气库常用完井方式适应性分析对比表

完井方式	优点	缺点	应用情况
套管射孔完井	1. 可有效地封隔和支撑疏松易塌储层； 2. 能够分割不同压力和不同性质的油气层	1. 钻井和固井时油气层的损害较为严重； 2. 油气层与井底连通面积小、油气层流入井阻力较大； 3. 成本比裸眼完井、衬管完井高	文96储气库、文23储气库、中原储气库群、大港储气库群、苏桥储气库群、呼图壁等
割缝筛管/衬管完井	1. 可有效增加气井泄流面积，支撑井壁； 2. 可有效地控制部分出砂； 3. 比套管射孔完井费用低	1. 不能实施分层注采； 2. 无法进行选择性酸化压裂； 3. 较套管完井费用低，比裸眼完井高	相国寺

中原东濮老区已建储气库为砂岩气藏型，新钻井除文23储气库二期设计2口水平井外，均为直井或定向井。注采井全部采用了套管射孔完井方式。川东北清溪碳酸盐岩气藏型储气库采用了筛管完井方式。

2. 投产方式

国内已建储气库注采井采用套管射孔完井，其投产方式主要有射孔生产一体化联作和射孔、下生产管柱分步工艺两种。

1)射孔生产一体化联作工艺

主要工序：在通井、刮削、洗井后，直接下射孔生产一体化联作管柱，替入少量射孔液，安装采气树，注环空保护液，钢丝作业下堵塞器至下坐落短节，进行封隔器坐封，钢丝作业起出堵塞器，最后射孔完井，如图2-1-9(a)所示。

主要优点是生产管柱与射孔管柱一趟管柱联作，除具有“井下安全阀+永久式封隔器”管柱的优势外，可实现射孔和完井管柱一趟下入，封隔器坐封完成后起爆沟通储层，不需要压井，工期短，储层保护程度高，易实现作业过程中井控安全。其缺点主要是带枪管柱结构复杂，坐封需钢丝作业，费用高，施工风险大；管柱带长井段射孔枪，存在较大的提前起爆及坐封的施工风险，且无法检验发射率；管柱无完整通径，后期不利于测试作业。适用于储气库投产时储层压力系数严重不均衡，作业中容易漏喷共存，且后期无测试需求的注采井。

针对射孔生产一体化联作工艺在投产作业过程中，存在封隔器提前坐封、射孔瞬间爆轰波冲击力对永久式封隔器密封完整性的破坏、射孔枪在井下因停留时间长自动炸枪等风险，采取了以下措施：在封隔器上下各配一个防卡减磨装置，降低管柱在下入过程中封隔器提前坐封的风险；射孔管柱配备足够的减震器，减少射孔瞬间爆轰波冲击力对油管和永久式封隔器的冲击，同时将永久式封隔器提高至离储层顶界100m左右，减低射孔瞬间爆轰波冲击力对已坐封封隔器的影响；采用双向延时起爆+双向短延时传爆技术，配套射孔弹发射率检测系统，提高传爆可靠性，降低对管柱、套管及水泥环的损害，实现一体化联作工艺射孔枪起爆发射率的监测；对射孔枪质量提出要求，确保在地层温度环境下射孔枪停留10天以上不会起爆；替入一定高度的射孔液，在射孔枪外形成一定的围压，用以保护射孔枪在射孔时枪体不炸裂或严重变形。

2)射孔、下生产管柱分步工艺

主要工序：在通井、刮削、洗井后，替换射孔液，下管柱进行射孔，观察压力后，压井起出射孔管柱；压井、下完井管柱，安装采气树，投球坐封，如图2-1-9(b)所示。

其优点主要是完井管柱串与射孔枪分步下入，管柱下入作业风险小，且完井管柱内通径大，有利于后期测试及管理。其缺点为射孔后需要压井，容易污染储层。适用于储层压力均衡且漏失不严重的储气库注采井。

针对该类工艺中压井时容易污染储层的问题，优化储层保护压井液，配套采用近平衡压井方式，利用连续液面测量仪，确定压井液漏失速度，采用合理速度灌液，保证井筒液柱压力与井底压力相差10MPa左右，满足施工安全及储层保护需求。

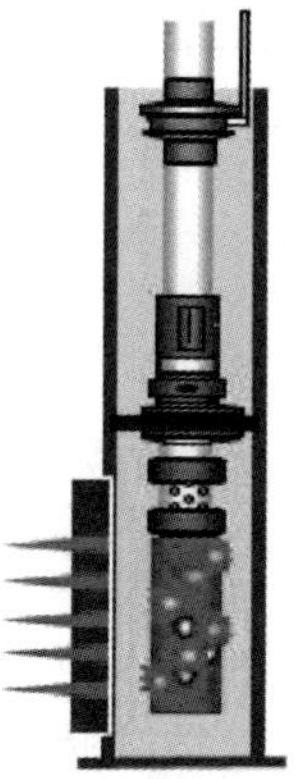
(a)射孔生产一体化联作管柱

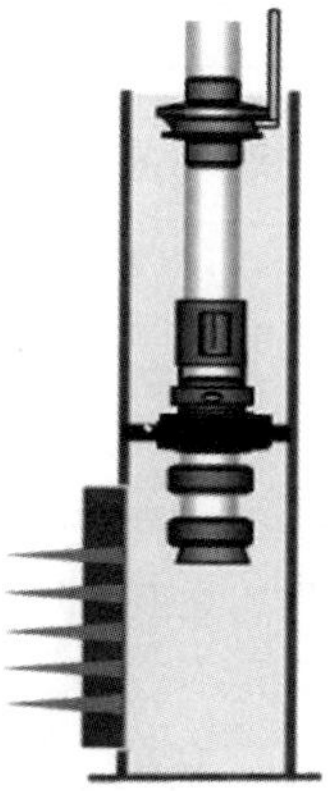
(b)射孔、下生产管柱分步管柱

图2-1-9 储气库射孔完井管柱

针对储层压力系数差异大的井或者储层压力系数整体低的井，推荐射孔生产一体化联作工艺，如文96储气库4口注采井和文23储气库二期注采井采用了射孔生产一体化联作工艺。针对地层压力系数较为均衡的井，推荐射孔、下生产管柱分步工艺，如文96储气库、文23储气库一期、卫11储气库、文13西储气库、文24储气库等注采井。

(二)长效注采管柱优化技术

储气库注采井注采管柱需要满足气密封、防腐蚀、耐压、耐温等要求，满足储气库注气、采气、气藏监测等生产运行功能要求，具有保护上部套管和油管通道井下紧急自动关断的功能，满足钢丝或电缆测试仪器的坐挂等作业要求。因而在进行注采管柱优化过程中，需要对油管尺寸、管柱防腐、管柱结构进行优选，并对注采管柱进行强度校核，满足储气库注采井长期周期性强注强采交变应力下的安全运行。

1. 油管尺寸优选

根据 SY/T 6848《地下储气库设计规范》，应通过生产系统节点分析、冲蚀能力计算、携液能力计算，对油管尺寸进行优化设计。

进行气井节点分析时，首先设置气井的生产参数，选取井底为节点，开展流入(Inflow)和流出(Outflow)动态曲线的拟合计算，画出节点处压力与产量的关系曲线，也就是流入、流出动态曲线，如图 2－1－10 所示。两条曲线的交点为协调点，反映当前模拟的生产参数条件下选定油管尺寸的最大注采能力。

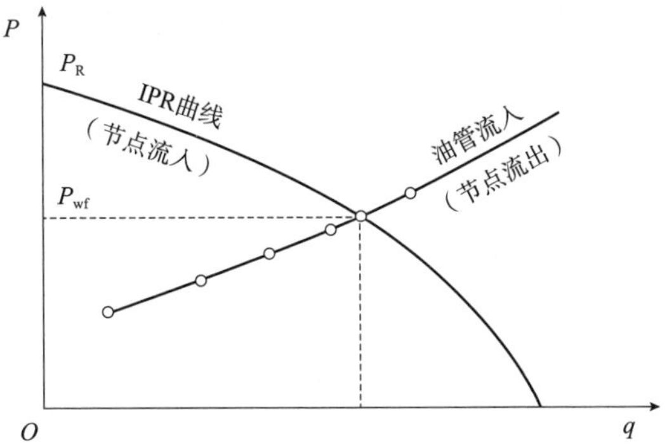

图 2－1－10　IPR、OPR 曲线

进行冲蚀能力计算时，通过节点分析，计算井筒剖面每一点的冲蚀临界速度，根据这个速度折算出冲蚀流量。所参考的标准为 API RP14E 中推荐的气液两相冲蚀流速经验公式：

$$V_e = \frac{C}{\sqrt{\rho_g}} \tag{2-1-1}$$

式中　V_e——冲蚀速度，ft/s；

ρ_g——气体的密度，lbs/ft^3；

C——经验常数。

其中，计算冲蚀能力时对于无固体连续流，且预测无腐蚀或当腐蚀受到抑制或使用抗腐蚀合金管材时，确定 C 值取值范围 125～150，提高了冲蚀流量的预测符合率，保障了注采过程的管柱安全。

进行临界携液流量计算时，目前常用的临界携液模型有 Turner 模型、Coleman 模型、李闽模型和王毅忠模型，结合储气库强注强采、注采气量大的特点，选择 Turner 模型计算油管的临界携液流量，计算分析了不同管径在不同注采阶段临界携液流量，明确了不同管径对注采能力、携液能力的影响程度。

针对中原储气库地质提供的注采能力，在管径的选择过程中采用注采系统节点分析方法，分别建立新井和老井的注气、采气模型，对注采井进行了单井注采能力模拟，结合不同管径的临界冲蚀流量和携液流量计算结果，按照就大不就小的原则优选油管管径。

2. 井下工具材质优选

管柱防腐目的主要有两个，一是保护套管，延长注采井使用寿命；二是优选完井管柱材质，防止因为完井管柱腐蚀失效造成提前修井。通过对储气库腐蚀因素进行分析，进入井筒的气体主要有两种：一种为枯竭气藏开发时的剩余气，一种为将来注入储气库的气体。同时要考虑储气库地层流体中的 Cl^- 含量对管材的腐蚀。进行腐蚀评价时，需要开展储气库区块剩余气的气体组分检测、水组分检测及注入气体的组分检测，根据检测结果开展腐蚀模拟环境评价，并参照 SY/T 6268《油井管选用推荐作法》进行油套管的选材设计，借鉴国内工况相近储气库的运行经验，筛选满足要求的管材材质，设计管柱防腐工艺，中原各储气库注采井管柱材质优选结果见表 2－1－21。

表 2－1－21 中原储气库注采井管柱材质优选结果表

储气库	油管优选		材质及钢级优选	
	外径尺寸/mm	扣型	油管	完井工具
文 96	88.9	BGT1	3Cr－80	3Cr－80
文 23	88.9	BGT2、TP－G2	一期 13CrS－110 二期 13Cr－110	13CrS－110
卫 11	73	BGT2	13Cr－80	13Cr－80
文 13 西	73	BGT2	13Cr－110	13Cr－110
白 9	73	BGT2	高级 13Cr－110	高级 13Cr－110
清溪	101.6/88.9	BGT2	13Cr－T95	13Cr－T95
文 24	73	BGT2	13Cr－80	13Cr－80

3. 完井管柱结构

储气库注采井具有强注强采下应力交替变化的特点，根据 SY/T 6848《地下储气库设计规范》、SY/T 6645《油气藏型地下储气库注采井完井工程设计编写规范》及相关要求，储气库井注采管柱应安装井下安全阀和封隔器。

井下安全阀安装在井筒上部距井口 100m 左右，保证气井在紧急状况下安全可靠关闭。管柱下部设计永久式封隔器总成，包括锚定密封和永久封隔器。锚定密封可正转与永久式封隔器脱开，实现不压井作业或更换封隔器以上管柱；永久式封隔器实现油管和油套环空封隔，油、套环空注入环空保护液保护生产套管。

同时结合国内外储气库运行经验，配套的工具有循环滑套、坐落接头、球座、喇叭口等。循环滑套可通过滑套专用开关，连通油管和套管的环形空间，为储气库井采用不同的措施(防腐液灌注、洗井、压井等)提供正常的流体通道，提高管柱长期井下作业的安全性。坐落短节具有管柱试压、封隔器坐封备用、不压井作业、坐挂监测仪器等功能。球座承接从油管投入的钢球，配合封隔器坐封与管柱试压，剪切后的球及球座落入井底，不影响气井的正常生产要求。喇叭口便于测试仪器安全起下作业。

注采管柱连接扣型应选择气密封螺纹扣，在下油管作业过程中应采用扭矩仪严格控制上扣扭矩，确保处于标准扭矩范围，保证气密封油管上扣合格，并按照 SY/T 6872《套管和油管螺纹连接气密封井口检测系统》对气密封扣进行气密封检测。

文96和文23储气库一期、二期注采井完井管柱设计了“井下安全阀(95m)+循环滑套+坐落短节+永久式封隔器总成+坐落短节+剪切球座+喇叭口”的管柱结构，如图2-1-11(a)所示。中原油田近几年通过对已建卫11、文13西、白9、清溪等储气库稳定性差和漏气风险点，优减了循环滑套工具，管柱结构从上到下依次为：井下安全阀+永久式封隔器+坐落短节+剪切球座+喇叭口，如图2-1-11(b)所示。文24、白庙浅层等储气库在前期管柱结构应用的基础上，优化设计了验管球座，配套可溶球，置于永久封隔器上方，实现井口打压验证上部油管柱密封性、环空带压原因分析、生产中验管等。同时优化设计了双级剪切球座，下级剪切球座用于坐封永久封隔器，上级剪切球座配置可溶球，用于验证永久封隔器插入密封的密封性，如图2-1-11(c)所示。

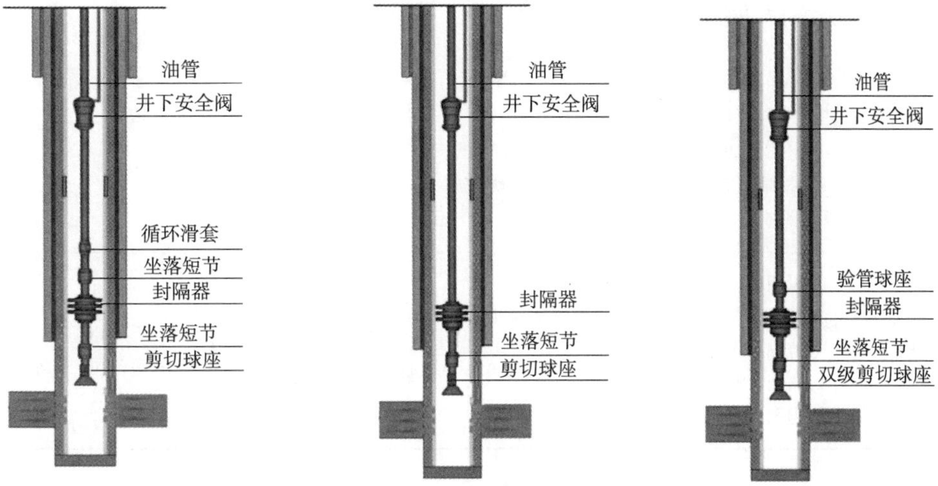

(a) 可循环安全注采管柱　(b) 安全注采管柱　(c) 可分段验管注采管柱

图2-1-11　完井管柱结构示意图

4. 气密封扣优选

按照SY/T 6848《地下储气库设计规范》、SY/T 6645《油气藏型地下储气库注采井完井工程设计编写规范》、SY/T 6805《油气藏型地下储气库安全技术规程》，注采油管应选择气密封螺纹。根据现场应用及试验结果，API圆螺纹扣型不能满足气密封要求。国外气密封螺纹油管价格较高，且近年国产气密封扣技术日益成熟，从经济角度考虑，对于储气库中大量应用，则常采用国产油管气密封扣。比如宝钢的BGT系列、BGC系列、天钢的TP-2系列，采用连接效率高的偏梯形螺纹，具有气密封压力高、连接强度高、抗过扭能力高的特点，可适用于高压气井。表2-1-22为常用气密封扣性能参数对比。

表2-1-22　常用气密封扣性能参数对比

扣型	特点	操作工序	价格	生产厂家
NEW-VAM	(1)采用金属对金属斜面密封； (2)采用梯形螺纹，抗拉强度和抗压强度较高； (3)扭矩抬肩20°，抗压和密封效果较好； (4)采用锥形面密封，防黏扣性能好； (5)内径平滑	(1)操作程序严格； (2)丝扣不易修理	高	日本Sumitomo公司、法国Vallourec等公司

续表

扣型	特点	操作工序	价格	生产厂家
TM	(1)锥形金属对金属密封； (2)采用90°内扭矩台肩，能承受高扭矩、过扭矩，耐较高的压缩和弯曲载荷； (3)内径平滑； (4)采用上扣扭矩和接头紧扣标记双重控制方式，扭矩适用范围大，操作简单方便，接头密封可靠性高	(1)可靠性高，使用简易； (2)可以利用国内现有设备进行简易加工、修理、配套	高	日本住友金属工业株式会社
BGT系列(BGT1、BGT2)	(1)金属与金属之间的主密封采用螺纹、密封及台肩为主结构形式； (2)扭矩台肩有止扣和辅助密封形式，优化的逆向角度配合公差； (3)内平光滑结构； (4)采用改进的标准API偏梯形螺纹形式，齿顶和齿底平行于管体轴线，偏梯形螺纹每英寸8牙	可靠性高，使用简易	低	宝钢集团有限公司(宝钢)
TP-EX	(1)采用偏梯形螺纹； (2)20°高角度密封面保证较高的密封性能； (3)抗黏结性能好； (4)扭矩台肩-15°； (5)内孔齐平	可靠性高，使用简易	低	天津钢管集团股份有限公司(天钢)

5. 管柱强度校核

根据SY/T 7370《地下储气库注采管柱选用与设计推荐做法》，储气库井注采井管柱进行强度设计时，主要考虑了以下几种恶劣工况条件：注采管柱下入过程中管柱受力；封隔器坐封过程中管柱受力；环空试压过程中管柱受力；最大注气量下管柱的受力；最大采气量时管柱的受力。其中以封隔器坐封过程中管柱受力为极限值。

1)注采管柱下入(起出)过程

(1)内压力

$$P_{ir}=0.00981\rho_w h_v \tag{2-1-2}$$

式中　P_{ir}——注采管柱下入过程中的内压力，MPa；

ρ_w——完井液密度，g/cm^3；

h_v——油管计算点垂深，m。

(2)外压力

$$P_{or}=0.00981\rho_w h_v \tag{2-1-3}$$

式中　P_{or}——注采管柱下入过程中的外压力，MPa。

(3)轴向力

①油管柱自重和移动产生的轴向力

$$F_{ar}=9.81(H-h_v)q_s k_f \pm F_{fr}-0.00981\rho_s(A_0-A_i)h_v \tag{2-1-4}$$

浮力系数计算：

$$k_f = 1 - \rho_w / \rho_s \tag{2-1-5}$$

式中　F_{ar}——管柱下入过程中因油管自重和移动产生的轴向力，kN；

H——油管下入垂深，m；

q_s——油管单位长度质量，kg/m；

k_f——浮力系数，无量纲；

F_{fr}——管柱下入过程中的摩阻力，MPa；

A_0——油管外截面积，mm^2；

A_i——油管内截面积，mm^2；

ρ_s——油管质量密度，g/cm^3。

②弯曲效应产生的轴向力

$$F_{br} = \pm 0.060156 D_{leg}(D - 2t) \tag{2-1-6}$$

式中　F_{br}——管柱下入过程中因弯曲效应产生的轴向力，kN；

D_{leg}——弯曲度，(°)/30m；

D——管体名义外径，mm；

t——油管壁厚，mm。

③温度效应产生的轴向力

$$F_{Tr} = E\alpha\Delta T_r A_s \tag{2-1-7}$$

式中　F_{Tr}——管柱下入过程中因温度效应产生的轴向力，kN；

E——弹性模量，MPa；

α——线性热膨胀系数，$℃^{-1}$；

ΔT_r——管柱下入过程中平均温度的变化值，℃；

A_s——油管横截面积，mm^2。

(4)有效力

①有效内压力

$$P_{ire} = P_{ir} - P_{or} \tag{2-1-8}$$

式中　P_{ire}——注采管柱下入过程中的有效内压力，MPa。

②有效外压力计算

$$P_{ore} = P_{or} - P_{ir} \tag{2-1-9}$$

式中　P_{ore}——注采管柱下入过程中的有效外压力，MPa。

③有效轴向力

$$F_{are} = 9.81(H - h_v) q_s k_f \pm F_{fr} + F_{br} + F_{Tr} \tag{2-1-10}$$

式中　F_{are}——管柱下入过程中有效轴向力，kN。

2)卡瓦锚定

(1)内压力

$$P_{im} = P_{imd} + 0.00981 \rho_w h_v \tag{2-1-11}$$

式中　P_{im}——封隔器锚定时的内压力，MPa；

P_{imd}——封隔器锚定时的井口压力，MPa。

(2)外压力

$$P_{om} = 0.00981 \rho_m h_v \tag{2-1-12}$$

式中 P_{om}——封隔器锚定时的外压力，MPa。

ρ_m——环空保护液密度，g/cm^2

(3)轴向力

①活塞效应产生的轴向力：

$$F_{pm}=P_{imd}A_i-0.00981(\rho_m-\rho_w)h_v \quad (2-1-13)$$

式中 F_{pm}——封隔器锚定时活塞效应产生的轴向力，kN。

②鼓胀效应产生的轴向力：

$$F_{gm}=-0.6\times\{P_{imd}A_i-[0.00981(\rho_m-\rho_w)h_v/2]A_O\} \quad (2-1-14)$$

式中 F_{gm}——封隔器锚定时鼓胀效应产生的轴向力，kN。

(4)有效力

①有效内压力

$$P_{ime}=P_{im}-P_{om} \quad (2-1-15)$$

式中 P_{ime}——封隔器锚定时的有效内压力，MPa。

②有效外压力

$$P_{ome}=P_{om}-P_{im} \quad (2-1-16)$$

式中 P_{ome}——封隔器锚定时的有效外压力，MPa。

③有效轴向力

$$F_{ame}=F_{are}+F_{pm}+F_{gm} \quad (2-1-17)$$

式中 F_{ame}——封隔器锚定时的有效轴向力，kN。

3)坐封

(1)内压力计算

$$P_{iz}=P_{izf}+0.00981\rho_w h_v \quad (2-1-18)$$

式中 P_{iz}——封隔器坐封时的管柱内压力，MPa；

P_{izf}——封隔器坐封时的井口压力，MPa。

(2)外压力计算

$$P_{oz}=0.00981\rho_m h_v \quad (2-1-19)$$

式中 P_{oz}——封隔器坐封时的管柱外压力，MPa。

(3)轴向力

①活塞效应产生的轴向力

$$F_{pz}=(P_{izf}-P_{imd})A_i \quad (2-1-20)$$

式中 F_{pz}——封隔器坐封时活塞效应产生的轴向力，kN；

P_{izf}——封隔器坐封时的井口压力，MPa。

②鼓胀效应产生的轴向力

$$F_{gz}=0.6\times(P_{izf}-P_{imd})A_i \quad (2-1-21)$$

式中 F_{gz}——封隔器坐封时鼓胀效应产生的轴向力，kN。

(4)有效力

①有效内压力

$$P_{ize}=P_{iz}-P_{oz} \quad (2-1-22)$$

式中 P_{ize}——封隔器坐封时的有效内压力，MPa。

②有效外压力

$$P_{oze} = P_{oz} - P_{iz} \tag{2-1-23}$$

式中　P_{oze}——封隔器坐封时的有效外压力，MPa。

③有效轴向力

$$F_{aze} = F_{ame} + F_{pz} + F_{gz} \tag{2-1-24}$$

式中　F_{aze}——封隔器坐封时的有效轴向力，kN。

以卫 11 储气库注采井完井管柱校核为例，管柱校核参数见表 2-1-23，分别计算封隔器坐封、环空试压、注气时注采管柱的抗内压、抗外挤、抗拉安全系数，计算结果见表 2-1-24；所选注采管柱的安全系数需高于 SY/T 7370《地下储气库注采管柱选用与设计推荐做法》规定的注采管柱强度设计的最小安全系数取值：抗挤系数 1.10，抗内压系数 1.15，抗拉系数 1.30。

表 2-1-23　管柱校核基本参数

油管钢级	油管内径/mm	油管外径 D/mm	油管单位长度质量 q_s/(kg/m)	弹性模量 E/MPa	油管横截面积 A_s/cm^2
N80	62	73.03	9.7	2.06×10^5	1167.67
油管下垂深 H/m	封隔器锚定时井口压力 P_{imd}/MPa	油管外截面积 A_0/cm^2	油管质量密度 ρ_s/(g/cm^3)	完井液密度 ρ_w/(g/cm^3)	油管内截面积/A_i cm^2
2500	11	4183.27	7.85	1.05	3017.46
额定抗拉强度 T_{t0}/kN	额定抗内压强度 P_{b0}/MPa	额定抗外挤强度 P_{b0}/MPa	封隔器坐封时井口压力 P_{izf}/MPa	环空保护液密度 ρ_m/(g/cm^3)	
645.25	72.9	76.9	24.5	1.02	

表 2-1-24　储气库运行参数管柱强度设计结果校核

作业过程	内压力/MPa	外压力/MPa	有效内压力/MPa	有效外压力/MPa	有效轴向力/kN	安全系数		
						抗内压	抗外挤	抗拉
坐封	60.75	25.75	35		316.57	2.08		3.69
采气	25.75	35.75		10	162.10		7.70	
注气	27.05	25.02	2.04		394.82			1.63

(三)井口装置及安全控制技术

井口装置主要由套管头、油管头、采气树三部分组成，是用来连接套管柱、油管柱，并密封各层套管之间及油管之间的环形空间，可控制生产开启或关闭、生产数据监测及调节。设注采安全控制系统，实现应急、异常工况下关断，或远程关断。

1. 井口装置选型

井口装置的选型主要对采气树结构、技术参数进行优选。

采气树的结构主要有十字形、Y 形、整体式，根据注采井强注强采的特点，从技术适应性、安装维护方便、安全可靠、成本低等方面综合考虑，最早的文 96 储气库注采井口全部为进口产品，为 Cameron、FMC、Aker 三家公司提供，采气树采用十字形双翼单阀结构，只能带压更换闸阀，生产维护难度较大。后续建设的文23、卫11、文13西、白9、清溪、文24、白庙浅层等储气库均采用国产井口装置，采气树为十字形双翼双阀结构，可不停产更换闸阀。

井口装置的技术参数包含对压力等级、温度等级、材料等级、产品规范等级、产品质量要求等，按照GB/T 22513《石油天然气钻采设备 井口装置和采油树》标准设计。

根据储气库运行最高压力，按照GB/T 22513《石油天然气钻采设备 井口装置和采油树》划分的压力等级选择压力等级。

根据环境的最低温度、采气时最高井口温度，按照GB/T 22513《石油天然气钻采设备 井口装置和采油树》划分的温度等级选择温度等级。

根据储气层中气体组分中H_2S、CO_2等腐蚀性气体的含量，按照注采井运行工况，分别计算分压值，按照GB/T 22513《石油天然气钻采设备 井口装置和采油树》标准中的井口装置材料级别划分表，优选井口装置的材质，见表2－1－25。

表2－1－25 GB/T 22513井口装置材料级别划分表

材料级别	H_2S分压/MPa	CO_2分压/MPa	封存流体	相关腐蚀性	材料最低要求	
					本体、盖、端部和出口连接	控压件、阀杆和芯轴悬挂器
AA(合金钢)无腐蚀工况	0.00034	<0.04827	一般工况	无腐蚀性	碳钢或低合金钢	碳钢或低合金钢
BB(合金钢，不锈钢)中等腐蚀环境工况	0.00034	0.04827～0.20685	一般工况	轻度腐蚀	碳钢或低合金钢	不锈钢b
CC(全不锈钢)腐蚀环境工况	0.00034	>0.20685	一般工况	中度至高度腐蚀	不锈钢	不锈钢b
DD(NACE工况合金钢)无腐蚀酸性环境	>0.00034	<0.04827	酸性工况	无腐蚀性	碳钢或低合金钢b	碳钢或低合金钢b
EE(NACE合金钢，不锈钢)中等腐蚀，酸性环境	>0.00034	0.04827～0.20685	酸性工况	轻度腐蚀	碳钢或低合金钢b	不锈钢b
FF(NACE全不锈钢)中等腐蚀，酸性环境	0.00034～0.06895	>0.206895	酸性工况	中度至高度腐蚀	不锈钢b	不锈钢b
HH(全镶嵌镍基合金)极端腐蚀，酸性环境	>0.06895	>0.206895		严重腐蚀	耐蚀合金b，c，d	耐蚀合金b，c，d

GB/T 22513《石油天然气钻采设备 井口装置和采油树》中规定了井口装置产品规范等级，明确了对产品质量控制的要求。储气库注采井井口装置产品规范级别主要选择为PSL－3G。该标准中产品质量要求分两个等级PR1和PR2，并明确了各自的具体要求，其中PR2比PR1要求的型式试验内容多。

储气库注采井井口装置要求采用金属对金属的气密封井口，如采气树与油管悬挂器脖颈、油管悬挂器本体与油管头四通、油管头四通与生产套管的密封等主密封均采用金属对金属密封。

井口装置的主通径与生产管柱配套，井下安全阀控制管线可实现整体穿越，并配有地面安全阀与地面安全控制系统。

中原储气库群注采井井口装置设计的技术指标：材料级别 CC 级，温度级别 P－U (－29～121℃)，产品规范级别 PSL－3G，产品性能级别 PR2。

图 2－1－12(a)和图 2－1－12(b)分别为十字形双翼单阀采气树和十字形双翼双阀采气树。

(a)十字形双翼单阀采气树

(b)十字形双翼双阀采气树

图 2－1－12 注采井井口采气树

2. 安全控制系统

储气库注采气井不同于气田开发采气井，运行时长期处于压力周期性变化环境中，正常运行与否直接影响到用户的工作与生活以及周围环境的安全性。为确保注采井注采气安全，设计注采安全控制系统，应具备防火、防爆、高低压关井、手动/自动紧急关断等功能，并可实现远程控制。

井口安全控制系统采用地面及井下两级安全控制，保证整个系统安全可靠，如图 2－1－13 所示。

1) 防火、防爆安全控制

在井口上方配置易熔塞，当井口发生火灾或爆炸时，易熔塞熔化，控制系统自动泄压，关闭井下和地面安全阀，切断气体流道，使事故在可控范围之内。

2) 高低压关井

为规避压力过高或过低对注采系统的影响，采用高低压传感阀采集信号并传递给主控装置，实现对安全系统的控制，达到高低压关井的目的。高压保护可以实现管线来气高于注采系统额定工作压力的关断保护；低压保护主要用于管线或下游系统出现爆裂等事故时，压力低于预定值，自动关闭地面及井下安全阀，起到安全保护作用。

3) 手动紧急关断

用于当井口出现重大安全问题，而自动关断系统失效情况下，人工手动关井控制。

4) 自动监控及远程控制

对开井和关井所需的各种功能和状态进行自动监控，监控信号可无线传输，实现远程控制。

5) 安全控制配套系统

当地面和井下安全阀压力系统由于环境温度和管线泄漏而出现压力下降情况时，气动泵会自动补偿系统压力，维持安全控制系统正常工作。当环境原因或人为误操作导致系统压力高于设定值时，安全溢流阀会自动释放多余压力，维持系统正常压力。

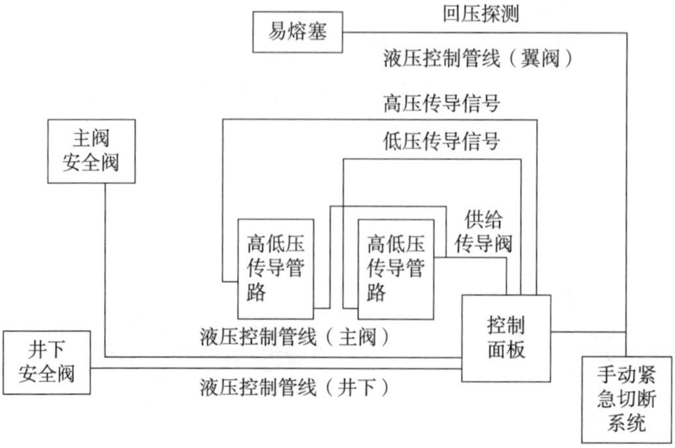

图 2-1-13 地面控制系统示意图

最早的文 96 储气库注采井口全部为进口产品，安全控制系统由井口厂家整体配套。近几年注采井口及安全控制系统由中原油田实现整体结构及功能设计，由具有生产资质的生产厂家制造生产，自文 23 储气库开始，中原储气库群注采井口全部为国产，安全控制系统实现了单独设计、单独采购。

(四)射孔工艺技术

1. 射孔技术

结合 SY/T 6645《油气藏型地下储气库注采井完井工程设计编写规范》和国内储气库射孔实践经验，国内对于油气藏型储气库套管射孔完井的注采井主要采用油管输送射孔工艺，具有高孔密、深穿透的优点；一次射孔厚度大，可一次射开全部储层；同时可通过降低射孔液用量，以降低射孔时对储层的伤害。

目前，国内储气库应用最多的是投棒引爆方式。这种引爆方式要求油管内畅通，井斜不能过大。因射孔时储层压力系数低，为减轻射孔时对储层的污染程度，可采用氮气气举降低液面，实现近平衡压力或负压投棒引爆，解除射孔对储层的伤害。

另外，加压引爆主要用于井斜过大的注采井射孔过程中，该工艺的缺点是加压起爆后射孔液可能大量进入储层，造成储层污染。配套反举液体后放喷工艺，以降低对储层保护的影响。

2. 射孔方式

目前中原储气库采用的射孔技术主要有深穿透射孔、深穿透复合射孔、后效射孔工艺。

深穿透射孔技术，主要采用的是聚能射孔弹，能射穿钻井污染带，但在穿孔后会在孔道边缘上形成压实带。如图 2-1-14 所示。

深穿透复合射孔是在深穿透的基础上配有复合聚能弹，提高起爆能量，具有微型压裂的作用，可在一定程度上改造孔道压实带，使孔道压实带破碎，并在近井地层形成多条不受地应力控制的微裂缝，可进一步降低地层污染的影响。如图 2-1-15 所示。

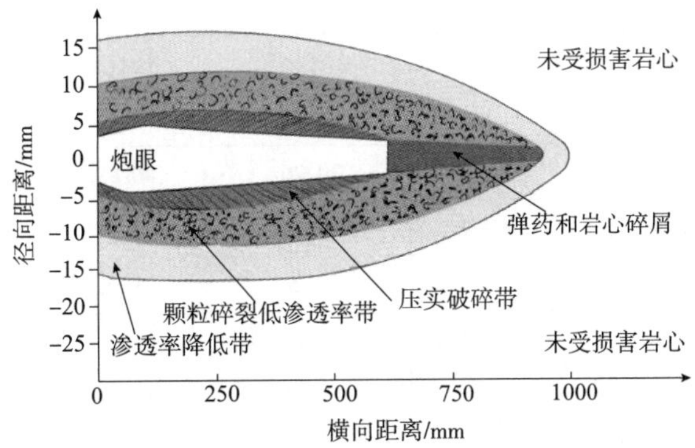

图 2－1－14　深穿透射孔缝示意图

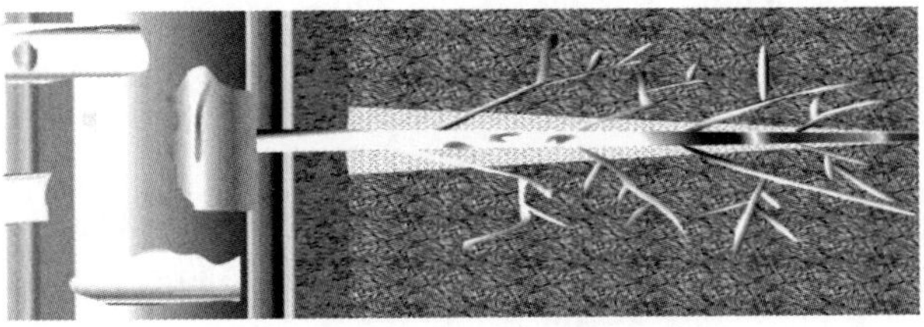

图 2－1－15　复合射孔造缝示意图

后效射孔技术是在常规射孔弹基础上配套后效体，代替常规聚能射孔弹，使用特制弹架代替常规弹架，其他器材不变。起爆后后效体进入地层燃爆，可实现地层孔道内的二次燃爆，可有效解除孔道的压实及污染，提高单井注采能力。射孔效果如图 2－1－16 所示。

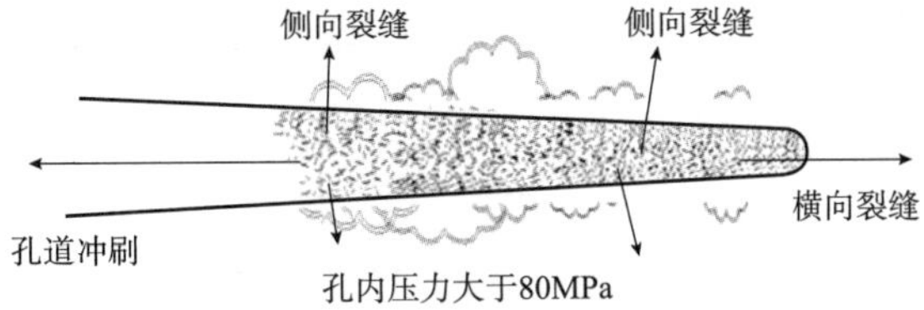

图 2－1－16　后效射孔压力场示意图

从经济方面分析，深穿透射孔技术最便宜，深穿透复合射孔技术次之，后效射孔技术最贵。

目前，这三种技术分别在文 23、卫 11、文 13 西储气库进行了应用，根据不同储层物性进行了选井设计，通过目前的注气情况统计对比，均可实现地层吸气，采用后效射孔技术的注气效果优于深穿透射孔和复合射孔技术，见表 2－1－26。

表 2－1－26　卫 11 储气库不同射孔方式注气情况统计分析表

井号	射孔方式	射孔/m	平均渗透率/mD	注气量/(10^4m^3/d)	油压/MPa	地层压力/MPa
卫 11 储 1－1	89－1 复合	45.0	7.78	20.1196	19.38	10.11
卫 11 储 1－2	89－1 后效	56.9	8.45	50.3	19.41	10.09
卫 11 储 1－3	89－1 复合	84.2	9.72	40.0855	19.32	4.50

续表

井号	射孔方式	射孔/m	平均渗透率/mD	注气量/($10^4m^3/d$)	油压/MPa	地层压力/MPa
卫11储1-4	89-1深穿透	75.8	30.26	40.4955	19.38	8.15
卫11储2-1	89-1深穿透	60.9	23.31	67.2052	19.20	3.76
卫11储2-2	89-1深穿透	78.1	24.5	51.0286	19.25	5.95
卫11储3-1	89-1深穿透	80.4	23.77	53.9591	18.52	6.94
卫11储3-2	89-1后效	64.1	19.14	34.0254	18.53	10.62
卫11储3-3	89-1复合	82.4	31.72	41.8011	18.57	13.13
卫11储3-4	89-1后效	81.7	17.59	36.5944	18.51	13.19

(五)储层保护技术

1. 压井(射孔)液

自开展储气库建设以来，针对砂岩气藏储气库作业压井后液体进入储层易水锁、黏土矿物水化膨胀导致储层物性下降的问题，研发具备强控滤能力、防膨、易返排、低固相、配伍性好的低伤害盐水无固相压井液体系，在卫11、文13西、文24储气库成功应用，合格率100%，满足安全作业需求。表2-1-27为压井液整体性能指标。

表2-1-27 压井液整体性能指标

检测项目	性能指标
防膨率/%	≥80
密度(20℃)/(g/cm^3)	1.02±0.07
表观黏度/(mPa·s)	≤50
API滤失量/(mL/30min)	≤25
表面张力/(mN/m)	≤28(滤液)
配伍性	与其他入井液及地层配伍性好

2. 环空保护液

针对储气库长期不动管柱生产，环空无机盐、细菌滋生、含少量氧等系列问题导致的腐蚀问题，对前期文96、文23使用的环空保护液配方进行进一步优化，提高了原有环空保护液性能，引入新的缓蚀剂和杀菌剂等添加剂，确定了合理pH值、腐蚀速率等性能指标，形成了低成本水基环空保护液配方，具有更优异的稳定和防腐性能，可操作性强、有效期长，解决了中原油田储气库群建设高效长寿命环空保护液的技术难题。表2-1-28为环空保护液整体性能指标。

表2-1-28 环空保护液整体性能指标

检测项目	性能指标
外观	均一液体，无沉淀分层
pH值	≥9

续表

检测项目	性能指标
密度(20℃)/(g/cm³)	1.02±0.07
硫酸盐还原菌(SRB)、腐生菌(TGB)含量	体系中细菌含量为零
P110 管材腐蚀速率/(mm/a)	≤0.0254(90℃)
凝固点/℃	-20

三、老井利用及封堵技术

与常规气田开发相比，储气库具有多因素交变、高速注采等特点，因此对安全性提出了很高的要求。在建库过程中，可能需要实现如排液、采气、监测等阶段性功能，一般选择合适的老井来实现这部分功能，最大化利用老井资源，又节约工程投资。

一般来说，主要根据风险大小，将老井分为利用井及封堵井。首先挑选并验证具有利用价值并对储气库安全无影响的老井，进行储气库、油藏开发等方式利用。存在储气库窜漏隐患的老井，需要进行有效封堵，达到永久性阻断流体流动通道的目的。为保障储气库长效安全性，以及建库经济性，形成了老井利用评价、废弃封堵及防管外窜工艺技术。

(一)老井利用评价技术

建库区域有大量老井，需要对其套管质量及承压能力、固井等方面进行检测、全面系统评价，满足储气库利用要求后进行利用，降低建库投资，提高运行效益。

1. 老井利用评价程序及要求

首先资料评价筛选拟利用井，再对拟利用井进行检测作业，验证分析是否存在窜漏风险。资料评价是钻遇老井现有的各项完井资料排查，如当前最新作业总结、固井质量、井身结构、地面情况等，分析该井井口、固井质量、井筒井况是否具备利用条件，缩小下步检测作业井号范围，降低建库成本。现场检测作业，是对拟利用井进行拔管井况检测，进一步确定是否最终利用。

2. 老井资料收集评价

油气藏经过长期开发，老井的井别及油气藏转换开发频繁，造成生产关系及井筒状况复杂，须全面系统调查老井各项资料，掌握老井技术状况，以便充分论证下步老井利用评价或封堵。主要包括：

(1)周边环境：地面安全距离，以及是否具备作业要求的井场等。

(2)老井井口情况：井口位置及井口状况，如井口是否可见，套管头是否完整等。

(3)井筒情况：钻井资料和历次修井作业资料以及井筒是否存在套变、套漏、落鱼、套管错断等情况，井筒内是否有桥塞、灰塞等情况。

(4)管外固井质量：老井固井质量测井资料，盖层段固井质量的好坏直接影响该口井能否再利用。

(5)老井历史资料：钻完井报告、增产措施、试井、射孔情况资料等。

(6)相关地质资料：上下层位叠置、小层物性参数、以往产量及每口老井在建库区块位置的相关资料等。

3. 老井利用原则

在保证储气库安全运行的前提下，最大化利用老井资源，根据 SY/T 6848《地下储气库设计规范》可将老井分为储气库利用井、油藏利用井、封堵井。经过评价筛选后不利用的老井均需要封井。

储气库利用井主要包括采气井、监测井、排液井、试注采井，需要对井筒、井口、环境进行全面风险评估后分类利用。储气库利用井应满足以下条件：

(1)储气目的层及以上井段，无不能修复或导致修复中套管损坏的井况问题。

(2)复测老井固井质量，盖层段水泥环连续优质胶结段长度不小于 25m，且固井段合格以上胶结段长度≥70%。

(3)储气目的层以上及盖层井段套管完好、未射孔，或经过有效封堵；生产套管采用清水介质进行试压，试压至储气库井口运行上限压力的 1.1 倍，30min 压降≤0.5MPa 为合格。

(4)对老井开展工程测井，校核评价井身质量，校核结果应满足实际运行工况要求。

(5)周边安全距离符合石油天然气安全规范。

老井油藏利用井除了满足以上条件，还需要满足以下条件：

(1)储气目的层与其他层位之间具有稳定隔层。

(2)储气目的层与其他层位之间的固井质量与地层胶结良好连续段长度不小于 25m；气顶以上盖层段优良率 >70%。

(3)具有地质开发需求。

4. 现场检测作业

现场检测作业是对资料评价初步确定的利用井进行进一步检测，确定是否利用。主要包括：一是套管试压，要求气库层段以上套管耐压满足气库设计运行压力上限的 1.1 倍；主要是下入封隔器管柱，对套管进行分段试压。二是套管技术状况检测，要求套管最小内径、剩余壁厚强度满足气库运行设计要求。三是固井质量复测，要求盖层连续 25m 水泥胶结优，连续优段占比≥70%。三项检测内容都合格的才可作为气库老井利用井，若有一项不合格，则该拟利用井转为封堵井。此外，气库利用井产层套管还需要匹配储气库完井管柱，如 4in 套井难以满足储气库利用井的密封性及管柱尺寸要求，不可作为储气库利用井。这些老井在运行过程中一旦出现影响储气库安全的问题，则应充分论证后封井处理。

利用井检测合格后，对于不利用的层位需要归位挤堵，在施工时需要注意对利用层位的保护；需要更换相应压力级别的气密封套管头，满足对各层套管环空密封及压力监测功能要求；根据后续利用类型及需求下入相应管柱、安装井口，满足运行要求。

(二)老井废弃封堵技术

按照操作可行、工序优化、投资最小、可靠封堵、长期安全有效的原则，对于区块内不利用的钻遇井均需按标准封堵，避免井筒内及管外气体窜漏，引起安全事故及库内气体损失。

1. 修封井难点及对策

储气库须对不利用老井进行封堵处置，保证气库封闭性。经过多年开发，老井具有射孔程度高、地层跨度大、井况复杂，钻遇气层及油层压力差异大等特点，造成修井、封堵工艺难度大。为保障气库安全须解决两个关键问题，一是攻关在高温条件下具有强气密性的封堵体系，保证不同物性地层条件的密封安全；二是研究封堵配套工具及工艺，保证施工安全及封堵质量。老井封堵存在的具体问题及对策见表2－1－29。

表2－1－29 老井封堵存在的问题及对策

序号	存在的问题	实施对策
1	平面非均质性严重，变异系数>0.7	实施动态调整的分段挤堵方式
2	地层压力系数低、裂缝发育	研发网架结构形成剂提高堵剂的滞留性能、控制施工压力
3	水泥石固化后收缩产生裂缝，影响胶结强度	研发微膨胀剂改善水泥石性能
4	落物、套变等复杂井况井占比高	复杂故障处理打捞、修井
5	部分井盖层段固井差，存在管外窜风险	锻铣或射孔、挤堵
6	笼统挤堵方式难以解决层间压力差异大问题	采用水泥承留器分层挤堵、带压候凝

2. 封堵技术及要求

不同井况特点的气井在具体的封堵工艺和技术措施方面有明显的差异。按照废弃井封堵方案编制的原则与依据，在对主要封堵工艺进行讨论的基础上，通过对废弃井的井况和废弃原因开展综合分析，分类制定了有针对性的废弃井封堵方案，确立了"强化地层封堵、兼顾井筒封窜、实时压力监控"的废弃井封堵整体封堵工艺。

(1)现有修井技术能够建立目的地层挤堵通道的井，按标准挤堵后废弃。对于存在井况问题的老井，选用高效套磨铣、震击解卡、防卡整形修套等工艺技术处理井筒至露出封堵层位底界，建立通道再实施挤堵。

(2)井况复杂、现有修井技术不能建立有效挤堵通道的井，应论证窜漏路径后重点封隔储气目的层与上下部油气层之间的窜漏通道，确保储气库的封闭性；并在储气库运行过程中进行压力监控。

(3)已经按照标准永久封井的废弃井，评估气层是否挤堵，挤堵过的老井钻悬空塞，注连续灰塞。未挤堵的老井需要钻开重新挤堵，再注连续灰塞。

老井封井执行行业标准SY/T 6848《地下储气库设计规范》、中国石化企业标准Q/SH 0653《废弃井封井处置规范》中的关于三类风险井的封井结构，采取"产层＋井筒＋管外＋井口监测"并重的封井思路，即对产层段实施挤堵，对井筒注连续灰塞并注入保护液或防腐重泥浆封堵，对管外可能引发气体窜漏的位置实施二次封固，从而彻底切断流体泄漏通道。主要程序如下：

(1)处理井筒，满足挤堵井筒要求。

(2)采用水泥承留器挤堵管柱，实现大压差挤堵及保压候凝，保证挤堵质量，防止天然气从射孔段进入井筒。

按照物性、压力差异针对性设计分层挤堵，可通过现场试挤确定最终挤堵方案，防止层间物性差异大导致堵剂不能均匀进入各层，防止天然气发生层间窜漏。

(3)对盖层段固井差或水泥返高低于200m的老井进行锻铣或射孔，二次固井挤堵，防止天然气沿着管外水泥环上窜。

(4)井筒连续注灰塞，保持大排量替入，缩短混浆段长度，提高连续灰塞质量，防止天然气沿着井筒上窜。

(5)井筒注满套管保护液至井口，安装简易井口及压力远传系统，实现压力实时监测传输。安装具有观察孔的水泥罩，满足防盗、观察压力要求。

3. 水泥承留器挤堵工艺

为有效防止层间窜气、井筒漏气以及环空窜气，保证储气库的整体密封性，目前现场主要采用水泥承留器挤堵工艺对储气层进行高压挤注。

1)工艺原理

水泥承留器挤堵工艺也叫插管式桥塞挤注工艺，基本原理是将承留器坐封在待封堵层位的上部，将插管插入桥塞，此时桥塞内部的单流阀开启，可对储气层进行高压挤注，挤注完成后，提出插管，单流阀自动关闭，使挤注层段实现带压候凝，反循环洗井后，关井候凝。该工艺施工工序简单，针对性强，可实现带压候凝，有效防止堵剂返吐，提高封堵质量。

2)工具结构及技术参数

常用的水泥承留器工具 5 $\frac{1}{2}$in 套管内为 MMR－110 机械式水泥承留器，4in 套管内为 DGL－80 液压式水泥承留器。

投送坐封工具结构示意图如图 2－1－17 所示。

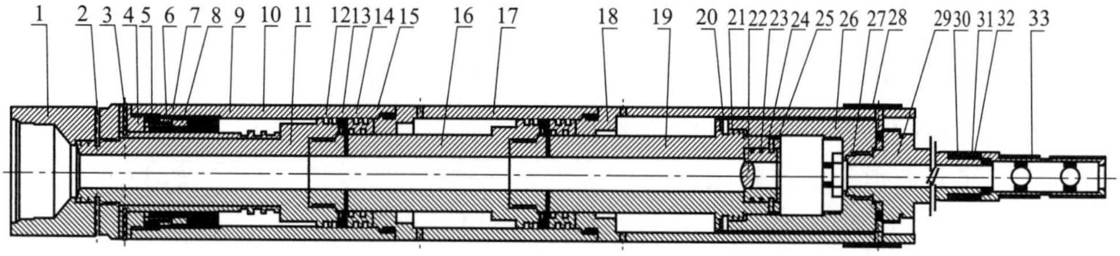

图 2－1－17　投送坐封工具结构示意图

1—上接头；2，20—稳钉；3—启动剪钉；4—压帽；5—定位环；6—外锁环；7—内锁环；8—内锁环套；9—内套；10—连接套；11—上中心管；12，14，21，23，27，31—O 形密封圈；13—凹槽锥头稳钉；15—活塞；16—中心管；17—活塞套；18—推进套；19—下中心管；22—钢球；24—球座；25—钢球剪钉；26—承球套；28—扶正块；29—双密封插入接头；30—隔环；32—密封环总成；33—移位接头

机械式水泥承留器：原理是 MMR 机械式水泥承留器与 MSR 机械坐封工具连接后，通过油管下放到预定位置，上提、旋转、再下放，使得上卡瓦释放，提拉管柱坐封水泥承留器，旋转丢手，再次将机械坐封工具插入承留器中，打开阀体，即可进行挤注水泥作业。技术参数及结构示意图如表 2－1－30、图 2－1－18 所示。

表 2－1－30　MMR 水泥承留器＋MSR 投送工具技术参数表

套管	承留器尺寸			投送工具尺寸		工作套管内径		最高工作压差/MPa
外径/in	总长/mm	外径/mm	密封内孔/mm	外径/mm	过液孔/mm	最小/mm	最大/mm	
5 $\frac{1}{2}$	1685	110	34.16	110	19	118	124.26	70

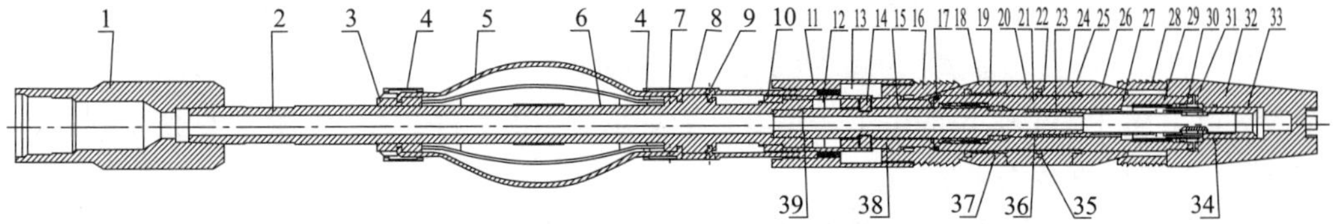

图 2-1-18 MMR-110 机械式水泥承留器结构示意图

1—上接头；2—中心管；3—上衬套；4—上固定套；5—定位环；6—外锁环；7—下衬套；8—下固定套；9—稳钉；10—释放环；11—上卡瓦控制套；12—插管；13—锁块控制套；14—锁块；15—连接头；16—上端卡瓦总成；17—剪切销；18—上锥体；19—内锁环；20—胶筒；21—承留器中心管；22—承留环；23—插管密封总成；24—内背圈；25—外背圈；26—下锥体；27—移位接头；28—下卡瓦；29—收敛套；30—密封阀背圈总成；31—密封挡圈；32—套阀；33—阀体；34，35，36，39—O 形密封圈；37—挡环；38—键

液压式水泥承留器：其原理是 DGL 水泥承留器与专用一趟管柱液压坐封工具连接，下放到预定深度后，地面投球，球入座到位于工具尾部的中心管内的球座密封整个油管，地面打压，液压通过活塞缸产生机械推力，压力达 8～10MPa 剪断坐封套上的启动销钉，坐封套下行推动承留器的上端卡瓦，这个动作使卡瓦锚定套管内壁，橡胶套径向膨胀，水泥承留器被压缩坐封，持续缓慢升压至 24～26MPa，承留器与坐封工具之间连接的拉断环被剪断，承留器与坐封工具脱离。再持续泵压至 38MPa，坐封球座被击落至承球套内，此时油套连通，可以循环洗井。坐封工具回插水泥承留器后可挤水泥作业。坐封工具直接起出，可做桥塞使用。结构示意图及技术参数如图 2-1-19、表 2-1-31 所示。

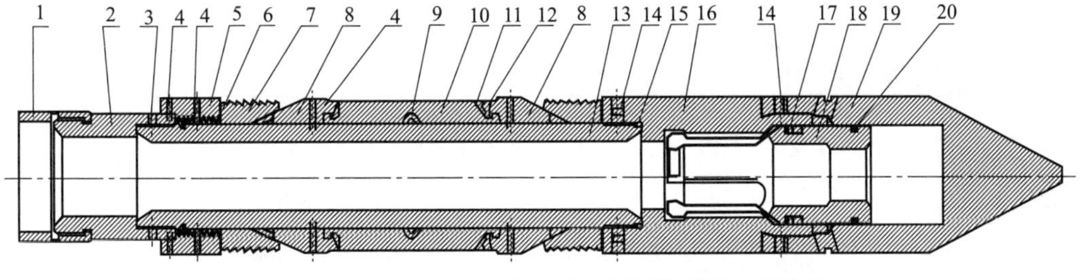

图 2-1-19 DGL-80 液压式水泥承留器结构示意图

1—拉断环；2—上接头；3，14—稳钉；4—销钉；5—锁环座；6—锁环；7—卡瓦；8—锥体；9—承留环；10—胶筒；11—内背圈；12—外背圈；13—中心管；15，20—O 形密封圈；16—引鞋；17—下密封总成；18—开关工具；19—套阀

表 2-1-31 DGL 液压水泥承留器技术参数表

套管	承留器尺寸			工作套管内径		释放力/kN	最高工作压差/MPa
外径/in	外径/mm	总长/mm	密封内孔/mm	最小/mm	最大/mm		
4	78	679.95	34.16	86	86	8.8～9.3	70

操作注意事项：工具连接后，限速下管(40～50 根/小时)，下钻应匀速、平稳，禁止挤堵猛停猛放，顿钻、溜钻，同时要事先判断井内液面的位置，工具与液面接触时，应匀速缓下，过造斜点、套管悬挂、套变时也要匀速缓下。注意：打紧背钳，不得右旋管柱，可前 100 根油管每下 10 根左旋管柱，感觉到扭矩明显增大即可，旋大约 10 次。

坐封：承留器下放到预定层位后，上提管柱 0.6m，右旋管柱 20～30 圈，再下放 0.6m 到原位置(此过程使上卡瓦从坐封套顺利脱出且弹开抵在套管壁上)。缓慢上提管柱(观察指重表，悬重增加说明上卡瓦已正常工作），使坐封工具承受150kN的拉力，保持悬重，稳5min，然后下放至原悬重，再缓慢上提，稳5min。（此过程使胶筒充分膨胀、上下卡瓦完全咬死在套管上）缓慢下放管柱，使坐封工具承受10kN的拉力，右旋管柱使坐封工具旋转10圈，再上提直至丢手。

验封：缓慢下放管柱，使插管打开阀体，在水泥承留器上加适当20～30kN钻压，向油管打压验封求吸水。向套管打压验封。

挤堵：油管泵注，开始挤水泥作业，敞开套管观察出口溢流情况。

替浆：挤完水泥后，上提管柱，反循环洗井，替出管柱内的多余泥浆。

4. 气密封堵剂体系

中原储气库群建库区块分散，地层物性差异较大，针对不同建库区块储层物性特点与封堵需求，研究形成了适用于储气库不同类型储层的无机封堵剂体系。针对储气库地层物性条件差异，在堵剂主剂超细水泥的基础上，添加不同种类添加剂形成两种堵剂体系——均质低渗段和裂缝/高渗段封堵剂体系，根据现场情况调整配方中添加剂配比。表2－1－32和表2－1－33分别为气密封堵剂性能和气密封堵剂体系在不同储气库中的应用。

表2－1－32　气密封堵剂性能

指标	气密封堵剂	普通堵剂
粒径中值/μm	13.067	25.211
粒度范围/μm	0.25～262.37	1.98～451.55
3～30μm粒度分布占比/%	71.1	62.0
>60μm粒度分布占比/%	5	16

表2－1－33　气密封堵剂体系在不同储气库中的应用

储气库	特点	气密封堵剂体系
文96	气层、油层物性差异大	裂缝/高渗段油气层堵剂体系，超细水泥（粒度中值≤15μm），分散剂、缓凝剂、网架结构形成剂
文23	井段跨度长、地层亏空（负压）、多次压裂（多裂缝）	裂缝/高渗段油气层堵剂体系，超细水泥（粒度中值≤13μm），分散剂、高温有机缓凝剂、网架结构形成剂、金属微晶膨胀剂、桥接剂
卫11	破裂压力低、堵剂易漏失	裂缝/高渗段油气层堵剂体系，水泥（粒度中值≤24μm），分散剂、缓凝剂、网架结构形成剂、金属微晶膨胀剂、复合结网剂
文13西	高温高压低渗，常规堵剂挤注困难	高压均质低渗油气层堵剂体系，超细水泥（粒度中值≤13μm），高温分散剂、固化增韧剂、高温有机缓凝剂、微膨剂

文23储气库属于块状气藏，气层较厚，其上下连通性非常好，地层压力平均为5MPa，经过多次压裂，形成大量复杂人工裂缝，平面非均质性强，在封堵储层时堵剂突进，不能保证均匀进入。枯竭砂岩气藏卫11储气库为中高渗储层，地层压力只有4～5MPa，堵剂容易突进个别小层，难以均匀进入。针对堵剂突出的技术问题，重点优化网架纤维、沉降稳定剂及调整粒度级配，配套多段塞调整工艺，实现堵剂注得进、留得住、承高压。

裂缝/高渗段油气层堵剂体系：主要由主剂、新型结网材料和金属微晶膨胀剂组成，尽可能控制窜流，扩大处理面积，保证在长期交变应力形成可靠封堵。配方组成：主剂 + 固化剂 + 高温悬浮剂 + 复合结网剂 + 金属微晶膨胀剂 + 高温缓凝剂。

文 13 西储气库储层为层状气藏，地层压力约 20MPa，且地层物性较差，为低渗储层，常规堵剂挤注困难，利用超细水泥调整堵剂粒径级配，提高堵剂侵入深度，筛选高温悬浮剂及缓凝剂，确保施工安全。

高压均质低渗油气层堵剂体系：主要由主剂(超细水泥、固化剂、高温缓凝剂、高温悬浮剂)组成，保证侵入半径和封固强度。配方组成：主剂 + 高温分散剂 + 固化增韧剂 + 高温有机缓凝剂 + 微膨剂。

堵剂体系耐温 120℃，稠化时间 4 ~ 12h，可控，初始稠度 $<$ 30Bc，气密封强度 $>$ 55MPa，侵入深度可调，抗压强度从 20.8MPa 提高到 25MPa。

5. 防管外窜工艺技术

根据 SY/T 6848《地下储气库设计规范》，若储气库顶界以上水泥返高小于 200m，或固井连续优质水泥胶结段小于 25m，应对储气层顶界以上盖层段进行套管锻铣，锻铣长度不小于 40m。

盖层段套管外固井质量差，可能引发气体沿套管外上窜至井口，进而导致安全事故。需要对老井盖层固井质量不合格段实施一定长度的“套管及原水泥环”锻铣、扩眼，再根据测吸水结果，进行挤堵或注连续灰塞，保证堵剂与地层直接胶结，提高气密封性，建立井筒及管外封闭新屏障，达到阻断注入气沿管外上窜的目的。在锻铣过程中需要采用高携屑能力的工作液，并优化施工参数，防止憋钻卡钻，文 23 储气库文 23 - 46 井锻铣后挤堵，目前井筒及套管环空均不带压。

对于盖层段套管能达到锻铣条件的优先进行锻铣，锻铣条件受限，如 4in 套管、高强度高壁厚的套管，无法采用锻铣改善环空密封性的老井，应考虑进行射孔工程后二次固井，即在盖层段选择泥岩段套管段进行射孔工程，再对射孔段进行挤堵，达到二次固井的效果。白 9、文 13 西储气库采用射孔工程后二次固井技术 3 井次，钻塞后进行固井质量二次评价，与原固井质量图对比明显改善。

6. 井筒封堵工艺技术

储气库老井封堵地层后，通常在井筒内注连续灰塞，切断井筒窜气通道，防止气体从井筒向上渗漏，并在套管内灌满套管保护液，防止腐蚀导致的套管损坏。

通过刮削、活性水洗井等方式，除去井筒内由于长期生产导致的污垢及油蜡等影响胶结的物质，提高注水泥塞与井筒的胶结质量。再采用光油管大排量替入水泥浆，缩短混浆段长度，保证气密性。

根据 SY/T 6848《地下储气库设计规范》、SY/T 7688《气藏型储气库老井封堵技术规范》，储气库目的层顶界以上连续灰塞长度应 $>$ 300m。若有技术套管，则井筒内水泥塞应注到技术套管鞋以上 $\geq$ 150m；若无技术套管，井筒内水泥塞宜注到盖层顶界以上 $\geq$ 150m。因此可根据老井盖层及技术套管鞋位置优化注塞长度，连续灰塞长度 $\geq$ 300m，有技术套管的老井灰塞注至套管鞋以上 $\geq$ 150m。灰面试压值应根据水泥石抗压强度、套管抗内压强度综合确定。

最后在套管内灌满套管保护液，防止腐蚀导致的套管损坏。套管保护液配方体系：清水+缓蚀剂+杀菌剂+除氧剂。套管保护液技术指标见表2-1-34。

表2-1-34　套管保护液技术指标

检测项目	性能指标
外观	均一液体，无沉淀分层
pH值	≥9
密度(20℃)/(g/cm^3)	1.02±0.07
硫酸盐还原菌(SRB)、腐生菌(TGB)含量	体系中细菌含量为零
P110管材腐蚀速率/(mm/a)	≤0.0254(90℃)

7. 封堵井完井井口装置

在全井封堵后，安装简易井口，要求井口帽与套管短节丝扣连接，上部采用法兰连接闸阀，闸阀上部安装井口取压装置；安装压力远传系统，可实时监测、传输井筒压力数据，解决了封堵井井口相距较远，数量较多，难以实时监控的问题。套管头损坏的需要更换，并监测套管头各套管环空压力，对接压力远传系统。设置预留观察孔的水泥帽或防盗笼，做好标记并设立防护栅，具备压力监测、防盗功能。要求标记出该井井号及封井时间。图2-1-20为封堵井井口结构示意图。

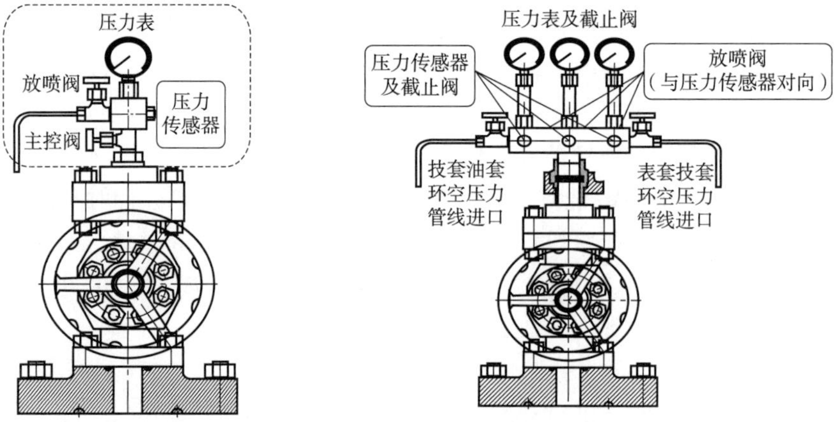

图2-1-20　封堵井井口结构示意图

四、地面工程技术

储气库地面工程包括注采站、井场、井场至注采站间的集输管道、注采站至长输管道分输站双向输气管道。针对井位部署及地面条件，本着集中管理、提升运行效率的目的，中原油田在储气库总体布局、注采工艺、关键设备选型、站控系统、“五化”技术方面积累并形成了较为成熟的技术。

（一）总体布局

储气库总体布局集约化设计理念：功能集中、设置简约。形成“集中建站、井站合一、生产调控和生活设施集中、生产管理系统上层集中”的布局模式。

枯竭气藏储气库采出气含液较少，采用一级布站、气液混输、井口节流、双向计量的集输工艺，见图 2－1－21。

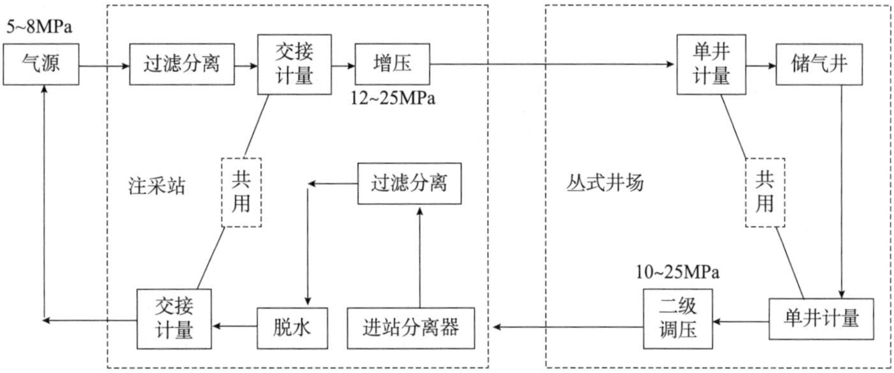

图 2－1－21　卫 11 储气库整体布局示意图

高含液气藏储气库采出气含液较高，采用一级布站、气液分输、井口节流、双向计量的集输工艺，见图 2－1－22。

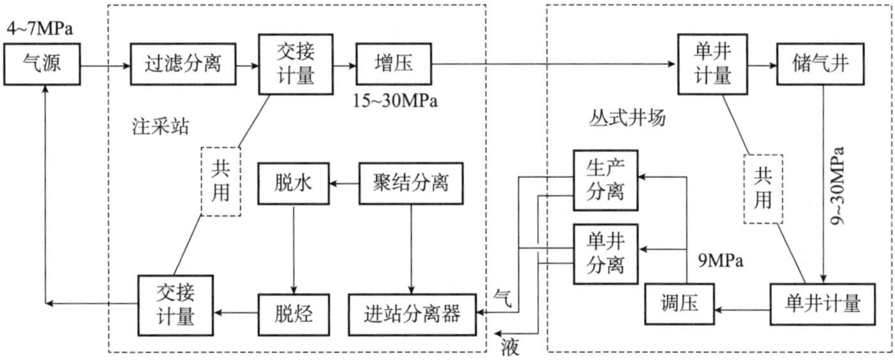

图 2－1－22　白庙浅层储气库整体布局示意图

1. *注采站布局*

储气库注采站的选择根据工程所在地的地面设施现状、工程投资、运维成本、运行管理进行综合比较，选择最佳站址。

将注采站布置在井网的中心，实现注采气集中处理，实现配套工程和生产运行、维护、管理最优化。注采站与中心位置井场合建，缩短集输线路和管径，大幅减少道路和供电等配套建设。

类似清溪储气库的小、中型储气库，注采站的位置可靠近井场，也可位于多座井场中心，井网工程量小，安全性高，投资少，管理方便。

大型储气库及储气库群站址选择，储气库的核心为增压系统和处理系统，优先推荐集中增压和处理。中原储气库群建设中，在卫 11 储气库建设阶段，总体布局上考虑周边卫 2 储气库的远期建设，2 座储气库只设置 1 座注采站，注采干线预留卫 2 储气库注采气集输能力。在文 13 西储气库建设时预留文 24 储气库的建设规模，避免重复建设。

2. *井场管网布局*

(1)注采井场：新建注采井采用丛式井场，减少占地面积，便于地面设施集中布置和管理。地面设计结合井场部署、集输管线路径、长度等因素，进行地下地上统筹协调的最优井位布置。

(2)管网布局：集输管网的布置有放射状管网、枝状管网及两种组合式管网。

气库面积小、井位相对集中的储气库采用放射状管网，注采站一般在注采井场中心。井场相对分散、井距较大，库区呈带状分布的储气库，采用枝状管网。

大部分储气库采用组合式管网，设置1座注采站，多个注采阀组区(丛式井场)，零散井只设置采气树，注采阀组、单井计量设施、收发球设施等均设在注采阀组区(丛式井场)，单井与阀组区集输管道以放射状连接，简化单井井口工艺，便于零散单井注采设施的集中管理。

储气库注采管线采用2种方式：注采合一(注、采管线共用)和注采双管。从经济性角度和维护便利性角度出发，在库容较大、注气管线和采气管线管径相差较大的情况下或注气压力超过42MPa的情况下，建议采用注采双管；在库容较小、注气管线和采气管线管径相差不大的情况下，优先采用注采合一。

(二)注采工艺技术

储气库采取周期运行方式，每年夏季为注气期、冬季为采气期，通过对天然气的储存调配，达到为用气市场进行调峰的目的。管道及用气目标市场天然气出现盈余时进入储气库进行注气，出现不足时从储气库采出处理后进入管道及用气目标市场。

1. 注气工艺

在注气期，从气源来管道气经输气管道联络线输至注采站，经过除尘、分离、计量，由注气压缩机增压后，通过注气阀组输送至集输干线再到各单井注气管线，从而注入目标地层储存。

输气管道→过滤分离→计量→增压→注气阀组→注采井→地下储气库。

其中除尘工艺一般采用旋风分离器，当来气含固体颗粒较多或有收球装置时配套设置。如文96、文23等储气库注采站内设置有旋风分离器，卫11、文13西未设置。

2. 采气工艺

1)枯竭气藏储气库

来自气井的湿天然气，经井口角式节流阀调压、流量计计量后，汇入井场采气汇管，气液混输送至注采站采气汇管，经进站分离器、过滤分离器分离其中的游离水及杂质后，进入露点控制装置，处理合格天然气经调压计量后送入外输管网。

井场来气→气液分离器→露点控制装置→计量→输气管线外输。

2)高含液储气库

来自气井的湿天然气，经井口角式节流阀调压、流量计计量后，输送至丛式井场，在丛式井场进入生产分离器进行气液分离，分离后的气液分别输送至注采站，天然气经进站分离器、聚结分离器分离其中的游离水及杂质后，进入露点控制装置，处理合格天然气经调压计量后送入外输管网。

井场来气→生产分离器→气液分离器→露点控制装置→计量→输气管线外输。

3. 露点控制

采气工艺流程中，露点控制技术为关键工艺，包含水露点和烃露点控制。

天然气常用脱水脱烃方法主要有：溶剂吸收法、固体吸附法、低温分离法。表2－1－35为天然气脱水工艺对比表。

表2－1－35　天然气脱水工艺对比表

天然气脱水工艺		压降	水露点/℃	优点	缺点
三甘醇脱水		较低	≥－30	三甘醇吸水性好、容易再生、夹带量小	天然气中夹带较多的液烃时，三甘醇溶液具有一定的发泡倾向，影响吸收效果、三甘醇再生能耗，需加入消泡剂
吸附剂脱水		较高	≥－70	技术成熟、应用广泛、脱水效果好	价格较高
低温分离脱水	外加冷源制冷	较低	< －10	压降低、适用范围广	制冷剂再生能耗、需要水合物抑制剂
	节流制冷	高	< －10	经济、无须其他能耗	压降大、需要水合物抑制剂

1）溶剂吸收法（脱水）

湿天然气进入吸收塔，与吸水性很强的溶液相遇，溶液对湿天然气中的水分进行吸收，从而达到天然气脱水的目的，溶剂再生后重复使用。经过滤分离后的天然气进入吸收塔底部与塔顶流下的贫三甘醇溶液充分接触，脱水后的天然气由塔顶出塔，然后进套管换热器与进塔贫三甘醇换热后，再经过吸收塔出口分离器和顶部压力控制阀后出装置。

2）固体吸附法（脱水脱烃）

脱水：天然气通过分子筛等固体吸附物，将其含有的水分吸附在吸附物孔隙内，从而实现降低水露点，固体吸附体需要定期再生充分使用。

脱烃：利用变温吸附、变压吸附及模拟移动床分离技术，采用诸如硅胶、树脂、活性炭以及沸石分子筛等吸附剂分离天然气中的烃类。

3）低温分离法（脱水脱烃）

在湿天然气中注入甲醇、乙二醇等水合物抑制剂，降低水溶液冰点防止冻堵，然后利用节流降温、丙烷等辅助制冷降低温度，进行低温分离，从而达到降低天然气水露点及烃露点的目的，水合物抑制剂可再生重复使用。

中原储气库群已建7座储气库均为气藏型储气库，天然气处理量大，脱水深度要求不高（水露点为－15℃），采气期天然气压力递减快、压力变化大，且后期压力低，选用三甘醇脱水工艺；其中白庙浅层储气库采用了丙烷辅助制冷系统脱烃，处理后能够满足外输要求。

脱水单元来的天然气依次经过一级绕管换热器和二级绕管换热器，冷却至0℃后进入低温分离器，分离的烃类节流后进入轻烃储罐，分离出的天然气返回一级绕管换热器回收冷量后外输。制冷采用丙烷辅助制冷系统，所需冷量是靠外加制冷循环来提供，配备的制冷系统就是要使得换热器达到最小的冷、热流之温差，并因此获得极高的制冷效率。在丙烷制冷循环系统中，丙烷蒸汽经丙烷压缩机压缩后冷却至液态，进入二级绕管换热器对天然气进行冷却，蒸发后的丙烷返回到丙烷压缩机进行再循环。

4. 井场工艺

井场主要功能分为注气和采气。

1)井场工艺流程

注气流程：注采站来气经注气干线输送至丛式井场，再分配至各单井注气干线，经计量后注入储气库地下储层。

注采站来气→紧急关断阀→流量计→旋塞阀→紧急关断阀→采气树。

采气流程：井口采出气经计量、节流后，通过采气干线输送至注采站，进行分离脱水。

采气树来气→紧急关断阀→流量计→节流阀→调节阀及关断阀→采气干线→注采站。

表 2-1-36 为不同储气库井场采气工艺。

表 2-1-36　不同储气库井场采气工艺

储气库	井场采气工艺
文 96	井场设置单井节流、限流装置、注醇装置，单井计量与流量控制位于集注站
文 23	井场设置单井节流、限流装置、注醇装置、单井双向计量与流量控制、地面关断系统
卫 11、文 13 西、清溪	井场设置单井节流、限流装置、注醇装置、单井双向计量与流量控制、地面关断系统

气藏型储气库，井场采用加注甲醇防止开井初期水合物生成。

2)井场工艺优化

井口 ESD 系统优化：地面工程紧急切断(ESD)和采油工程井口紧急切断(ESD)合一设置；注采井口双向气量调节技术；井场工艺流程优化简化技术。

水侵、凝析气藏型储气库，井场工艺与气藏型储气库类似，井场设置关断阀、计量、节流降压和水合物防治等设施，针对含液高的特性，井场采用以下工艺：井口工艺流程采用注采分开。为实现精准注采，注气计量采用调节旋塞阀 + 流量计，采气采用多井轮换、角式节流阀 + 两相分离计量方式。

油藏型储气库井口采用加热节流工艺，同时可在井口预留注防冻剂接口。

(三)关键设备选型

1. 压缩机选型技术

截至 2023 年，我国已建储气库注气压缩机全部采用往复式压缩机组，只有双台子、呼图壁储气库采用离心式压缩机。通过国外调研及对离心式压缩机在储气库中应用可行性分析，地下储气库注气压缩机选型在单一采用往复式压缩机基础上，可扩展应用离心式压缩机。小型储气库可采用往复式压缩机组合，但注气规模较大，在单机排量限制造成压缩机数量过多的情况下，需考虑离心式压缩机。离心式压缩机选型要求机组有较宽的稳定工作区，运行工况避开喘振流量范围，并且尽量保证单机排量下限满足储气库注气波动的下限要求。

中原储气库群的储气库工作气量较小，注气规模不大，注气压力高，采用往复式压缩机可以很好地满足需求。

表 2-1-37 为中原储气库群已建压缩机组统计表。

表2-1-37 中原储气库群已建压缩机组统计表

序号	储气库	压缩机参数				
		排量/(10^4Nm^3/d)	最高排气压力/MPa	功率/kW	数量/台	注气能力/(10^4Nm^3/d)
1	文23（一期）	150	34.5	4500	6	900
2		150	34.5	4500	6	900
3	文23先导	100	34.5		2	200
4	文96	60~70	23.5	1500	3	200
5	卫11	150	25	3750	3	450
6	文13西	80	40	3550	3	240
7	清溪	70	40	3550	2	140
8	白9	25	52	1400	2	50
9	文24	160	24.5		1	160
10	白庙浅层	120	30	4500	2	240
合计					30	3480

2. 天然气计量

1)低含液天然气计量

对于气源交接计量和采出气中含液量低的气藏型储气库，选用具有双向计量功能的流量计，有靶式流量计、超声波流量计、质量流量计、均速管流量计、槽道式流量计，基本满足要求。目前，已建中原储气库群气源交接计量采用超声波流量计，井口计量采用外夹式超声波流量计、槽道式流量计实现双向计量。

2)高含液天然气计量

对于含液量高的凝析气藏或水侵储气库，工况条件复杂(压力高，压力流量不断变化，携液量高甚至含颗粒杂质等)，属于非常规油气计量，计量难度大，如白庙浅层和卫2气顶储气库，可采用多相流计量技术。

在丛式井场设置1座气液两相分离器。经分离器分离出的天然气计量后可以得到单井的采气量，在气相出口设置调节阀对分离器中的液相进行压液处理，压出的液体直接接入采出液管道输送至注采站。

(四)站控系统

储气库设有注采站，丛式井场和单井井场。储气库注采站控制系统包括站控系统(SCS)和火灾/可燃气体检测报警系统(F&G)。站控系统包括基本过程控制系统(BPCS)和安全仪表系统(SIS)。井场控制系统采用RTU系统，信号上传至注采站(注气站)站控系统。

1. 基本过程控制系统(BPCS)

采用一套集散型控制系统(DCS)，对工艺装置、辅助生产设施及公用设施进行数据采集、过程控制、数据记录、报表生成和报警记录等。由操作站、工程师站、打印机、控制站、I/O机柜、端子柜及网络设备等组成。

2. 安全仪表系统(SIS)

采用一套独立的可编程逻辑控制器(PLC)，用于工艺装置的安全联锁控制。安全仪表系统采用故障安全型设计，安全等级为 SIL2 级。SIS 系统的检测仪表及执行元件与 BPCS 系统分开设置并具备 SIL2 认证。

SIS 系统由工程师站、操作站、I/O 机柜及网络设备等组成，其中控制器、I/O 卡件、通讯、电源及相关配件均按照 SIL2 等级冗余配置。

SIS 系统对工艺装置和设施实施安全监控和安全联锁。SIS 系统设置分为四级。

一级关断(ESD－1)为泄压关断(关断级别最高)，由火灾或爆炸引起。触发关断时，进出站气液联动阀关断，所有自动放空阀开启，增压单元、脱水单元、再生单元停机，此级别关断为手动启动。

二级关断(ESD－2)为保压关断，由气体严重泄漏或关键工艺参数异常引起。操作人员手动启动或火气控制逻辑自动启动。触发关断时，进出站气液联动阀关断，触发 ESD－3 级关断。

三级关断(ESD－3)为单元关断，由工艺段故障或生产系统的重要装置(增压单元、脱水单元、再生单元)故障引起，手动或自动启动，触发 ESD－3 级关断。

四级关断(ESD－4)为设备关断，由单个设备故障引起，仅关断故障设备，不影响其他设备的正常操作，手动或自动启动。

3. 火灾/可燃气体检测报警系统(F&G)

火气系统主要由独立的可编程逻辑控制器(PLC)、可燃气体探测器及火焰探测器、建筑物内火灾报警系统、数据通信接口等构成。通过接收来自可燃气体探测器、火焰探测器、火灾报警盘的综合报警和故障信号，并给基本过程控制系统、安全仪表系统、工业电视系统及应急照明控制器提供报警信号进行联动，完成对站内火灾及可燃气体泄漏等情况的监视和控制。

(五)“五化”技术

中原储气库地面建设运用“标准化设计－工厂化预制－模块化施工－机械化作业－信息化建设”理念，构建“设计＋工厂化预制＋现场安装”的一体化建造作业方式，建立健全“五化”技术和管理体系，可以提高工程质量，缩短建设周期，确保工程安全，降低工程投资，实现全生命周期成本最低。

1. 标准化设计

1)站场标准化设计

通过工艺模拟和设计优化，形成各专业标准图集、典型站场标准流程、典型站场标准建构筑物图集和视觉形象设计以及关键设备采购文件等。

2)建筑标准化设计

统筹站场、各建筑单体平面布局、层数、功能、体量组合、空调形式等多种因素，统一造型元素、建筑材料、色彩标识，以白色、灰色为基调，适当点缀木色，材料采用真石漆、木纹铝格栅，形成建构筑物标准化设计。

3)建筑施工装配化

设计过程中贯穿模块化组合、装配式建造的理念，采用 BIM 技术，分部分项进行装配，主要建构筑物采用钢结构，单体装配率达到60%，为 A 级装配式钢结构建筑。

4)工艺模块划分

通过对储气库集注采站工艺系统的分析与研究，储气库工艺模块内容见表 2－1－38，图 2－1－23 为橇块示意图。

表 2-1-38　储气库橇块表

序号	模块名称	成橇设备	功能
1	收球筒橇	气源进出站切断阀、收球筒、入口关断阀、旁通阀、放空排污阀等	实现联络线进站切断、清管球的接收
2	进站分离器橇	进站分离器、聚结分离器、进出口阀门、放空排污阀等	实现采出气的气液初分离
3	过滤分离器橇	过滤分离器、进出口阀门、放空排污阀等	气源进站精细分离
4	计量橇	计量仪表、计量前后阀门及放空阀等	进出站计量
5	进站阀组橇	采气进站切断阀、清管阀及放空阀等	采气进站紧急关断、清管球的接收
6	出站阀组橇	注气出站切断阀及放空阀	注气出站紧急关断
7	润滑油罐橇	润滑油罐、滤油机、放空阀等	润滑油储存、给压缩机补油
8	采出液罐橇	采出液罐、阀门等	采出液储存
9	三甘醇罐橇	三甘醇罐、阀门等	三甘醇储存
10	三甘醇回收罐橇	三甘醇回收罐、装车泵、阀门等	回收三甘醇储存
11	火炬分液罐橇	火炬分液罐、装车泵、阀门等	污水
12	井场节流计量橇	注采阀组、节流阀、流量计	节流、计量
13	井场出站阀组橇	采气出站切断阀、清管阀等	采气出站紧急关断、清管球的发送
14	压缩机模块	压缩机、空冷器	天然气增压、冷却
15	空氮系统橇	空气压缩机、干燥器、制氮装置	仪表风及氮气制造
16	自用气橇	电加热器、过滤器、调压阀、切断阀、放空排污阀等	加热、调压、计量
17	三甘醇再生橇	三甘醇再生装置、循环泵、阀门等	三甘醇再生
18	甲醇加注橇	储罐、泵、阀门等	甲醇加注
19	丙烷制冷橇	压缩机、换热器、阀门等	丙烷制冷脱烃

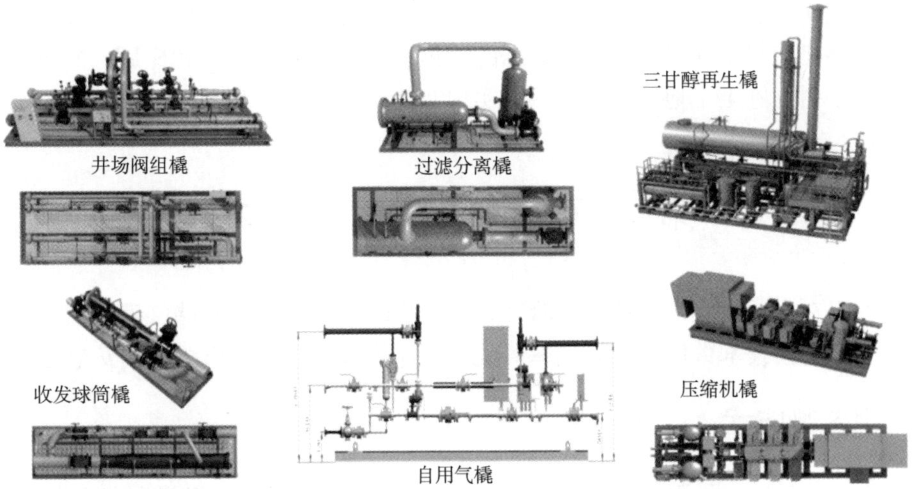

图 2-1-23　橇块示意图

2. 工厂化预制

工厂化预制是实现模块化施工的前提，以最大限度减少现场施工工作量为目标，将工艺安装工作量向预制工厂转移，为模块化施工创造条件。工厂化预制不受天气影响，作业环境好，在保证施工质量的前提下，显著减少现场的工作量和资源投入数量，降低现场施工安全风险，缩短项目总体建设周期。

采用固定厂房＋现场简易平台的预制模式。在石油化工设备厂采用移动式管道预制生产线、运用先进施工管理软件及自动化施工设备，进行深度预制、流水作业、专业装配及工厂检测，实现工艺管道预制深度70%（按寸径计）、橇块产品100%预制、焊接一次合格率97%以上。

3. 模块化施工

基于工厂化预制，模块化施工将橇块整体或者分层级拉运到施工现场后，利用大型模块组装技术进行现场安装；通过预制、并行作业，达到有效缩短工期、节约占地、降低成本的目标，是标准化设计和工厂化预制的落脚点。

4. 机械化作业

机械化作业是利用性能优越先进的机械设备，实现机械化高效作业、自动化精准作业，从而达到提高质量及效率、降低成本的目标，是实现模块化施工的重要措施。储气库建设机械化作业主要分为储气库管线自动焊接、压缩机推移就位、放空火炬吊装三个部分。

在施工过程中使用各类自动化设备，实现机械化作业工序80%以上；采用移动式预制流水作业线，实现管道切割、坡口加工、焊接等机械化作业；采用龙门吊车、电动运输平板车，实现材料的灵活转运；采用喷砂除锈作业线、油漆自动喷涂设备及环保设备，实现防腐作业机械化。

5. 信息化建设

储气库信息化以各类信息设施为基础，以多维度、多种类的数字化信息为支撑，充分利用计算机、网络、数据库和三维建模等数字技术，为储气库建设和运行管理提供辅助决策支持。

中原储气库信息化建设主要开展数字化交付和智能工地管控平台的部署实施及推广应用。通过数字化交付实现对建设阶段数据的采集、统一存储、管理和应用；同时将互联网的理念和技术引入施工工地并开发应用，实现对工地可视化、数字化、智能化管理。

第二节　储气库运行技术

中原油田在先后建成投产的7座储气库运行基础上，不断完善储气库监测、动态分析及长周期安全管控技术，保障了储气库参数准确评价、多周期平稳注采及安全运行。

一、监测技术

储气库井设计运行年限在30年以上，储气库运行期间受交变载荷长期作用以及多周期大流量强注强采的影响，地质体封闭性、井筒密封性以及流体运移状况均会动态变化，需要适时地开展相应的动态监测项目确定储气库井的运行状态，保障气库全生命周期安全高效运行。

围绕储气库全生命周期安全高效运行需求，应用了固井质量监测、井况监测、光纤、注采剖面等监测技术，形成适合储气库的老井利用以及运维保障监测技术系列。

(一)井筒完整性监测技术

近年来，中原油田在储气库井筒密封性监测方面形成了固井质量、套管质量以及窜漏监测等监测技术。

1. 固井质量监测

1)常用系列

储气库在强注强采工况下，固井不好可能会导致渗透层之间流体的渗流，一是使套管失去水泥石的保护，受到注气或岩石侧向变形的挤压，引起套管损坏。二是在水泥石中形成连通的通道，丧失封隔不同压力地层的作用，使地层外压力窜通。固井评价中原油田储气库中应用比较多的主要是声波变密度(CBL－VDL)测井和分区式水泥胶结测井(SBT)。

2)应用场景与测试条件

①应用场景。老井固井质量复查，新钻井固井质量评价。

②测试条件。空井筒作业，测井作业前要起出井内管柱，并选择合适的通井规进行通井，防止测井遇阻；老井要进行洗井，防止原油对声波产生衰减作用；井内介质不能含气或存在气泡；水泥返高以上确保充满液体介质；测试在固井完成后48～72h进行。

3)应用情况

固井质量测试是储气库井必须开展的监测项目，在建库时期对老井需要开展固井质量复测，复测结果满足储气库可利用标准才能进行利用，对新钻井进行固井质量监测以评价固井质量。

2. 套管检测

气田开发过程中老井采出气含CO_2、高矿化度地层水，加之流体冲蚀作用，共同作用导致套管发生不同程度腐蚀，对套管的影响较大。在老井利用筛选时需要进行井况检测，确定套管状况，进一步确定老井能否利用。在储气库注采运行过程中，为保障气库井下管柱长期稳定安全，也可采用多臂井径和电磁探伤测试井下油套管技术状况。

1)测试原理

多臂井径仪利用机械爪臂直接测量的方式，监测评价储气库井下油套管的变形腐蚀情况；电磁探伤测井仪利用法拉第电磁感应原理监测评价储气库井下油套管的损伤以及剩余壁厚情况。

2)应用场景与测试条件

①应用场景，包含以下两项内容。

a. 多臂井径仪。在储气库建设时期可以采用多臂井径测井技术检查拟利用老井的套管腐蚀、破损、变形、错断、射孔位置等情况，指导承留器挤堵、验套、老井封堵等工程措施实施。在储气库运行期间，在不动管柱条件下，采用多臂井径检测油管的损伤变形情况，为储气库井安全运行提供依据。

b. 电磁探伤测井仪。在储气库建设期间可以采用电磁探伤技术检查拟利用老井的套管腐蚀、破损、变形，计算管柱的平均剩余壁厚，和多臂井径组合使用可以准确地评价管柱技术状况，指导利用井的筛选；在储气库运行期间，可以在不动管柱情况下，透过油管评价套管的损伤变形情况，满足储气库不停产测试的需求。

②测试条件。多臂井径和电磁探伤测试前，为保证安全，需要充分洗井、通井、刮削，防止套管壁上油垢导致误判，管柱内测试需要提前通井，以免仪器遇阻遇卡。

3）应用情况

2021 年以来，在中原储气库开展电磁探伤利用，在中原储气库群中集中应用了 95 口井，测试成功率 100%，有效指导了承留器挤堵、验套、老井封堵等工程措施实施，为利用井筛选提供了技术支撑。

卫 11－25 井，为卫 11 储气库拟利用井，老井井况测试结果显示该井套管损伤严重，1938.9m 处平均剩余壁厚为 6.74mm，不符合储气库老井利用要求，后续则由利用变更为封井，如图 2－2－1 所示。

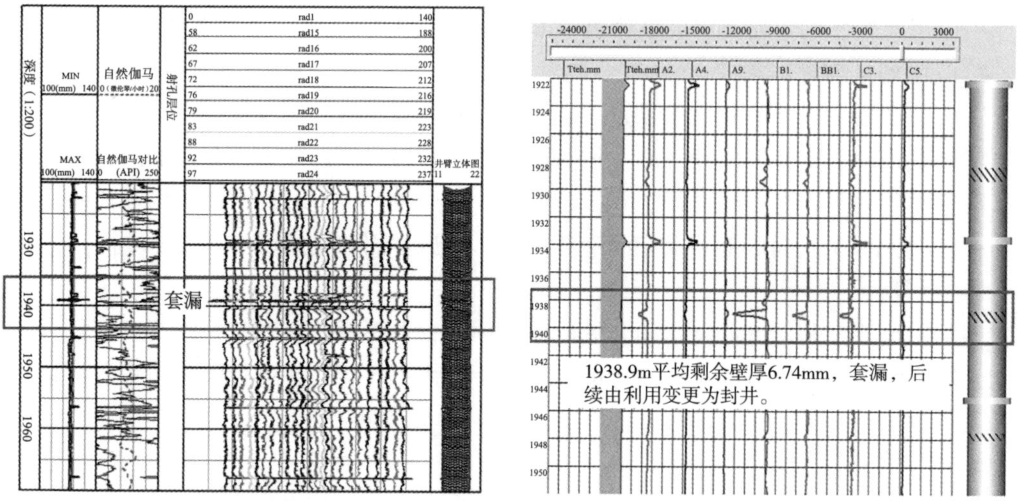

(a)多臂井径测井结果　　(b)电磁探伤测井结果

图 2－2－1　卫 11－25 井套管测试

3. 光纤测井

和常规的动态监测技术相比，分布式光纤传感技术采用光纤做传感介质和传输信号介质，通过测量光纤中特定散射光的信号来反映光纤自身或所处环境的温度、声波、应变、压力等变化，该测试技术具有不受电磁干扰和高压环境的影响、光纤传感器测量精度高的优势。

1）储气库常用系列

目前国内常用的主要有分布式光纤温度传感（DTS）、分布式光纤声波（DAS）和分布式应变传感（DSS）技术。

2）应用场景与测试条件

①应用场景包含以下三项内容。

a. 利用 DTS、DAS 可以监测评价储气库井注、采的动态剖面实时定量单层吸气情况和产出情况。

b. 监测储气库井漏点，管内、外窜槽位置。

c. 压裂施工和改造效果监测，实时监测压裂液和支撑剂的走向、每个射孔簇的进液量、返排液剖面等，完善压裂方案。

②测试条件。DTS、DAS 光纤监测系统在井下一般有 3 种安装方式。

a. 在套管外永置，这种安装方式的优点：不占用生产通道和测试通道，可开展其他监测；不受井筒流体冲击干扰，数据更准确；实现永久式监测；评价压裂效果、生产动态、井筒密闭性；获取井筒信息量大，支持远程数据系统；适用重点井或监测井开展永久式监测。套管外永置式要求井口满足光纤穿越，射孔需要考虑光纤避射等工艺，作业成本高、施工难度大、成功率低。

b. 在油管外永置，这种安装方式的优点：不占用生产通道和测试通道，布设油管外可开展其他监测项目；获取井筒信息量大，支持远程数据系统；适用井筒环境复杂井长期监测。油管外绑定要求井口满足光纤穿越，光纤受井筒条件影响大，阻卡率高；成本较高，且监测流量及产层位置和下入深度密切相关。

c. 回收式复合光缆，这种安装方式的优点：原井管柱内投放作业测试，作业成本低；根据监测需求灵活设定监测时间；监测期间获取井筒信息量大；支持远程数据系统；适用不同类型注、采井，作业安全、成本相对较低。

3）应用情况

目前在中原油田开展了分布式 DTS、DAS 的探索应用，在文 23 储气库采用 DTS、DAS 开展了 1 口井的找漏监测，找到了 3 个漏点，并进行了泄漏量定性分析，为储气库环空带压井治理奠定了基础。2024 年 10 月在卫 11 储气库成功应用，卫 11 储 3－4 井测试注入剖面，确定了主要吸气层位，为下步提高注采能力提供优化方向。

（二）注采能力监测技术

注采能力监测技术是评价储气库气井注采能力的重要依据，是保障储气库安全高效运行的重要支撑技术，目前主要依据注采剖面和产能测试来评价储气库井的注采能力。

1. 储气库注采剖面监测

1）注采剖面测试系列

用于储气库注采剖面的多参数仪主要包括七参数和八参数仪，其中七参数仪主要用于储气库井注入剖面以及产出剖面单相流和两相流监测，对于油气水存在的三相流，例如白 9 凝析气藏产出剖面可能存在三相流，测试时需要采用带持气率的八参数仪。

2）应用场景与测试条件

①应用场景。注采井的注入剖面和产出剖面。

②测试条件，包含以下三项。

a. 井筒条件良好，通径≥仪器直径 8mm；

b. 油管底部为喇叭口，且喇叭口底界距离油层顶界应 >20m；

c. 井口产量，油井应 >25m^3/d，气井应 >5000m^3/d。

3）应用情况

目前在中原储气库群已开展了 5 口井注入产出剖面测试，测试资料准确评价了各层流量，测试结果和小层物性有较好的对应性。目前主要吸气和产出层段主要集中在物性比较好的层段，储层纵向动用不均衡；注入剖面建议在注入周期中期测试，产出剖面在采气周期前期测试；建议在不同注采周期开展注采剖面监测，分析储层动用变化情况。

图 2－2－2 为文 56－1 井吸气剖面测井成果图。

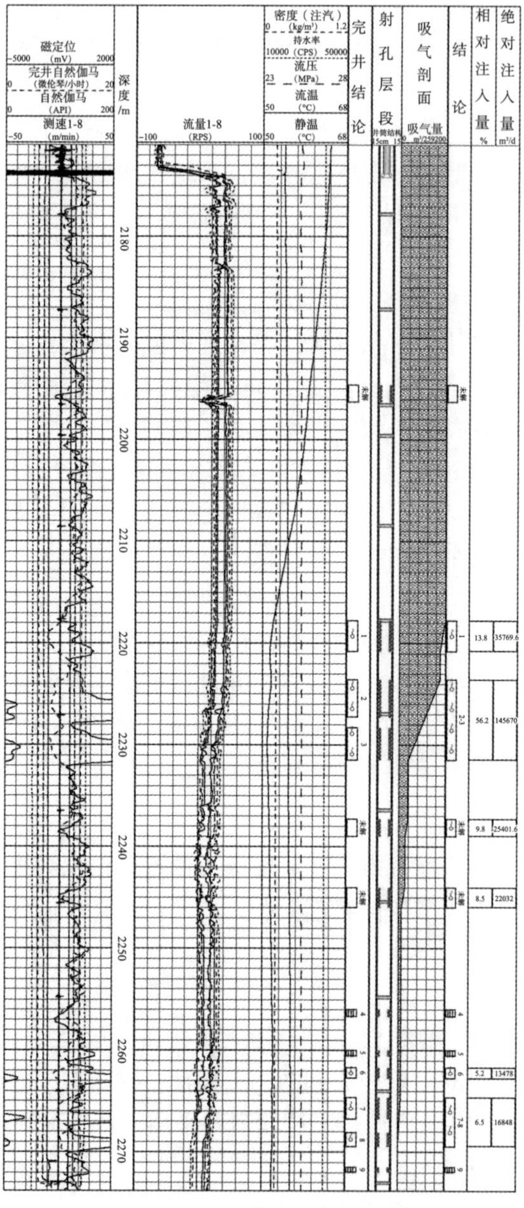

图 2－2－2　文 56－1 井吸气剖面测井成果图

2. 储气库注采能力评价

常见的储气库注采能力评价方法有回压试井、等时试井、修正等时试井、一点法试井。

1）产能测试系列

等时试井法需要频繁开关井，开井时间缩短，关井恢复时间较长，测试费用较高；修正等时试井缩短了开、关井时间，但测试中也需要频繁开关井；一点法试井只测试一个工作制度下的稳定流量和井底流压，该方法工艺简单、测试时间短、成本低、资源浪费少，但精度稍低。针对储气库井产量高、产出能力强，产量、压力比较容易达到稳定等特点，对比回压试井、等时试井、修正等时试井、一点法试井优缺点，优选了回压试井测试方法，以达到节省时间并减少因频繁开关井对管柱和流程冲击的目的。

2）应用场景与测试条件

①应用场景，即注采井的注采能力测试。

②测试条件，包含以下五项。

a. 注采井要求注入采出连续、稳定，储层压力变化趋于平稳；

b. 注采井要求井筒条件良好，井筒内无脏物；

c. 回压测试工作制度以4～5个为宜，但不少于3个，且要求各制度均匀分布；

d. 回压测试最大工作制度的井底压力不应低于饱和压力的70%；

e. 测试期间要求每个工作制度流动达到相对稳定后再测取稳定压力。

3）应用情况

目前在中原储气库群已开展了6口井注采能力测试，测试资料准确评价了各井的无阻流量，反映了各注采井的注采能力，测试及评价结果能够指导后期注采方案。以白庙储2－3井为例，白庙储2－3井于2023年11月19日14时至2023年11月21日14时进行了产能测试（图2－2－3）。压力计下至2780m测试120min后，分别以0.9984×10^4m^3/d、1.50×10^4m^3/d、2.0016×10^4m^3/d、2.5008×10^4m^3/d稳定生产11～13h，录取了稳定流压资料。采用二项式对产能测试数据进行产能分析，计算结果见表2－2－1，图2－2－4为白庙储2－3井二项式产能分析曲线。

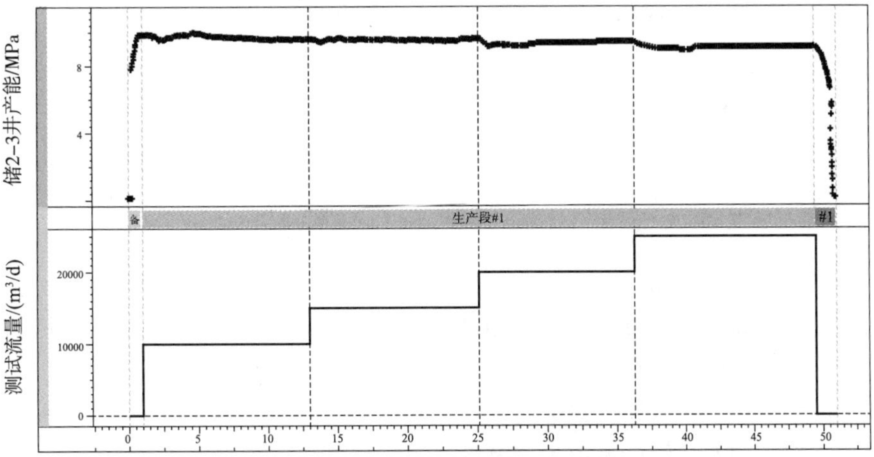

图2－2－3　井下压力实测曲线及采气量划分

表2－2－1　二项式计算结果

控制方式	实际产量/(10^4m^3/d)	井底流压/MPa	地层压力/MPa	方程系数 A/[MPa^2/(10^4m^3/d)]	方程系数 B/[MPa^2/(10^4m^3/d)]	无阻流量/(10^4m^3/d)
节流阀控制	0.9984	9.926	10.114	2.72225	1.24834	8.0269
	1.5000	9.745	10.114			
	2.0016	9.583	10.114			
	2.5008	9.377	10.114			

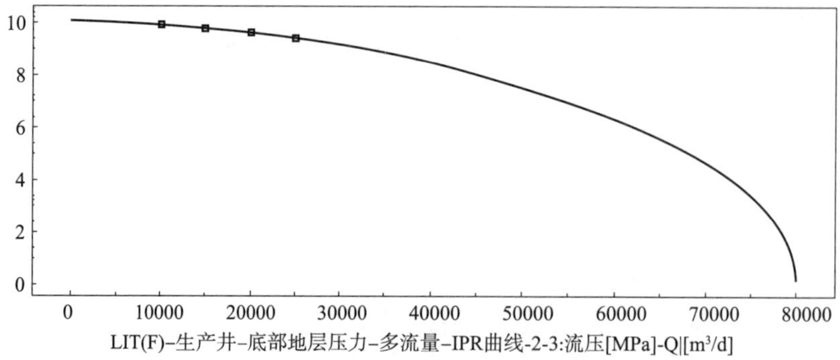

图 2－2－4 白庙储 2－3 井二项式产能分析曲线

该井无阻流量为 8.0269 × $10^4 m^3/d$，参考二项式产能方程，在目前投产层段下，采用节点分析评价：井口注入压力 25MPa，ϕ73mm 油管，地层压力 10 ~ 27MPa 对应的注气能力为 7.80 × 10^4 ~ 16.91 × $10^4 m^3/d$。

鉴于井间干扰强，注采评价难度较大，需进一步开展井组数值试井分析，并与邻井流压资料对比，明确井间干扰关系，了解采出过程压力动态分布；结合储气库井生产动态数据试井分析，了解产出动态和储层特征。

二、动态分析技术

储气库动态分析方法在气藏开发理论基础上，依据储气库“注得进、存得住、采得出”的要求，重点开展储气库地质体完整性、气库参数的评价分析，形成了有针对性的评价技术。

（一）地质体完整性评价技术

在储气库多周期强注强采的运行过程中，要求储气库“存得住”，需要对储气库地质体的完整性进行评价，目前油田初步形成了气库盖层和边界断层的封闭性评价技术。

1. 盖层封闭性评价

1）盖层静态封闭性评价

①岩性评价。盖层岩性是决定其质量的重要因素。油气藏有效盖层主要包括泥页岩、泥灰岩、膏盐岩等封闭性能较好的岩层。

我国含油气盆地中，天然气盖层岩性主要是泥质岩和蒸发岩。泥质岩和蒸发岩这两种岩性不仅孔渗性差，而且塑性强，是形成高质量盖层的重要岩性，对天然气规模聚集起到了重要作用。表 2－2－2 为我国主要含油气盆地天然气盖层的沉积环境特征。

表 2－2－2 我国主要含油气盆地天然气盖层的沉积环境特征

盆地	盖层岩石类型	沉积环境	气藏
东海	泥岩类	滨浅湖相	平湖
琼东南	泥岩类	滨浅海相	崖 13－1
渤海湾	蒸发岩类、泥质岩、煤层	盐湖相、半深湖相、滨浅湖相	文留、苏桥

续表

盆地	盖层岩石类型	沉积环境	气藏
松辽	泥质岩	半深湖－深湖相	红岗、汪家屯、四五家子
四川	蒸发岩类、泥质岩类	滨浅湖相、较深湖相、盐湖相、海相	孝泉、中坝、卧龙河、自流井、威远
鄂尔多斯	铝土岩、蒸发岩、煤层、泥岩	浅湖－半深湖相	胜利井、林家湾、靖边

以文 23 储气库为例，文 23 气库盖层为沙三下亚段沉积的灰白色盐岩、盐膏层(即文 23 盐)，其中有夹灰泥炭、深灰色泥岩、含膏泥岩。

②厚度评价。厚度较大的优质盖层能够有效阻挡油气向上逸散，且盖层厚度是决定其展布范围的重要指标。厚度越大，说明沉积环境在区域上越稳定，泥岩被断裂破坏的可能性越小。

以文 23 储气库为例，文 23 盐膏岩厚度大(100～600m)、分布广(在整个文留地区发育，以文东地区最厚，至文南地区逐渐变薄尖灭)、封堵性强(盐膏岩塑性强，即使断层活动时期其连续性也不易遭到破坏)。因此，在该地区断层十分发育的情况下，大面积分布的上百米的盐膏岩是文 23 气田良好的区域盖层，具有很好的气密性。

通过对油田 7 座已建成投运储气库盖层的封闭性评价，目前已形成储气库盖层上下储层流体、上下储层压力、盖层横向展布、盖层纵向厚度、储盖层组合关系评价技术。从目前中原已建成储气库来看，具备一定的厚度(>10m)和平面分布盐岩或泥岩地层，具备基本的封盖条件。

2)盖层动态封闭性评价

气库在注采运行过程中往往对盖层产生应力交变，而应力交变对盖层的封闭性有着不可忽视的影响，应力可以使盖层发生变形，随着变形的递进局部会产生裂缝甚至破裂，从而破坏盖层的宏观连续性。

物理模拟评价包含技术原理、技术方法、性能指标等内容。

技术原理：岩石疲劳破坏存在临界值，即当周期荷载上限应力值低于某数值时，多周期运行均不会破坏，因此，上限应力对岩石疲劳寿命有重要影响。疲劳试验的控制因素包括上限应力、下限应力、频率、幅值、循环次数和加载波形等。

技术方法：利用 GCTS 程控伺服岩石力学试验系统，如图 2－2－5 所示。主要用于岩石等材料的电液伺服控制的常规力学试验，配有伺服控制的全自动三轴加压和测量系统。该系统由加载部分、测试部分、控制部分和程序控制等组成。

加载部分由液压源、单轴加压框架、三轴室、作动器、伺服阀、增压器等组成。测试部分由载荷、压力、位移、应变等各种传感器组成。控制部分由反馈控制系统、数据采集器、计算机等组成。程序控制包括：试验助手、静力试验软件、多功能试验软件、函数发生器控制等。

性能指标：垂直最大出力为 4600kN，垂直活塞行程为 100mm，最大围压为 140MPa，疲劳频率为 0.001～0.5Hz，试验框架整体刚度为 11.0×10^9N/m，实验系统加载平稳，符合本次测试的要求，测控精度高，所有测试过程与数据均由计算机控制和采集。

图2-2-5　GCTS 程控伺服岩石力学试验系统

以文23储气库为例，根据建立的盖层岩石强度计算模型计算得出，要确保文23储气库盖层密封性完好，储气库运行的上限压力为59.97MPa，安全系数取0.8，则储气库运行的上限压力为47.98MPa，小于盖层破裂压力的最小值68.26MPa，因此储气库安全运行的上限压力应不高于47.98MPa。

形成储气库盖层岩石性质、物性参数、突破或排替压力、盖层扩散系数、破裂压力评价技术。封堵能力主要取决于岩层在饱和水条件下对天然气的突破压力高低。盖层排替压力大于14MPa则具有封堵性；盖层突破压力大于0.5MPa时，盖层具有封堵性。

2. 边界断层封闭性评价

针对复杂断块气藏改建储气库，断层的封闭性是至关重要的研究内容。

①静态评价。建库前的评价以静态封闭性为主，利用丰富的井震资料进行分析，综合比对断层两盘岩性对置关系、泥岩涂抹、流体压力系统，结合微地震、井间干扰试井资料、压力恢复试井资料等动态数据进行分析，确定在开发时期断层的封闭能力。

静态分析证实分块断层具有封闭性。按照断层两盘接触关系分段判断断层封闭性方法来评价断块内部小断层的封闭性。通过分析断层两盘岩性配置关系，认为文23气田存在四种接触关系，分别为气砂-盐接触、气砂-泥接触、气砂-气砂接触、气砂-水砂接触，如图2-2-6所示。

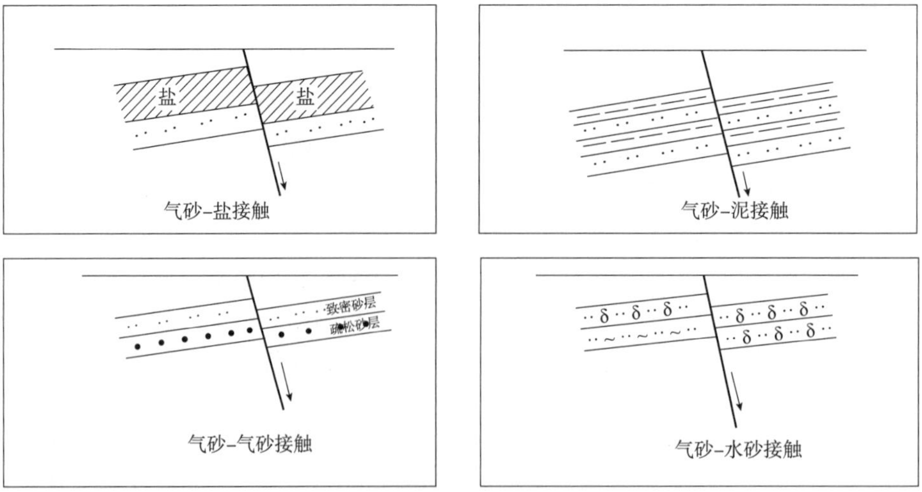

图2-2-6　文23气田断层两盘岩性配置模式示意图

其中，气砂－盐接触、气砂－泥接触方式表现出断层具有明显的封闭性；气砂－水砂接触方式由于气、水流动性质的差异和断层泥的作用使水难以逾越断层而与气层连通，表现出一定的封闭性；气砂－气砂接触方式可能会使断层不具有封闭性，但由于涂抹作用、碎裂作用和成岩胶结作用，塑性的泥质物或其他非渗透性岩层被拖拽进断层带敷在断层面上，降低了断层带的渗透性，也会使断层具有封闭性。

根据相关行业标准 SY/T 6365，属于同一压力系统的各储集层必须满足地层压力基本一致、流体性质基本一致、流体界面基本一致，据此可对复杂断块气藏的压力系统进行划分，从而分析断层的封闭性。

②动态评价技术。根据地质力学研究和相关矿场实践表明，当由于气藏开发或储气库注采引起区域地应力场的扰动，使得作用在断层面上的剪应力大于有效正应力与摩擦系数之积时，断层将发生失稳滑移，增大纵向密封失效风险。因此，断层动态密封性评价的重点是研究交变应力下断层纵向密封性，本质是研究地层压力扰动下的三维动态地应力场和断层力学稳定性。

基于 Petrel 一体化平台的圈闭地应力－渗流耦合建模，是在精细地质建模和单井一维地应力测试解释基础上，发挥多平台建模与数模优势，精细刻画断层三维空间展布形态并充分反映复杂构造和地层岩石力学非均质性对地应力场的影响，为断层稳定性评价指标计算提供准确基础参数。在动态地应力场准确反演的基础上，采用三维空间应力张量算法，可计算出任一地层压力下断层面的剪应力和有效正应力。

目前已初步形成断裂特征分析法、动态分析法、岩石力学分析法、软件模拟法等储气库断层封闭性评价技术。其中断裂特征分析法主要包含断层对接封堵、断层泥岩涂抹封堵、断裂带活动速率、断层封闭概率、统计规律指导性评价方法。

（二）气库参数评价技术

在对储气库动态评价时，地层压力、注采能力、库容、工作气量及连通性是最为主要的参数，通过对中原油田建成储气库多周期的探索和应用，形成了相应的评价技术。

1. 地层压力评价

根据测试数据、生产数据评价全气藏地层压力。多种方法圈定压力范围，综合分析确定准确压力值。

1）数值模拟法

利用数值模拟软件，加载生产数据实时模拟输出地层压力。

2）有效孔隙体积法

通过前期已落实的库存气量、地层压力计算地下有效孔隙体积，根据当前库存气量计算地层压力。

计算公式：

$$PV = ZnRT \tag{2-2-1}$$

式中　P——地层压力，MPa；

V——天然气体积，m^3；

n——天然气物质的量，mol；

R——摩尔气体常数，J/(mol·K)；

T——温度，K；

Z——天然气偏差系数。

3)观察井法

利用观察井井下压力与已落实地层压力拟合关系曲线，再通过当前观察井井下压力评价目前地层压力。

2. 连通性分析

1)动静态资料结合分析储层连通性

叠合砂体厚度等值线图、连井剖面图、小层 RFT 数据、地层系数相结合判断连通层位及连通区域分布。

2)油压干扰法分析井间连通性

根据注采期间注采井油压相互干扰影响情况，判断各井在储层横向上的连通性，结合注采井吸、产剖面，判断各井的连通层位，以及在各砂组的动用情况。

3. 注采能力评价

1)单井注采能力评价

单井注采能力评价采用生产压差计算法、节点分析法。

①生产压差计算法。根据平面径向流达西定律公式：

$$Q = [K(2\pi rh)]/\mu\Delta P \tag{2-2-2}$$

式中 Q——在半径 r 处的气体体积流量，cm^3/s；

K——气层有效渗透率，μm^2；

μ——气体黏度，mPa·s；

h——气层有效厚度，cm；

r——距井轴的任意半径，cm；

ΔP——生产压差，MPa。

利用近期历史数据，统计归纳各井注采气量与压差/黏度的关系，从而评价气井的注采能力。

②节点分析法。梳理储气库气井流入动态关系，将从分离器至气藏的各个生产环节作为一个完整的压力系统来考虑，在给定生产条件下，包括分离器、地面气嘴、井口、井下安全阀、井底、射孔井段、气藏等，计算系统的协调产量及压力温度，定量分析系统生产能力和压力温度损耗情况。

2)全气库注采能力评价

①数值模拟法。采用数模软件，给定生产井组，限定流压，模拟输出日气量变化情况。

②节点分析法。采用节点分析软件，将储气库作为一个整体计算注采指数，分析相应井口压力、地层压力下注采能力。

3)产液量分析

①统计各周期产液量情况，液气比数据，分析各周期产液特征及原因。

②统计本周期单井产液变化趋势情况及区域分布特征。

4. 气水界面分析

①根据观察井液面变化，分析各阶段液面位置；

②采气期根据各井产液量变化、产液氯根值判断地层水推进位置；

③结合饱和度测试结果、数值模拟计算确定气水界面位置。

5. 动态库容评价

1)物质平衡法

根据库存气量及地层压力，绘制库存—视地层压力曲线，将地层压力延伸至上限压力求得库容。库容是一个不断动态变化的参数，一般在每周期注气末进行评价，如图2－2－7所示。

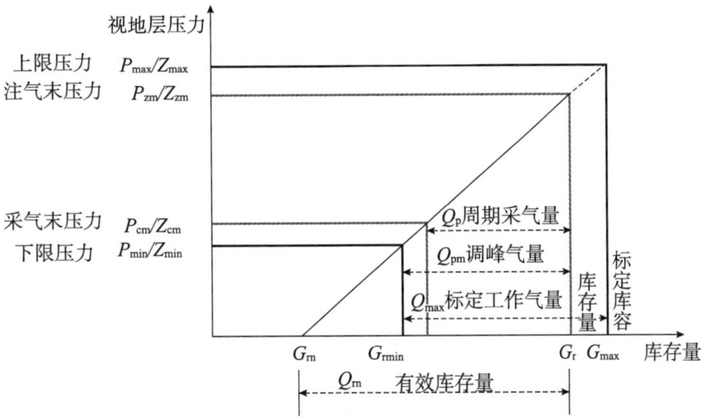

图2－2－7　储气库库存－视地层压力曲线

2)数值模拟法

在精细地质模型基础上，采用数值模拟技术，在储气库注采数据基础上进行历史拟合，可以设计多个注采方案进行预测和优选，按照最佳方案，可以预测不同周期储气库库容量，如图2－2－8所示。

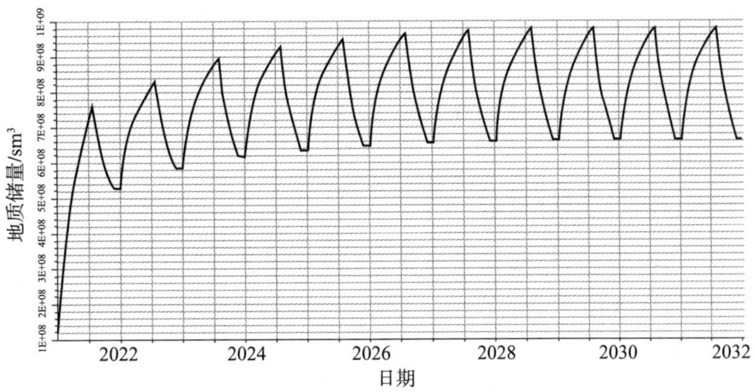

图2－2－8　储气库多周期库容模拟曲线

3)现代试井分析法

采用现代产量递减分析方法(图2－2－9)，通过对储气库气井高速流动过程拟合，求取表皮系数、井控半径、储量等地层参数。

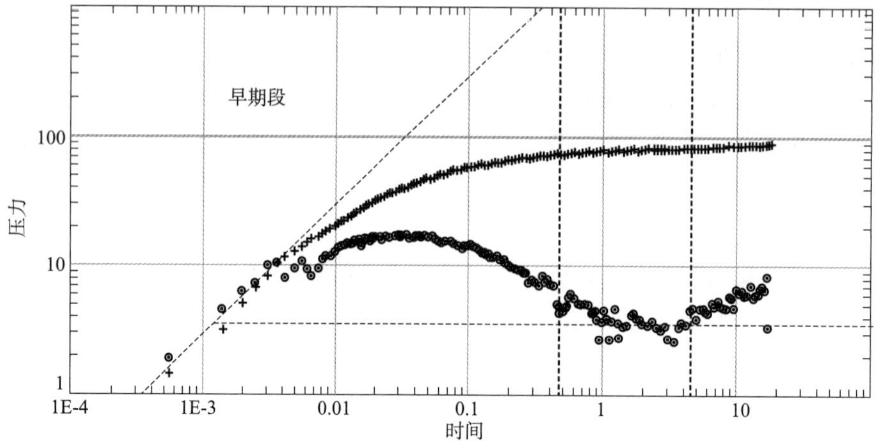

图 2-2-9　注采井试井解释模板

6. 工作气量评价

1) 物质平衡法

在动态库容评价基础上，在储气库实际运行过程中每周期工作气量为库存气量与垫气量的差值。

2) 单井采气能力评价法

根据气井不同压力下的采气能力，所有井采至下限压力时的采气量之和即为本周期工作气量。

3) 数值模拟法

在精细地质模型基础上，采用数值模拟技术，利用储气库注采数据进行历史拟合，可以设计多个注采方案进行预测和优选。按照最佳方案，可以预测不同周期储气库采出气量，即为工作气量。

4) 折算静压法

根据关井状态注采井油压折算静压，再通过面积加权平均，评价地层压力。

静气柱计算方程：

$$P_{井底} = P_{井口} e^{S} \tag{2-2-3}$$

$$S = (0.03415\gamma_g H)/(\overline{TZ}) \tag{2-2-4}$$

式中　γ_g——气体相对密度；

$\overline{T}$——井筒气体平均绝对温度，K；

$\overline{Z}$——井筒气体平均偏差系数；

H——气层中深，m。

5) 压升-压降气量法

根据前一周期上升、下降单位地层压力的注采气量，统计当前周期总注采气量，从而计算地层压力上升、下降值，评价地层压力。

三、储气库安全管控技术

储气库的安全管控成为运行管理的重点，特别是已异常带压井和地面微泄漏的管控。

为加强储气库的安全管理，形成了井控安全管控技术和地面微泄漏监测技术。

(一)井控安全管控技术

注采井环空带压是指气体窜至油套环空或套管间环空导致压力上升的现象，同时储气库注采井压力交变可能导致环空带压加剧，可能导致套管和油管及完井工具、井口悬挂器长时间承受高压，危及气井生产和周边居民的生命安全。

1. 油套带压分类管控

根据带压井生产过程中油压/套压变化情况、气体组分分析、液面测试以及泄压、恢复情况等方面，按照异常带压原因，将其分为三类。

第一类：注采过程中温度、压力变化等引起环空压力上升，或管柱轻微渗漏导致带压。

表现特征：套压较低(<10MPa)，随油压变化不明显；环空液面在井口或附近；放压时间短，迅速降至0；放压后关井24h套压恢复慢或者不再起压。

第二类：管柱出现明显渗漏，但密封未完全失效，还具备一定的密封承压性能。

表现特征：套压值较高(>10MPa)，随油压变化较明显，但还保持一定的油套压差；气样组分与地层气相近；环空液面不在井口；泄压可降至0，放压后24h套压恢复。

第三类：管柱窜漏导致环空带压，管柱密封性能失效。

表现特征：套压与油压持平，并随油压联动变化；环空液面不在井口，补液后液面下降速度快；气样组分与地层气一致；放压后套压恢复快。

带压井分类管控参考APIRP 90－2《陆上油井环空压力管理推行标准》、SY/T 6805《油气藏型地下储气库安全技术规程》、SY/T 7026《油气井管柱完整性管理》等现行标准规范，制定了储气库注采井油套环空带压风险界限值，并计算各库井分级压力界限值，按照SY/T 7645《储气库井风险评价推荐做法》，将环空带压风险分为四级，并针对不同的风险等级，制定分类管控措施。

1)油套环空界限值的制定

①最大许可压力值。主要参照以下指标的最小值：生产套管抗内压强度的50%，油管抗外挤的75%，套管头额定工作压力的80%。

其中，老井利用前通过现场检测作业，测试评价平均剩余壁厚，折算出剩余抗内压强度。老井套管抗内压强度折算公式如下：

$$P_{\mathrm{bo}}=0.875\frac{2Y_{\mathrm{p}}t}{D} \tag{2-2-5}$$

式中　t——套管壁厚，mm；

D——套管外径，mm；

Y_{p}——套管管材屈服强度，MPa。

②预警压力值。参考APIRP 90－2《陆上油井环空压力管理推行标准》，预警压力值应该为最大允许环空压力值的百分比值，以确保有充足时间进行放喷或处理通道。结合国内储气库运行经验，取计算上限值的80%作为预警压力值，图2－2－10为储气库井油套环空压力风险管控图。

③可接受环空压力值。目前无标准提出套管可接受环空压力值的设定方法，中国石油相国寺储气库套管可接受环空压力值在完井预留压力基础上增加5MPa，中国石油建议本

层套管抗内压强度为10% ~15%。建议中原储气库取5 ~10MPa为可接受环空压力值下限压力，即在5 ~10MPa下加密观察。表2 -2 -3为涉及环空压力管控的相关标准规范。

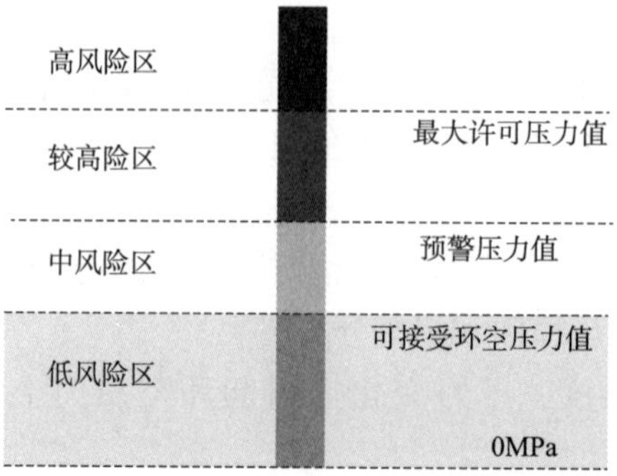

图2 -2 -10　储气库井油套环空压力风险管控图

表2 -2 -3　涉及环空压力管控的相关标准规范

标准	环空压力管控要求
API RP 90 -2《陆上油井环空压力管理推行标准》	“7 最大可容许的井口运行压力”： 1. 井口装置：额定工作压力的80%。 2. 完井工具：额定工作压力和承受压差之差的80%。 3. 生产套管和技套为以下最小值：被评价套管最小抗内挤的50%，内层管柱最小外挤的75%，被评价的外层套管最小抗内挤的80%。 4. 表层套管为以下最小值：表层套管最小抗内挤的30%，技术套管抗外挤的75%
SY/T 7026《油气井管柱完整性管理》	“14.6 套管环隙最大容许压力”： 1. 生产套管最大容许压力为以下最小值：生产套管最小抗内挤的50%，技术套管最小抗内挤的80%，油管抗外挤的75%，套管头工作压力的60%。 2. 技术套管最大容许压力：技术套管最小抗内挤的50%，生产套管抗外挤的75%，套管头工作压力的60%。 3. 表层套管最大容许压力：表层套管最小抗内挤的30%，技术套管抗外挤的75%，套管头工作压力的60%
SY/T 6805《油气藏型地下储气库安全技术规程》	“7.2.1 注采井”： 表层套管环空压力高于表层套管抗内压强度的30%或内管抗挤强度的75%时，应进行压力密闭卸放；其他套管环空压力高于本层套管抗内压强度的50%或内管抗挤强度的75%时，应进行压力密闭卸放

2)各储气库油套环空限压值计算

根据油套环空限压值计算方法，计算出卫11、清溪、文13西、白9、文24、储气库注采井和老井利用井的压力管控值，具体数值见表2 -2 -4 ~表2 -2 -8。

表2 -2 -4　卫11储气库井油套环空限压值计算表

类型	生产套管抗内压的50%	油管抗外压的75%	套管头承压的80%	油套环空限压值/MPa		
				最大许可压力值	预警压力值	可接受环空压力值
新井(10口)	43.6	57.75	28	28	22.4	5

续表

类型		生产套管抗内压的50%	油管抗外压的75%	套管头承压的80%	油套环空限压值/MPa		
					最大许可压力值	预警压力值	可接受环空压力值
老井	W10－36	31.65	57.75	28	28	22.4	5
	W11－20	26.65	57.75	28	26	20.8	5
	W211	36.65	57.75	28	28	22.4	5
	WC11－6	26.65	57.75	28	26	20.8	5

表2－2－5 清溪储气库井油套环空限压值计算表

类型	生产套管抗内压的50%	油管抗外压的75%	套管头承压的80%	油套环空限压值/MPa		
				最大许可压力值	预警压力值	可接受环空压力值
清储1井	47.2	57.15	56	47.2	37.76	10
新清溪1井	43.5	72.22	56	43.5	34.8	10

表2－2－6 文13西储气库井油套环空限压值计算表

类型		生产套管抗内压的50%	油管抗外压的75%	套管头承压的80%	油套环空限压值/MPa		
					最大许可压力值	预警压力值	可接受环空压力值
新井(8口)		43.6	75.15	56	43.6	34.88	10
老井	W13－183	36.65	75.15	56	36.65	29.32	10
	W13－256	43.55	75.15	56	43.55	34.84	10
	W13－262	31.65	75.15	56	31.65	25.32	10
	XW13－64	43.55	75.15	56	43.55	34.84	10

表2－2－7 白9储气库井油套环空限压值计算表

井号	生产套管抗内压的50%	油管抗外压的75%	套管头承压的80%	油套环空限压值/MPa		
				最大许可压力值	预警压力值	可接受环空压力值
白18井	41.88	75.15	56	41	32.8	10
白31井	41.26	75.15	56	41	32.8	10
白41井	42.45	75.15	56	42	33.6	10
白44井	41.12	75.15	56	41	32.8	10
白49井	43.59	75.15	56	43	34.4	10
白侧54井	41.41	75.15	56	41	32.8	10
白65井	43.59	75.15	56	43	34.4	10
白66井	43.17	75.15	56	43	34.4	10
白－平2HF井	43.16	75.15	56	43	34.4	10

表 2-2-8 文 24 储气库井油套环空限压值计算表

井号	生产套管抗内压的 50%	油管抗外压的 75%	套管头承压的 80%	油套环空限压值/MPa		
				最大许可压力值	预警压力值	可接受环空压力值
新井(5 口)	43.6	57.75	28	28	22.4	5
文 56-1 井	18.34	57.75	28	18.34	14.4	5
文 56-5 井	26.65	57.75	26.65	26.65	21.32	5
文 56-22 井	26.65	57.75	26.65	26.65	21.32	5

根据计算出的储气库注采井油套环空带压风险界限值，将环空带压风险分为四大风险等级(表 2-2-9)。定期评价带压井安全风险，并对不同风险等级的带压井，制定分类管控措施。对已带压井配备井口放压多功能辅助放压流程管汇；加强低风险井压力监测；落实中等风险井原因，制定中等风险以上井应急预案；重点检测、治理高风险井。

表 2-2-9 油套带压井分类管控措施

环空压力	风险等级	管控措施及建议
油套压力＜可接受环空压力值	低风险	1. 完井管柱具有较好的密封承压性能，继续生产，但生产过程中实时压力监测及资料录取； 2. 建议验证井口密封完整性，排除由井口密封性能渗漏引起带压
可接受环空压力值≤油套压力＜预警压力值	中等风险	1. 管柱失效未完全失效；加强压力监测及资料录取。建议开展压力泄放/恢复测试，排除压力是否因为温度、压力影响，测试泄放量，做好环空流体监测。 2. 井口完整性检测，开展环空带压原因分析。 3. 开展环空液面测试，根据液面测试数据，可通过补充环空保护液进一步判断漏失量及泄漏点，做好环空流体监测。 4. 择机开展检测及找漏工艺，制定环空带压风险措施预案。 5. 完善地面流程，以备应急压井、放压
预警压力值≤油套压力＜最大许可压力值	较高风险区	1. 完善地面流程，以备应急压井、放压。 2. 现场做好环空放压及测试压恢/压降工作准备，放压值不应低于下限值，并加强资料录取；井口完整性检测；环空保护液补注。 3. 开展现场检测及找漏工艺，根据漏点情况，制定相应的应急预案。 4. 密切关注是否油套压继续升高，根据运行情况关井
最大许可压力值≤油套压力	高风险	根据运行情况关井停产，上报公司，开展详细的风险评估，进行彻底整改

2. 技套/表套带压分类管控

1)最大许可压力值

技套环空井屏障主要包括环空内层套管、环空外层套管、套管头。通过对以上井屏障进行安全校核确定套管环空的安全压力范围。按照标准技套环空最大许可压力值取以下各项中的最小者。

①技术套管抗内压强度的 50%；

②生产套管抗挤毁强度的 75%；

③技套环空套管头强度的 80%。

表套环空最大许可压力值的确定取以下各项中的最小者：

①表层套管抗内压强度的 30%；

②技术套管抗挤毁强度的 75%；

③表层套管套管头强度的 60%。

2）各储气库技套/表套环空限压值计算

根据上述技套/表套最大许可压力值计算方法（表 2－2－10），计算出卫 11、文 13 西、白 9、文 24、清溪储气库注采井和老井利用井技套、表套的压力管控值。

表 2－2－10　中原储气库技套/表套最大许可压力值计算表

储气库	井号	技套 2 最大许可压力值（B 环空）/MPa	技套 1 最大许可压力值（C 环空）/MPa	表套最大许可压力值/MPa
卫 11	新井（10 口）	19.8		5.64
文 13 西	新井（8 口）	19.8	15.98	4.65
	文 13－183 井	21.8		5.64
	文 13－256 井	27.25		5.64
	文 13－262 井	21.8		5.64
	新文 13－64 井	21.8		5.64
白 9	白 18 井	21.80		5.64
	白 31 井	21.80		5.64
	白 41 井	21.80		5.64
	白 44 井	21.80		5.64
	白 49 井	21.80		5.64
	白侧 54 井	21.80		5.64
	白 65 井	21.80		5.64
	白 66 井	21.80		5.64
	白－平 2HF 井	27.80		5.43
文 24	新井（5 口）	19.8		
清溪	清储 1	28		28
	新清溪 1	48		25

3）技套/表套带压井管控措施

按照技套/表套环空最大许可压力值，对目前储气库技套/表套环空带压井进行分类，提出针对性管理措施（表 2－2－11）。

表2-2-11　中原储气库技套/表套带压井分类管控措施

技套/表套压力	风险分析	风险等级	管控措施建议
<最大许可压力值	技套/表套为非气密封扣，储层气体沿着技套/表套环空进入其他层位，甚至溢出地面	低风险	1. 继续生产，但生产过程中实时压力监测及资料录取； 2. 发现压力超过最大许可压力值，关井； 3. 建议开展压力泄放/恢复测试，判断起压原因，同时做好流体组分分析； 4. 对于技套和表套带压大于5MPa的井，建议携带可燃气体报警器对井周进行巡井
>最大许可压力值	1. 技套/表套压力已经超过最大许可压力值，对技套和表套具有损坏的风险； 2. 储层气体沿着技套/表套环空进入其他层位，甚至溢出地面； 3. 环空的高压气体只能通过井口实现安全管控，长期带压存在地面泄漏等安全风险	高风险	1. 采取关井措施，并上报，开展详细的风险评估，进行环空带压治理或修井； 2. 开展压力泄放/恢复测试，判断起压原因，同时做好流体组分分析； 3. 携带可燃气体报警器对井周进行巡井

3. 日常诊断

对环空异常带压井，首先开展泄压及恢复诊断分析、流体取样、环空液面监测等，初步分析漏失原因。

1）环空压力测试评价

对于环空带压气井，首先需要开展泄压/压力恢复测试来判断环空压力的来源。根据API RP90-2《陆上油气井环空压力管理推行标准》，使用ϕ12.7mm的针形阀开展泄压测试，泄压持续24h，压力恢复持续24h，根据测试数据画出泄压/压力恢复测试曲线并进行分析判断。同时，在泄压过程中还可以对泄放出来的气体取样进行组分分析，帮助判断环空气体的来源。

2）测试结果分析

①泄压到0MPa，压力不恢复。如果环空压力释放到0MPa，并且在24h内不升高，没有持续环空压力(SCP)。压力源是来源于热效应或是泄漏量很低的结果，可认为屏障是有效的。

泄压到0MPa，压力恢复但不到原值。

如果通过ϕ12.7mm针形阀可以将环空压力释放到0MPa，然后在24h内压力逐步恢复但恢复不到原值，那么认为该环空存在较小的泄漏现象，需要定期进行再分析来判断屏障是否仍然可接受。

泄压压力降不到0MPa。

如果环空压力在24h内通过ϕ12.7mm针形阀不能够释放到0MPa，那么认为环空井筒屏障已经退化甚至失效。这种情况表明，井下泄漏速率大于通过ϕ12.7mm针形阀的泄放速率。需要制定应急预案，并采取相应处置措施，如堵漏或修井等。

②相邻环空压力响应。在泄压或者压力恢复测试中，如果发生相邻环空压力响应，说明相邻环空之间可能存在连通，需要开展进一步的分析，判断是否可接受，否则需要采取相应处置措施。

3) 环空流体取样分析

在环空泄压测试过程中，可通过对环空流体取样进行组分分析，与油管生产的产层流体或者浅层气组分进行对比，以确认环空流体的来源。对于环空流体的来源，可能的来源有产层流体或者浅层气。

对于高温高压气井 A 环空流体还可能是环空流体受热膨胀、汽化导致的热蒸汽。

4) 环空保护液监测

定期对注采井进行环空液面高度探测，根据探测结果，制定环空保护液补加方案。补加作业应在泄压后进行，加满油套环空为止。若现场取样分析环空保护液中缓蚀剂浓度降低，则在补加的环空保护液追加缓蚀剂。

4. 油套环空带压治理

在开展井口密封完整性检测、完井管柱密封完整性检测后，针对油套环空(A 环空)起压的不同原因针对性制定治理措施。

1) 井口密封失效检测治理

首先需要对采气树、油管头四通、套管头的各级试压孔进行试压，判断各级密封是否有效；若密封件失效需更在井口装置厂家技术服务人员指导下更换密封件，必要时可能需要上作业动管柱。图 2－2－11、图 2－2－12 分别为油管头四通结构及试压孔位置、套管头结构示意图。

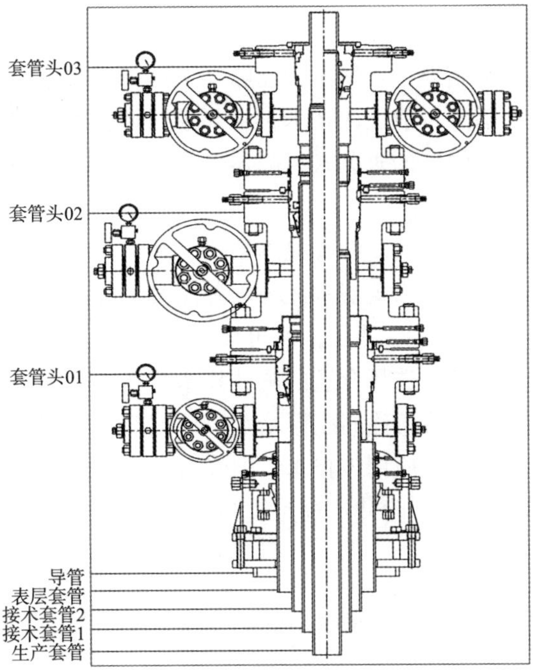

图 2－2－11　油管头四通结构及试压孔位置

2) 完井管柱密封失效治理

首先需要对已带压井在排除井口密封失效后，应及时开展完井管柱完整性检测，以判断是否为封隔器密封失效、封隔器以上管柱密封失效，再根据密封失效位置制定相对应治理方案。

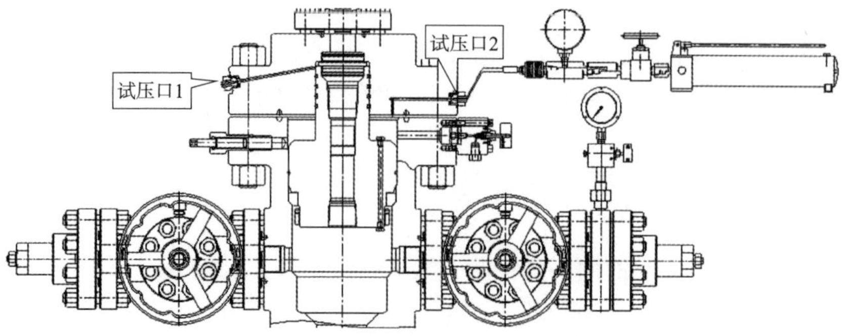

图 2－2－12　套管头结构示意图

5. 技套环空治理

根据 SY/T 7651《储气库井运行管理规范》，“注采井投产后 5 年内应对井筒进行首次检测，检测项目应包括油套管腐蚀检测、固井质量检测及密封检测，套管和固井质量检测宜在修井作业时进行”。依据检测结果，针对不同密封失效位置分别制定治理方案：

1) 套管头密封件失效

根据井筒套管头各级试压结果，若确定因套管头密封失效导致技套环空带压，则需要进行大修作业，即起出井内完井管柱，套磨铣永久式封隔器，处理井筒后，进行井筒打桥塞封隔后，更换套管头。

2) 套管柱泄漏

根据套管技术状况检测结果，评估是否能够安全运行，若无法保证安全则需要立即封井。若还可以安全运行，借鉴目前国内技术，主要采用膨胀管补贴技术，将渗漏处的套管进行补贴堵漏，重新下完井管柱的永久式封隔器坐封位置可位于补贴位置以下。

3) 水泥环泄漏

根据固井质量测井、井筒找漏测井等检测结果，评估是否能够安全运行，若无法保证安全则需要立即封井。若已确定为盖层水泥环固井质量不好或套管外水泥环长时间受到交变应力产生微小裂缝导致技套环空带压，但可以保证安全运行的井，可借鉴国内治理经验，目前主要有以下治理技术：选择合适的测井技术落实技套窜槽情况，通过地质－工程优选射孔位置，然后对射孔位置挤注树脂等堵剂，使堵剂进入窜通通道，形成隔断以治理环空带压。目前国内苏桥储气库应用该技术，但经过两周期注采运行后压力再次上升。

图 2－2－13 为技套带压高风险井治理路线图。

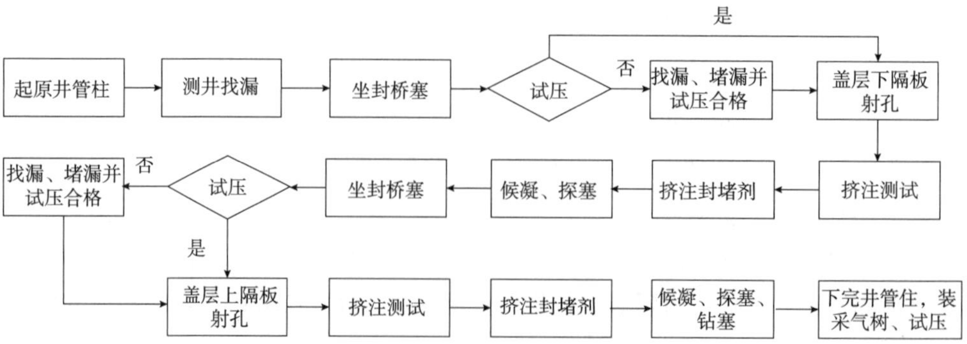

图 2－2－13　技套带压高风险井治理路线图

（二）地面微泄漏监测技术

微泄漏在天然气生产中较为常见，属于逸散型天然气泄漏，特别是在压缩机房等较为封闭的工作空间，一旦发生天然气微泄漏，如不能及时发现处理，将成为较大的风险隐患。中原储气库通过已投运储气库的运行实践及对国内相关储气库微泄漏检测技术调研，目前应用的云台扫描式激光甲烷探测器及报警技术、无人机巡检技术，能够实现储气库全方位的微泄漏监测预警。

1. 云台扫描式激光甲烷探测器及报警系统

该系统主要对储气库注采站、丛式井场、单井井场等注采气装置较为集中的区域进行监测，在不同方向设置云台扫描式激光甲烷探测器，可实现横向360°、纵向180°旋转，通过旋转扫描监测站场的微量天然气，可预设重点监测区域，摄像机同步抓拍现场实景图，实现漏点区域基本定位。各储气库控制室内分别设监控主机，将现场实时监测数据传送到后台监控主机分析系统，视频及报警信号远传至控制室上位机显示并报警，实现安全隐患早发现，早预警，早处理。

1）技术原理

利用甲烷气体对某一特定波长激光的吸收特性，采用具有良好单色性和可调制性的半导体激光光谱吸收技术，分析和检测甲烷气体吸收谱线。设备工作时，由激光发射单元发出特定波长的激光，穿过气体监测区域，到达反射面（气体管道、工艺设施、地面等），并被反射回激光接收单元。若激光穿过的区域中存在被检测的特征气体，激光将被特征气体吸收；探测器接收到反射回的激光，并测量其吸收率。特征气体浓度越高，吸收量越大；通过系列的分析和计算，吸收率信号转化成浓度信号并实时输出，判断是否产生泄漏。

2）技术指标（表2－2－12）

表2－2－12　激光云台扫描式可燃气体探测器的技术指标

项目	指标
检测对象	甲烷（CH_4）
检测距离	≥100m
灵敏度	5ppm. m
检测范围	0～50000ppm. m
摄像机	200万像素网络摄像机
旋转范围	水平360°连续旋转，垂直±90°

3）技术应用

该技术在卫11、文13西储气库应用，现场端设备由云台、激光可燃气体探测器、摄像机、立杆、爬梯及接线箱组成，后端设备由信号处理控制器、监控主机以及后台软件组成。云台扫描式激光可燃气体探测器配套声光报警器，可实现现场声光报警指示功能。

2. 无人机泄漏巡检技术

该巡检系统由无人机系统、自动机场系统、管控平台、辅助工程组成；可在无人参与的情况下，执行无人机自动起飞、降落、充电等操作，按照设定的路径、时间进行作业，实现集群控制即对多个机场同时进行设备和任务管理，可智能识别管线裸露、管路经由区域地表塌陷、机械挖掘、无关人员侵扰聚集等威胁事件。

1)技术原理

该技术主要用于非防爆场所，无人机配备气体泄漏监测仪对可燃气体泄漏进行监测。系统平台之间采用无线通信网络，巡检数据、音视频、机器状态上传至无人机智能管控平台进行分析处理。

2)技术指标(表2－2－13)

表2－2－13　无人机微泄漏巡检技术指标

名称	基本型号及规格
无人机飞行平台	(1)机场 防护等级：具备IP55及以上等级防护； 充电时间：最短充电时间≤25min； 工作环境温度：－35～50℃； 最大运行海拔：≥4000m； 内置风速、雨量、温度、湿度、水浸、振动等传感器；内置TEC空调系统 (2)无人机 飞行高度：设备最大飞行高度≥7000m； 防护等级：具备IP55及以上等级防护； 视觉系统：飞行器在八个方向都具有双目视觉系统；探测到附近障碍物时，飞行器能通过地面站软件发出警示信息；距离障碍物较近时，飞行器能主动刹停；探测范围≥30m (3)一体式多功能相机： 广角相机：有效像素≥1200万； 变焦相机：有效像素≥4800万；最大变焦倍数≥200倍； 红外相机：支持20倍数字变焦；照片分辨率≥640×512像素/英寸； 激光测距仪：测量范围≥1000m
机载甲烷监测系统	设备尺寸：≤110mm×105mm×73mm； 整体重量：≤300g； 检出限：1ppm； 量程：0～15000ppm，当监测到甲烷浓度超出预设值，可实时预警

3)技术应用

该技术在文13西储气库注采站、卫11储气库注采站成功应用，分别新建了无人机机场系统1套、后台管控平台1套，实现对注采站及周边管线、井场的自动化巡检及泄漏检测。

第三节　达容达产技术

中原油田已建储气库具有类型多、注采能力差异大的特点，针对各库不同地质特征，逐步形成了常规气藏型、水侵气藏型、凝析气藏型储气库达容达产及注采能力提升技术。

一、储气库达容技术

中原储气库群地质条件复杂，类型多样，储层非均质强、水侵，加上建库井网局部不完善，易造成储气库注采能力低、达容速度慢；通过技术攻关，形成了注采井网完善技术、排液库容恢复技术等达容关键技术。

(一)注采井网完善技术

储气库需要经历多个周期注采方可达容，必要时需要进行注采优化；达容速率慢，可能是由于受储层物性差异大，单井控制半径小，注采井网局部不完善，影响达容达产速度及运行效益。注气期注入气无法充分扩散至全部地质体；在采气期可能造成采气井井周压力扩散慢，难以在短时间内采出大部分工作气量，不能满足调峰需求。

1. 常规气藏型储气库井网完善

目前国内外储气库提高达容速度的主要方法是部署加密井进行井网完善，具体方法通过库存分析、井控诊断、潜力量化方面进行有效库存滚动评价，明确未控制库存区，在井控区域部署加密井，采用平－直井组合井网模式，最大能力提高优势储层控制程度。

依据注采周期井口压力与生产数据，分析压力扩散状态，评价单井控半径，明确井控不完善区域；统计气藏开发阶段的动态资料及压力资料，结合储气库压力监测状况，评价库容未能有效控制区库容量；考虑层状气藏储量分布特征，结合构造、断层封闭性、储层发育及边水侵入情况，从增产、控储方面进行井型优选，综合确定合理井距位置部署，完善井网，提升储气库库容控制程度。

利用细分单元的库容评价方法，判断卫 11 储气库中高部分井控程度比较高，明确了新卫 20 块、卫 264 块以及主块北部及南部区域井控不完善。在 2024 年卫 11 储气库部署新钻井 3 口，新增控制库容 $1.6\times10^{8}m^{3}$，增加工作气量 $0.8\times10^{8}m^{3}$，实施后预测气库可提前 1 年实现达容。

2. 水侵气藏型储气库井网完善

水侵气藏型储气库达容关键就是排液。目前国内外水侵储气库提高排液效率的主要方法是建库时在构造最高部位部署注气井注气，待气水界面逐步推移较低部位后再梯次逐步完善低部位井网，梯次完善气库注采排井网。

在“高注低采”大原则下，2022 年以来对水侵气藏型储气库(文 13 西储气库)的注采排液技术政策进行研究，利用新钻井目的层电测水淹解释结果定性分析水侵状况及水侵体积，结合气藏开发中采气、下层位采油注水窜漏开发史，定量评价边水及注入水水侵体积。在水侵评价基础上，再通过新钻井开展储气库地质体构造精细刻画、储层微相展布研究回顾评价，划分地质体水侵差异性区带，根据区带划分来分析评价小层水侵状况。

在地质体重构及水淹状况评价基础上，分析多周期注采排液后注采井控半径及气水分布变化，评价前期注采排液效果；根据每周期注采排液动态状况，评价分区带注采液井网不合理及井控不完善区域；研究在注气排液井网未完善区部署新钻井完善或老井利用转注气完善阶段最优化方案，根据方案实施结果不断优化完善评价方案，以实现最佳注采排井网，提升采气携液效率，加快气库排液达容速度。

(二)排液库容恢复技术

中原油田部分储气库受地质体复杂，储层物性差、非均质性强及边水侵入等因素影响，出现了储气库运行过程中达容达产效果差、工作气量增速缓慢等问题。以文 13 西水淹枯竭气藏型储气库为例，受下部油藏注水开发影响，建成储气库后产出水主要为注入水，直接影响到单井注采能力和气库达容达产时间。通过剖析注采运行各项指标及周期扩容达产能力，提出了排液恢复关键技术和措施。

1. 水侵评价

储气库水侵评价对于确定储集层水淹程度、流体空间分布等至关重要，为储气库动态开发调整提供重要依据。通过文 13 西储气库 8 口新钻井的电测解释结果显示，气井不同程度受到水侵，水侵厚度占总厚度 67.1%，如图 2－3－1 所示。

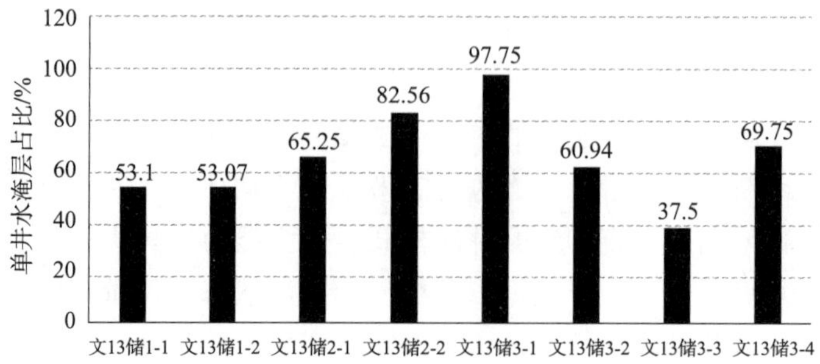

图 2－3－1　文 13 西储气库单井水淹层厚度占比

受储层平面非均质性影响，各小层、各砂组气水界面各不相同，全区无统一的气水界面，注采井各小层统计数据如表 2－3－1 所示。

表 2－3－1　文 13 西储气库注采井气水界面统计表　　单位：m

井号＼层位	文 13 储 1－1	文 13 储 1－2	文 13 储 2－1	文 13 储 2－2	文 13 储 3－1	文 13 储 3－2	文 13 储 3－3	文 13 储 3－4
$S3M5^1$					3126.8			3203.5
$S3M5^2$				3117.9	3129			3206.1
$S3M5^3$	3082	3087.7	3118.6	3120.7	3131.9	3182.2		3209.8
$S3M5^4$		3092.3	3123.1	3125.2	3136.6	3188.6		3220.8
$S3M5^5$		3096.2			3141	3191		
$S3M5^6$								
$S3M5^7$	3099.2			3142.4	3151.9	3212		
$S3M5^8$	3103.2	3112.5	3148	3147.7	3156.6			
$S3M5^9$	3110.6							

文 13 西气藏在 S3M5 存在多个局部水体，结合各小层含水面积、厚度、孔隙度及饱和度参数，复评价 S3M5 水体体积为 $72.576\times10^4m^3$，水体倍数在 0.06～0.58 之间。根据新钻井水淹层位以及沉积微相砂体展布形态，圈定气藏水侵区范围，计算水侵体积。$S3M5^3$ 层位水侵气藏东北部，水侵面积 $0.17km^2$，进入水侵区水量 $2.4\times10^4m^3$；$S3M5^4$ 层位水侵面积 $0.51km^2$，从沉积微相上看三个水侵位置均位于水下分流河道，进入水侵区水量 $9.46\times10^4m^3$。$S3M5^8$ 层位水侵气藏中低部位，从沉积水侵面积 $0.14km^2$ 进入水侵区水量 $1.9\times10^4m^3$；三个层位总水侵面积 $0.82km^2$，总水侵量 $13.76\times10^4m^3$。

水体主要沿有利沉积相带由构造低部位向高部位呈层状逐步侵入，表明水体的侵入受到沉积相带和构造形态的双重控制。水侵现象严重影响了储气库注采能力和达容达产速率，通过了解水侵特征，对储气库制定合理的排液措施和注采运行具有重要意义。

2. 注采井网优化

通过储气库水侵量评价，文 13 西储气库形成了以“排液恢复库容”为核心的运行方案。根据储层和压力分布，平面分区进行注采井网的优化，实现“高注低排，边注边排”，逐步恢复库容。

文 13 西储气库在注气投运前利用机抽排液 26366m^3。注气前阶段，动液面随日排液量的变化表现出不稳定性。具体表现为井筒液面先经历一段时间的下降，随后又出现升高的趋势。这种现象与地层压力分布、液体流动特性以及排液速率的变化等多种因素有关。通过持续监测和调整排液参数，逐渐稳定动液面，为后续的注气工作创造有利条件。

进入注气期后，动液面长时间保持相对稳定，变化幅度较小。这一变化表明，随着气体的注入和地层压力的逐渐上升，井筒内的液体保持在一个相对稳定的位置。通过对排出液的水样进行分析，发现其主要为氯化钙型水，且具有较高的矿化度和氯离子含量，矿化度 192257 ~ 361247mg/L，氯离子 115409 ~ 218371mg/L。

在采气阶段的总体思路，主要是高部位维持高压气相区，防止边水舌进，采气初期确定采气能力后，中低部位气井连续采气携液。采气初期首先开构造高部位注采井，验证储气库采气能力，随后开构造中低部位气井连续排液生产，从而制定合理的开井顺序。通过第一周期采气携液，储层有效储层气空间增加，整体注气能力增加，达容速度提升，计算平均排出 1m^3液增加储气空间 270m^3。对比单井，排液效果较好的井，在第二周期注气能力提升显著，因此，文 13 西储气库储层水体是制约达容达产速率的关键因素。图 2 - 3 - 2 为文 13 西储气库注采井砂体连通图。

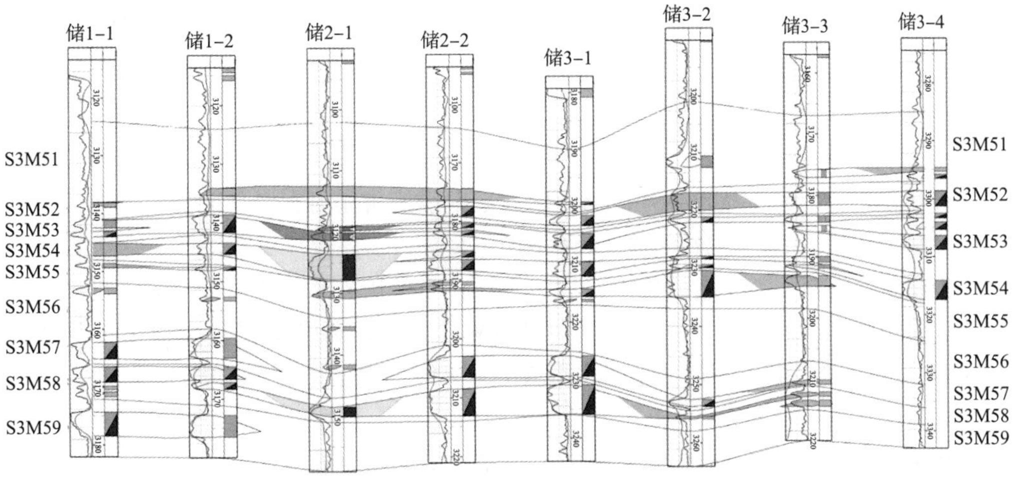

图 2 - 3 - 2　文 13 西储气库注采井砂体连通图

文 13 西储气库储层差异，采气后平面上形成压力差异区。2024 年停采期后测试 8 口井，综合评价储气库目前平均地层压力为 31.3MPa，整个气库分为 3 个压力区：储 1 - 1 井附近的低压区、储 3 - 2 井附近的高压区、构造中高部位的中压区。

低压区：位于文 13 储 1 - 1 井附近，文 13 - 183 井与文 13 储 1 - 1 井相距仅 235m，且共同处于三条断层的夹持带中，储层连通性良好。中压区储层物性优越，连通性良好，是气库内注采活动的主要贡献区域。该区域贡献了总注气气量的67%；采气期则占总气量的46%，显示出较好的注采效率。高压区主要发育侧翼和远砂沉积相，储层物性相对较差，区域间连通性一般。由于首周期采气量较少，导致地层压力偏高。计划充分利用现有老井转为注入井，增加注入井点的密度，同时在区域边部优选两个排液井进行机械抽排液作业，以平衡地层压力并提升注采效率。

文13西储气库在排液恢复库容技术方面，采取了一系列综合性的措施，以确保储气库的高效、安全运营。这一技术流程涵盖了前期水侵评价、排液措施制定、注采运行过程中的动态分析与地质静态分析的结合，科学合理的制定注采运行策略，从而最大限度地提高储气库的注采效率和储气能力，降低运营成本和风险。

(三)凝析气藏型储气库运行技术

1. 分阶段运行技术

对于正在开发的凝析气藏进行建库，既可以有效提高气藏采收率，也能形成储气能力。一般对于凝析气藏采取分段式运行模式。以白9储气库为例，设计为3个运行阶段：第一阶段，采取高压运行，以解除近井地带地层污染，提高采收率；反蒸发最优压力运行至凝析油饱和度趋于稳定低值；第二阶段，协同建库，采取上限压力不变、运行下限压力高于反凝析液液相最大饱和度压力，储气调峰与提高凝析油采收率兼顾，运行至趋于干气，基本不产油；第三阶段，储气调峰，上限压力不变，按照常规气藏进行下限压力确定。通过此方法将储气库注采细分为三个阶段，采收率提升12%，多期运行后，库容可扩大50%以上。

白9储气库截至2024年，处于第一阶段(设计3个运行周期)，已运行两个周期，第一周期：2022年4月26日试注，注气前地层压力21.22MPa，注气$4770\times10^4m^3$，注气末地层压力39.41MPa，采气$1115\times10^4m^3$，采气末地层压力29.98MPa；第二周期：2023年4月1日至11月13日注气，注气$7632\times10^4m^3$，注气末地层压力51.8MPa，采气$2851\times10^4m^3$，采气期末地层压力26.5MPa。

2. 保压提采技术

气藏反凝析状况评价技术是评价储气库注采中凝析状况动态变化的重要方法，通过数值模拟方法结合实际生产参数和实验室结果的定量分析，评价反凝析对气藏生产过程中的压力、饱和度、渗透率等参数的影响，通过试注，凝析状况评价结果符合率达到90%。室内实验表明不同压力水平均可明显提高凝析油采收率，但保持露点压力以上注气效果更好；在地层压力25MPa条件下提高采收率25.3%；在露点压力40MPa条件提高采收率55.5%。

白9储气库第一周期注气量未达到方案要求，地层压力未达到最低运行压力，一周期累采油960t，二周期累采油2110t，凝析油和产液量分别较第一周期提高1150t和$2260m^3$。1~2周期累计采油3070.2t，原油采收率提高0.56%。保压开发效果显著，下一步将继续保持较高压力注采气，促进凝析油反蒸发解堵，提高原油采收率。

二、注采能力提升技术

目前国内外储气库提高注采能力、加快储气库达产的主要方法是提压注气和降压采气，通过优化注采运行压力，扩大储气库注采气量上下限区间，提升储气库工作气量，提高储气库运行效益。

(一)提压注气技术

调研国内外储气库提压注气经验，结合中原储气库现场实际，根据系统提压注气运行所涉及的地质体、井筒、井口装置、注气管线、压缩机5个运行节点，对其承压能力进行模拟、计算、核准，最终确认最大提压能力，确保运行压力在系统安全压力之下。

1. 地质体封闭性承压对比论证

依据已有地质基础资料评价储气库盖层情况，结合油气藏型储气库盖层岩性等级划分标准(表2-3-2)，判断储气库封闭性等级，从而评价储气库盖层承压极限与气藏原始地层压力比值，确保盖层密闭性不会受到破坏。

表2-3-2　枯竭油气藏型储气库盖层岩性等级划分标准

等级划分	沉积环境	岩性
好	半深-深湖相、盆地相、广海陆盆相	盐膏岩、膏泥岩
较好	台地相、滨-浅湖相、三角洲前缘相	钙质泥岩、泥岩
中等	台地边缘、滨岸相、三角洲分流平原相	砂质泥岩、泥质粉砂岩
差	河流相、冲积扇相	泥质砂岩、致密灰岩

利用气体渗流微分方程，设置气体渗流初始条件和边界条件，建立平面径向流完整渗流数学模型，通过解析模型便得到高、低压注采气地层压力分布。

在评价断层和盖层密封完整性时，一般考虑地层压力较高($P\geqslant15$MPa)，仅需用高压情况的地层压力分布公式，求多口井同时生产时盖层所受到的最大压力；首先要确定最大压力点的位置，再根据压力叠加原理求出每口井在此位置处产生的压降(或压力升)。通过计算出的盖层承压值，评价气库目前最大运行压力是否超过开发阶段原始地层压力。

对于断层承压研究，采用镜像反映法求解断层渗流问题，断层的渗流问题转变为无限大地层中两口等产量气井的渗流问题，得出地层中有断层时的地层压力分布公式。

在气库运行过程中，只有断层压力最大值低于安全值才能预防天然气泄漏，需要分析断层压力分布。

将多口井简化成与断层平行且井距相等的情况，设井距为$2a$，共有$2n$口注采井，每口注采井到断层的垂直距离为r。图2-3-3为多井注气条件下断层压力分布图。

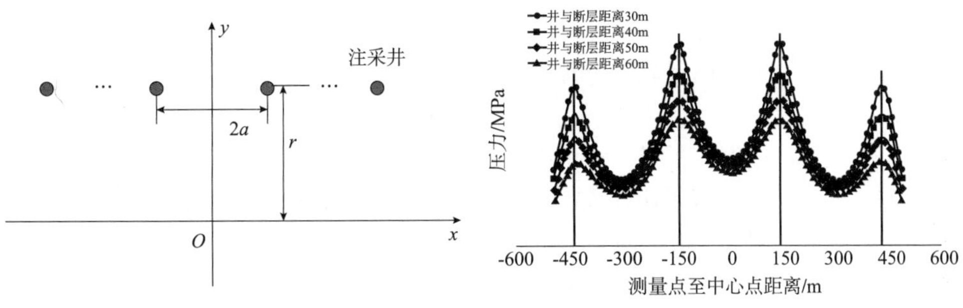

图2-3-3　多井注气条件下断层压力分布图

多井注气过程中断层最大压力点均出现在注采井与断层垂直正对点，进行断层密封完整性分析时，应选择最大压力点为研究对象。

以文 96 储气库为例，该气库注采井主要集中在距离徐楼断层较近位置，该断层受压力叠加效果影响最大，根据压力模拟结果，即使压缩机出口压力提升至 23.5MPa，也仍在安全运行区间，不会对构造完整性造成破坏。

对储气库整体来说，储气地质体极限承压能力（P_{max}/P_i）越强，上限压力越大，库容量越大。当 $P_{max}/P_i \geq 1.1$ 时，储气地质体的承压能力得到充分发挥。当 P_{max}/P_i 为 0.9～1.1 时，承压能力基本得到充分发挥，具备进一步提压的空间。

当 $P_{max}/P_i < 0.9$ 时，承压能力未得到充分发挥，该类储气库需要深入研究交变工况下动态密封性，优化上限压力，评价其提压扩容的潜力。

2. 管线耐压强度论证

根据管线实际壁厚，利用壁厚公式反向计算注气管线的承受压力判断注气管线是否满足提压强度要求。

根据井下实际，对现场采气树及油管（套管）材料、耐温、性能等进行确认，从而评价井口、井下油管（套管）的承压极限，每级套管再根据服役年限按经验值判断安全系数，利用理论承压极限与安全系数求取套管安全承压上限。

利用该方法对卫 11 储气库提压注气可行性进行论证与评价，卫 11 储气 2023 年 5 月 12 日进行提压注气 1MPa 运行试验，压缩机出口压力由 24.5MPa 提升至 25.5MPa，解决了井口注入压力未达到可研方案设计值的问题，提高了气库注气能力，气库最大日注气能力由 $330\times10^4m^3$ 上升至 $368\times10^4m^3$，提高了 $38\times10^4m^3$；周期注气 $3.61\times10^8m^3$，气库达容率由第一周期 73.0% 提高至第二周期 89.5%。

（二）降压采气

结合中原储气库多类型储气库达容达产技术政策，依据集输气管网配置及能力，形成了储气库周期末降压采气技术，提升储气库采气及排液效率，提高了达容达产速率。

1. 常规气藏型储气库降压采气

常规干气藏型储气库经过多周期运行，不断探索采气规律，总结单井采气压力变化及外输采气压力情况，根据采气期外输压力与原设计差值，确定采气外输压力可降值，从而评价每周期采气末阶段井口油压可降值，依据动态评价和试井方法评价采气地层压力下限值；根据已完成注采周期的单位压降采气量数值，利用产能方程计算采气降压值区间内采气量，结合节点分析方法耦合库容－压力－单井产能三元关系，从而评价降压采气区间工作气量增加值。

清溪储气库由致密性储层裂缝发育气藏改建而成，建库后多周期注采时发现无法达到设计能力，分析是在设计运行压力下，因异常高压裂缝气藏开发泄压后，裂缝闭合，储气空间损失，造成可动用库存下降，评价库容由 $3.49\times10^8m^3$ 下降至 $2.2\times10^8m^3$；根据清溪储气库 2022—2023 年注采周期运行情况，清溪储气库采气外输稳定压力在 6.3MPa 左右，井口采气压力最低下限 8.5MPa，依据动态评价和试井方法，分析采气地层压力最低下限 14.3MPa，用节点分析方法耦合库容－压力－单井产能三元关系，储气库采气压力运行下限由 17.6MPa 优化降至 14.3MPa，评价在运行压力区间内工作气量由 $0.56\times10^8m^3$ 可以升高至 $0.67\times10^8m^3$；第二周期降压采气试运行，周期采气量由第一周期 $0.44\times10^8m^3$ 提高

至 $0.69\times10^8m^3$；第三周期采气期采气下限压力还有继续下调的可行性。

2. 水侵气藏型储气库降压采气

水侵气藏型储气库因目的层水淹，侵占储气空间，造成有效库容下降；需进行排液恢复库容，因管柱受限不能实施泵抽、气举等常用排液工艺，只能以采气携液为主。但由于单井周期注气量少，采气期压力下降快，后期出液量较大，井口压力迅速下降，当其接近采气系统压力时，无法继续采气携液，造成排液效率低。为提高每周期排液量，可通过降低采气井口压力，增大井底与井口压差，延长采气携液时间，提升排液效率，加快气库达容达产。调研周边低压采气管网输气压力稳定值，结合输气管网情况，确定储气库降压采气外输压力下限值，进而推算携液情况下单井井口采气压力下限值，依据动态评价和试井方法，分析采气携液地层压力最低下限值，利用节点分析法确定单井降压区间内采气量值和携液量值，综合评价气库降压采气压降区间内增加的工作气量和每周期携液量。

针对文 13 西储气库强水淹情况下有效库容和注采气能力较低，开展降压采气排液技术政策研究；调研中原油田采气低压管网运行稳定压力，结合地面管线情况，文 13 西储气库采期末期通过调整地面路由，采出天然气可进入油田低压管网，分析采气井口压力下限可降至 2MPa，通过节点分析法结合前两周期采气排液情况，评价文 13 西储气库实施降压采气后，采气周期增加采气 $1125\times104m^3$、产液 $1823m^3$，可有效提高排液恢复库容速度。

（三）解堵技术

储气库井投运后，由于储层物性差、作业井周污染、水侵、凝析油堵等影响，部分井注采能力较低。通过开展污染主控因素解剖，同时结合储层物性特征，对堵塞物与溶解剂配伍性进行分析，建立最优酸化配方，形成适应不同污染原因的不动管柱解堵工艺技术，为提升注气能力提供技术保障。

1. 不动管柱酸化解堵工艺

1）技术原理

在注气期，利用原井注采管柱注入酸液，天然气顶替入地层，实现解除钻完井过程中泥浆污染、投产作业过程中造成的基质污染等因素造成的储层伤害。

针对不同的影响产能的因素，优选不同酸液体系，与储层岩石颗粒间的碳酸盐岩、铁质及硅质矿物、钙质胶结物和垢物堵塞等固体物质反应生成可溶物，提高地层绝对渗透率。一是针对储层基质物性差，采用以盐酸、氢氟酸为主的土酸体系，以溶蚀堵塞物和储层填隙物，恢复油气层原有渗透率，提高近井地带储层绝对渗透率；二是对于生产作业过程中微粒运移、结垢、液体漏失等引起的基质堵塞和水锁伤害，采用复合酸 + 解水锁剂体系，改善井筒附近储层渗流能力。

由于施工后不返排，酸液体系需添加螯合分散剂，与易产生沉淀的 Ca^{2+}、Mg^{2+}、Fe^{3+} 等金属离子形成稳定的环状结构，分散悬浮酸岩反应中的微粒，清洁型酸液反应后二次沉淀量为 0.2%，降低对储层的二次伤害。为防止酸液对管柱的影响，采用复合缓蚀剂，降低腐蚀速率。

2）技术特点及技术指标

技术特点：酸液体系成本低，配制方便、适应性强，可根据储层物性、岩石矿物组成和不同污染原因调整体系中不同组分含量。

主要技术指标：腐蚀速率≤$5g/m^2 \cdot h$，防膨率>80%，与地层水配伍性良好。

3)应用场景

①近井地层污染堵塞，需增产增注的注采井；

②新井投产；

③老井转注采井。

4)应用情况

2022—2023年在文13西、文24、白9和卫11储气库应用11井次，措施后达到增注的效果。整体上看，储气库井在投产前进行酸化解堵效果更好。

2. 二氧化碳解堵先导试验

1)技术原理

针对井周更深部的储层污染，利用二氧化碳溶解于水后形成弱酸可酸蚀储层胶结物和岩石骨架、改善气水界面张力等特点，改善储层渗流条件。二氧化碳进入储层之后，溶解于水中形成碳酸，碳酸不稳定，很快离解成 H^+ 和 HCO^{3-}，在酸性条件下方解石、白云石发生溶蚀。

$$CO_2 + H_2O = H_2CO_3$$

$$H_2CO_3 \rightleftharpoons H^+ + HCO_3^-$$

$$CaCO_3 + H^+ = Ca^{2+} + HCO_3^-$$

$$CaCO_3 + MgCO_3 + 2H_2CO_3 = Ca^{2+} + Mg^{2+} + HCO_3^-$$

一定的温度、压力及酸性环境下，溶蚀作用导致长石类矿物孔隙度变大，孔喉结构得到改善，其溶解形成的次生孔隙可提高砂岩储层的孔隙度和渗透率。溶蚀后的斜长石矿物表面出现了大量的次生微孔隙，溶蚀后的颗粒边缘的孔隙、裂缝增多。长石微观结构发生显著的变化，边缘呈港湾状，棱角化变钝，解理缝扩大。溶蚀使得一些孔隙直径扩大或产生微裂缝，孔隙连通性变好，从而解除储层的基质堵塞。

二氧化碳溶于水后，可降低界面张力，开井生产后驱替压差增大，加速水相的返排。同时注入 CO_2，可提高地层能量，通过高压气体驱替解水锁。图2－3－4为二氧化碳－水体系与黏土矿物反应后电镜扫描图。

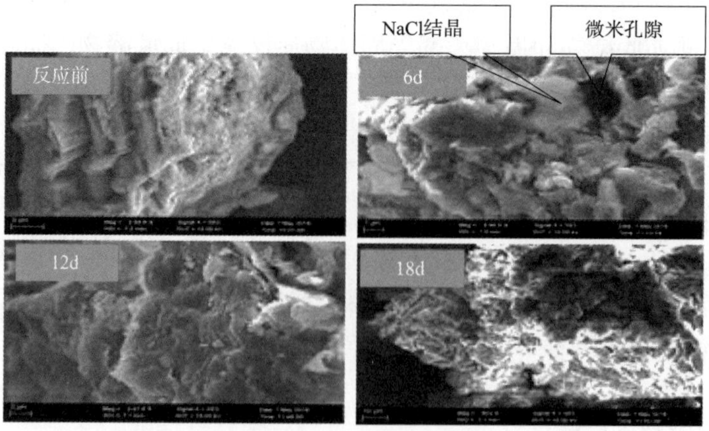

图2－3－4　二氧化碳－水体系与黏土矿物反应后电镜扫描图

2)技术特点

二氧化碳解堵采用低温液态 CO_2 智能化橇装式注入装置，解堵体系为二氧化碳，处理半径较大，可达 25m，达到深部解堵的效果，解堵后无须返排，如图 2－3－5 所示。

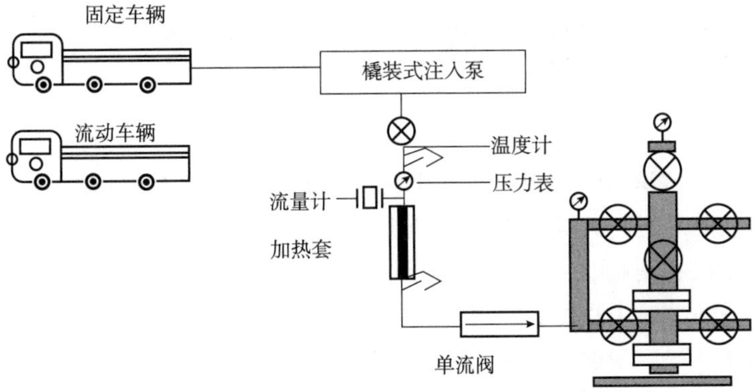

图 2－3－5　二氧化碳解堵施工地面流程示意图

3)应用场景

由于水侵导致产能降低的注采井。

4)应用情况

2023 年 8 月，在文 13 储 2－1 井进行了二氧化碳解堵先导试验。设计注入 150t，实际注入 152.61t，后焖井 4 天，恢复注天然气。开井生产后，注气量与解堵前注入能力相当。分析认为，二氧化碳注入量偏少且反应时间有限，增注效果不明显。2024 年 8 月，在文 24 储 1－3 井开展第二次现场试验，设计量 2400t，采气期焖井不采，效果待验证。

3. 凝析气藏解堵

针对桥白凝析气藏储气库储层低孔低渗、孔喉半径小，近井地带存在反凝析污染及水锁伤害导致注采气能力下降的问题，研发近井地带解堵体系，解堵剂耐温 140℃，表面张力 25.4mN/m，界面张力 0.83mN/m，接触角 79.0°。通过改善储层润湿性、降低毛管阻力，溶解凝析油重油组分，解除凝析油、水锁伤害，可疏通油气渗流通道，提高近井地带渗流能力。现场解堵以高浓度小段塞＋氮气顶替注入的工艺，减少液相加注量，缩短施工时间。该体系亦可在储气库井投产作业时作为压井液使用，防止外来液造成的水锁伤害，保护储层。

该技术在储气库井现场应用 18 井次，平均单井日增注气量 $1.3\times10^4m^3$，达到降解近井地带污染、提高气井产能的目的，解堵效果较好。

第三章 测试技术

测试技术是科学认识油藏、指导油田开发和提高油田最终采收率的重要手段，是指采油井、注水井、观察井和资料井等在投产后至报废的整个生产过程中，应用各种仪器、仪表，采用不同的测试手段和测量方法，进行井下测试以录取井下地层和井筒信息的一种作业。剖面测井、储层参数测井、工程测井和现代试井，了解注产剖面，油、气层参数及储层展布特征，判断井筒技术状况，为油气田储层评价、开发动态调整，措施挖潜、油层改造及作业措施的实施与效果评价提供依据。本章将从注产剖面测井、水井分层测试与调配、储层油气饱和度测井、光纤测井、工程测井、试油试气工艺和试井解释七大系列进行介绍。

第一节 注产剖面监测技术

注入剖面测井是检验流体是否注入目的层的直接手段，常用的注入剖面方法有同位素注入剖面测井、多参数注入剖面测井和氧活化测井技术。

产出剖面测井把流量、含水率(持水率)、密度、温度、压力及其他参数(磁定位、自然伽马)测井资料组合起来，综合分析生产井各产层油、气、水的产出量及含量。

一、同位素注入剖面测井技术

同位素注入剖面测井可以利用放射性物质提高地层伽马射线强度，测量水井注入剖面，了解分层吸水状况、确定漏窜位置、检查封堵及压裂效果，为调整注入剖面，指导井组注采关系调整和提高水驱动用效果提供依据。

(一)测量原理

同位素示踪注入剖面测井仪器主要有三参数和五参数组合测井仪两种，三参数组合测井仪由同位素释放器、自然伽马仪、接箍定位器、井温测井仪组成；五参数组合测井仪在三参数基础上增加了流量计和压力仪。

1. 各部件的原理及作用

1)放射性同位素示踪剂释放器的工作原理是在一定动力下将示踪剂推出装载筒，在操作人员的控制下实现井下定点释放示踪剂。

2)自然伽马仪将来自岩层的自然伽马射线穿过井筒和仪器外壳进入探测器。探测器将接收到的伽马射线转换成电脉冲，沿电缆送到地面，连续记录出井剖面上岩层的自然伽马测井曲线。自然伽马测井曲线主要用于同位素释放前地层自然伽马基线和释放后滤积了同位素的地层放射性强度曲线测定。

3)磁定位器是测量油/套管接箍及井下工具位置的仪器，由装在铜质外壳内的永久磁铁和线圈组成。当仪器沿井筒移动时，由于井筒内油管和套管接箍、封隔器、配产器、配水器、喇叭口、射孔段等内径和管壁厚度的变化，导致仪器周围介质磁阻的变化从而使测量线圈中产生感应电动势和感应电流，主要用于井下管柱结构深度的分析。

4）井温测井所用的井温仪多采用电桥电路，通过精确测量传感器的电阻值间接确定温度。储层温度和井内流体温度的变化都会影响井温。主要用来定性分析流量的大小和确定油层温度、井内流体流动状态、注入产出情况等。

5）压力仪主要用于测量井筒内压力，一般有应变压力计、石英晶体压力计两种。应变压力计利用导体应变效应将机械形变转化为电阻率变化，最终转化为电信号输出。

$$\frac{\mathrm{d}R}{R}=\frac{\mathrm{d}\rho}{\rho}+(1+2\mu)\frac{\mathrm{d}L}{L} \quad (3-1-1)$$

式中　R——电阻，Ω；

L——导体长度，m；

ρ——电阻率，Ω · m；

μ——导体泊松系数，无因次。

石英晶体压力计是利用压电效应将外部压力转化为石英晶体的震荡频率变化，最终转化为电信号输出。

$$\sigma=d\times P \quad (3-1-2)$$

式中　σ——晶体表面电荷密度，C/m^2；

d——压电应变常数，C/N；

P——压力（物理学中对应压强），N/m^2。

2. 注入剖面解释原理

依据地层的吸水量与井壁上同位素载体的滤积量及放射性强度（伽马当量值）成正比的原则，根据同位素曲线与自然伽马曲线的包络面积来确定各小层相对吸水量。各部分的包络面积与全部包络面积之和的比值与总流量的乘积即为各层的系数量，如图 3－1－1 所示。

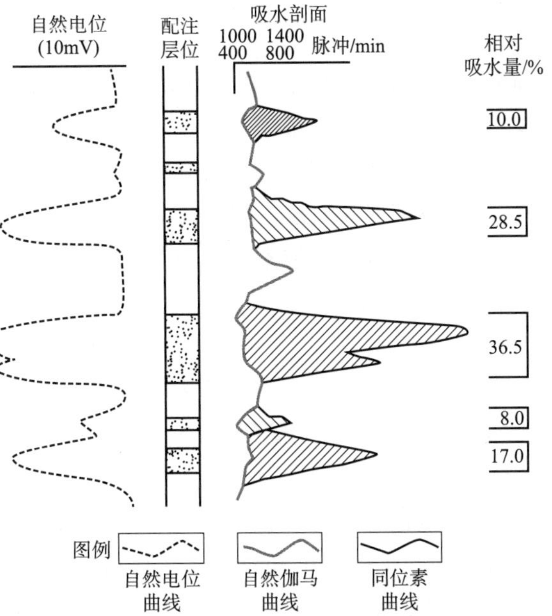

图 3－1－1　同位素测井小层吸水量确定示意图

各小层相对吸水量计算公式

$$q_i = \frac{S_i}{\sum_{i=1}^{n} S_i} \times 100\% \qquad (3-1-3)$$

式中　q_i——为第 i 小层的相对吸水量；

S_i——为第 i 小层的放射性强度异常面积。

(二)技术特点及技术指标

1. 技术特点

(1)优点：适用于不同管柱结构注水井，测量不受流体流量范围的限制，应用比较广泛，价格便宜，测量简单。

(2)缺点：受影响的因素较多，如注入量低、深穿透射孔、聚合物黏度大、吸液层孔隙不均、井筒污染、试剂粒径的选择等因素，都会使测量结果受到影响；不能确定遇阻层吸水量；同位素具有放射性，安全环保要求高。

2. 主要技术指标

(1)仪器外径 ϕ43mm、ϕ38mm、ϕ26mm，耐压 100MPa，耐温 150℃；

(2)自然伽马测量范围 0 ~ 5000cps，允许测量误差 ±7%；

(3)温度测量范围 0 ~ 150℃，测量允许误差 ±1℃；

(4)压力测量范围 0 ~ 100MPa，测量允许误差 ±0.1MPa；

(5)流量测量范围 10m^3/d 以上。

(三)现场测试工艺

1. 测试选井要求

同位素注入剖面测井适用于正常注入条件，要求注入井必须装有测试闸门，各个闸门必须稳定可靠，不渗不漏。

2. 测量注意事项

(1)根据油藏特点选择适合的放射性同位素及载体。

(2)必须恢复到正常注水压力和注入量条件下，井口倒入同位素或井下释放同位素。观察同位素运移情况并及时测取。此过程不得进行套管溢流或停注。

(3)测试前需关井 3h，从油管下入同位素测井仪测试自然伽马曲线及静温。测完后恢复注水，注水稳定后释放同位素，测试同位素示踪曲线及流温。

(4)多次测量，曲线幅度差明显方可。

3. 施工工艺

正注施工同位素在井下释放，反注施工同位素从井口倒入。

(1)安装井口防喷装置，将仪器上提到防喷管内，启动注脂泵，慢慢增大压力，直至充满密封脂；

(2)关井 3h 然后从油管下入同位素测井仪同时测试自然伽马曲线及静温；

(3)仪器串下到目的位置后，上提测试井温曲线和自然伽马曲线(基线)；

(4)注水稳定后，在合适深度释放示踪剂，实时监测示踪剂对各注水层的分配情况，同时测量井温曲线，直至取得合格的测井曲线。

(四)应用情况

中原油田在20世纪80年代引进同位素吸水剖面测井技术，目前累计测试上万井次，如图3－1－2～图3－1－4所示，准确地实现注入剖面、漏失、窜槽的识别。最高注入压力在40MPa的超高压井、注入量20m^3/d的低注入井以及调剖调驱井中成功应用，形成了完整的测试工艺及解释技术体系，成为中原油田水井注入剖面测试工作量占比最高的测井技术。

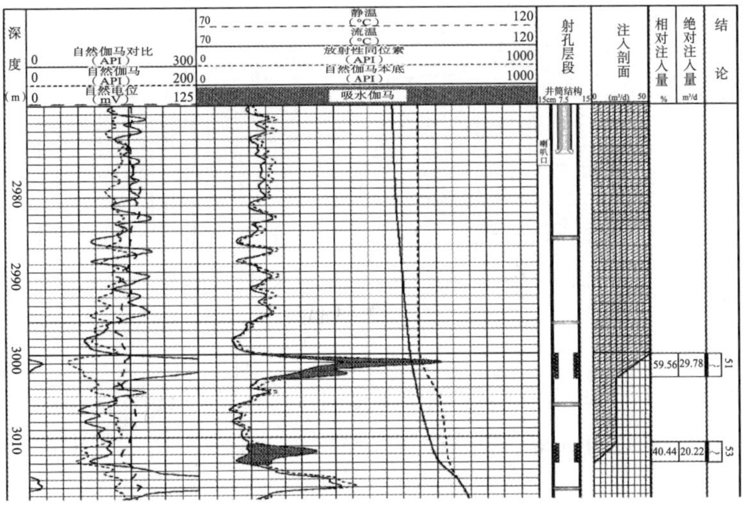

图3－1－2　同位素注入剖面成果图

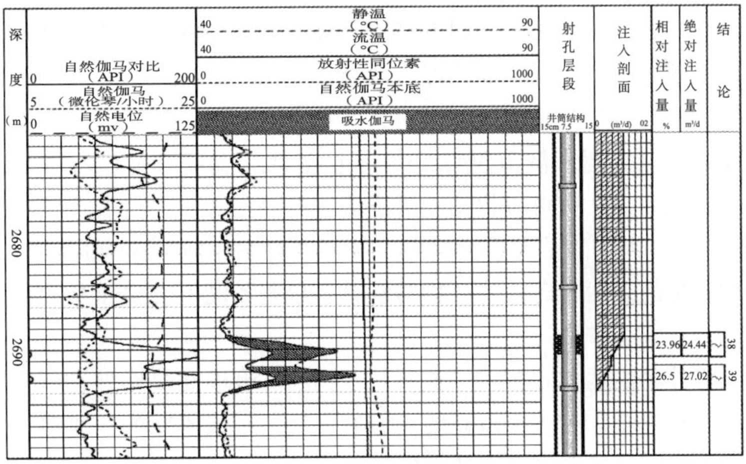

图3－1－3　同位素资料显示套管漏失

二、多参数注产剖面测井技术

多参数注产剖面测井被广泛应用于油田注采剖面动态监测。常见的多参数仪主要包括七参数仪和八参数仪，其测井参数有磁定位、自然伽马、井温、压力、持水率、持气率、流体密度、流量。

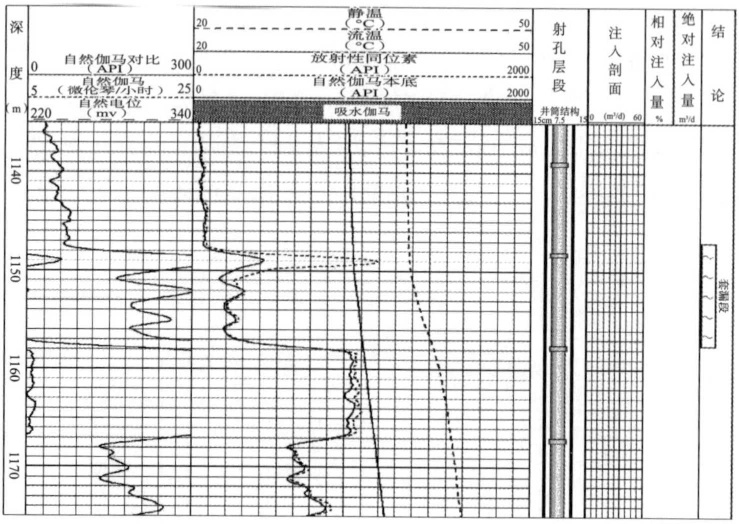

图 3－1－4 同位素资料显示未射孔层窜吸

(一)测井原理

七参数仪器主要用于单相流或者两相流产出剖面测试。八参数仪器在七参数仪的基础上增加了持气率计，通过持气率、持水率以及密度可以综合分析油气水占比，可以较准确地评价三相流注采剖面。

磁定位、自然伽马、井温、压力测井原理同同位素注入剖面测井，不再阐述。

(1)常用的流量计有涡轮流量计、电磁流量计和超声流量计等，主要用来定量分析每个层位的进水量。涡轮流量计是一种速度式流量计，当流体相对于涡轮运动时，会驱动涡轮叶片旋转，流量超过启动流量，叶轮的转速与流体的流速成正比；电磁流量计，管道内导电的流体在磁场中进行切割磁力线运动时，在垂直于磁场和流动方向产生的感应电动势大小与流体流速成正比；超声波流量计是一种非接触式流量测量。超声波在流体中传播时，加载流体流速的信息，就可以检测出被测流体的流速，然后将流速转换成流量。

(2)持水率是流体识别的重要手段之一。电容法持水率测井是利用油气与水的介电特性差异测定水的含量的。由于碳氢化合物与水具有显著不同的介电常数，可以具有较高的分辨能力。

电容法持水率计的结构如图 3－1－5 所示。其轴心电极和仪器外壳组成一个同轴圆柱形电容器，流过其间的流体相当于电介质。当油、气、水以不同的比例混合时，电介质的介电常数也不同，从而电容器有不同的电容量。测量同电容量有关的信息，便可推知混合流体中水的含量。

持水资料与密度曲线配合可以定量计算轻重两相的体积含量，在单一介质的井内，持水仪器所测的曲线为一条稳定的直线，在井内介质不均一的情况下，持水曲线变化就比较大。

(3)流体密度测量主要用于确定多相流动中油、气、水的含量及沿井筒的分布规律，辅助计算井筒中的持水率值、持气率值。常用的是放射性密度仪和音叉密度仪。

①放射性密度仪由伽马源、采样道和计数器三部分组成。如图 3－1－6 所示，当采样

道内的流体密度发生变化时，计数器的响应就发生变化。单位时间内，探测仪器接收到的伽马射线的脉冲数与伽马源和探测器之间的流体室内的流体密度成反比，根据探测器接收到的脉冲数的变化，便可测定通过仪器流体室的流体密度。

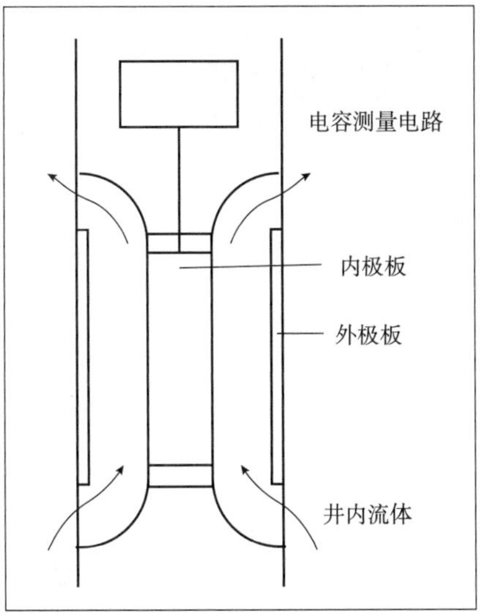

图 3－1－5　电容法持水率计结构示意图

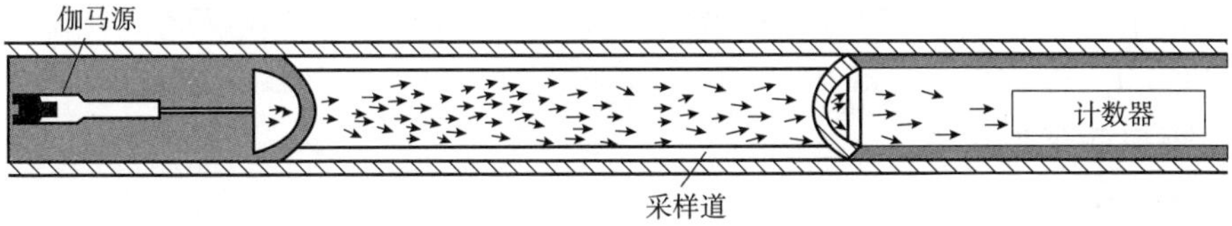

图 3－1－6　放射性密度仪结构

利用密度曲线读值可以计算井筒中的持水率值：

$$Y_w = \frac{\rho_m - \rho_0}{\rho_w - \rho_0} \tag{3-1-4}$$

式中　ρ_m——密度曲线读值，g/cm³；

ρ_0——原油密度，g/cm³；

ρ_w——地层水的密度，g/cm³。

放射性密度仪的不足之处是取样范围小，读数有统计波动。当测量中心附近的流体密度，流型变化较大时，测量密度与平均密度差别更大，主要适用于气液两相流动。

②音叉密度测井仪是一种非放射性流体密度测量装置，如图 3－1－7 所示，由电路筒、注油腔、音叉传感器、音叉连接体组成，可配接常规曼码遥测。

音叉密度仪主要由传感器组件和电子线路组件两部分组成。音叉传感器固定在仪器上通过驱动电路使其以自身固有频率振动，实际振动频率取决于环绕音叉传感器周围流体的物理性质，并与密度成反比。

由于音叉密度仪工作方式不受流体流动或静止的影响，因此适用于生产分析、流体识别、水平和大位移井、高流量井的测量。

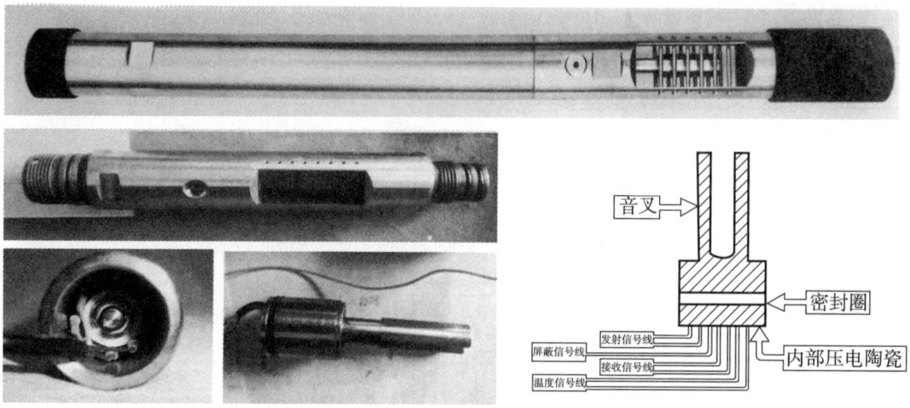

图 3－1－7　音叉密度仪及其传感器

(二)技术特点和技术指标

1. 技术特点

自喷井产出剖面测井采用不停产测试、抽油机井产出剖面测井需要偏心井口，仪器过环空进行不停产测试；电缆传输遥传技术同时测量多个参数，信息量大，测量结果准确。

2. 主要技术指标

(1)自喷井仪器外径 ϕ32mm、ϕ38mm、ϕ43mm，耐温 175℃，耐压 100MPa；

(2)抽油机井仪器外径 ϕ22mm、ϕ23mm、ϕ24mm、ϕ26mm，耐温 175℃，耐压 60MPa；

(3)压力 0～100MPa，井温 0～175℃，涡轮流量 15m^3/d，密度 0～2g/cm^3。

(三)现场测试工艺

1. 选井条件

(1)自喷井产出剖面。井筒条件良好，通径应至少大于仪器直径 8mm；油管底部为喇叭口，且喇叭口底界距离油层顶界应大于 20m；井口产量，油井应大于 25m^3/d，气井应大于 5000m^3/d。

(2)泵抽井环空产出剖面。井口为可转动偏心井口，带测试闸门；环空内井斜不超过 17°；环空直径大于仪器直径 8mm；油管尾部距离油层顶界应大于 20m。

2. 测试工艺及资料录取要求

(1)自喷井产出剖面。仪器通过采油树从油管下至目的层，电缆上提下放。在井下 10～50m 范围内定点录取资料；油管内选择流量平滑段，用两种不同测速上提和下放电缆录取四条长度大于 50m 的流量曲线；仪器到达目的层段后，用四种不同测速上提和下放电缆录取八条曲线，并在层间距大于 2m 的层间进行定点资料录取；如果条件允许，第一趟和最后一趟录取资料时可连续通过喇叭口至其上部 50m 位置。

(2)抽油井环空产出剖面。关停抽油机，仪器由偏心井口下至目的层，电缆下放上提。下井过程中实时监测动液面的位置；仪器到达目的层后，以 600m/h 的速度进行资料录取，且第一趟测井应录取套管短节的位置以便进行深度校正；择层间距大于 2m 的层进行分层流量资料录取。

(四)应用情况

中原多参数产出剖面测井起步于 20 世纪 80 年代，经过 40 多年的发展，针对油田产量普遍较低，含水普遍较高的现状，逐步形成以涡轮流量测井为主，集流流量和示踪流量为辅的多参数测井系列，尤其是22mm小直径多参数环空测井技术，是为满足中原油田日益增多的加厚油管井而量身定制，具有中原特色的多参数测井技术。图3－1－8为产出剖面测试实例。

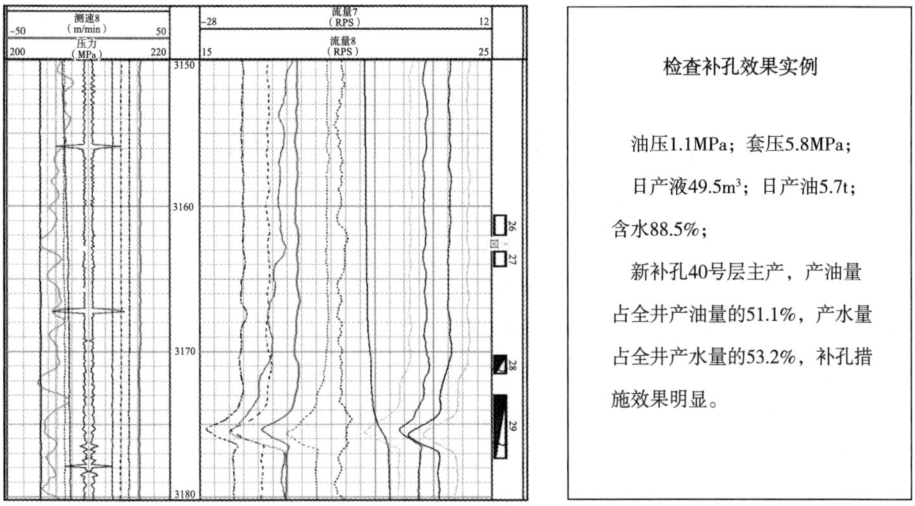

图3－1－8　产出剖面测试实例

三、水平井剖面测井技术

水平井采油是油田提高油层采收率和缩减开发成本的有效方法。剖面测试可以确定油水、气油、气水界面位置；了解产层动态，测试分段和分簇产量；评价水平井压裂效果。

（一）测井原理

由于水平状况下油、气、水三相流的相态分布与垂直井眼环境下的相态分布截然不同，普通流量仪和持水率仪器在水平井中难以发挥作用。阵列式流量和持水率仪器采用多个传感器探头进行截面参数测量，能较精确地反映流体在水平井眼中的流动状况、分段（分层）流量和流体性质，为水平井产出剖面测井提供了可靠的技术手段。目前较为经典的仪器有三种，如图3－1－9～图3－1－11所示。

1. 涡轮阵列测井仪（SAT）

具有6个微型涡轮，部署在弓形弹簧臂上，能够准确测量井眼周围60°间隔的流体流速，以便确定每个独立流体层的流速。

2. 电阻率阵列仪（RAT）

由12个微型的电阻式组合传感器确定井眼流体的持水率。电阻率组合仪传感器测量探测器探头之间流体的电阻（根据油、气、水不同的导电特性识别流体）。这种传感器可以检测非常小且快速移动的气泡。

3. 电容阵列仪（CAT）

在可折叠的弓形弹簧臂上安装12个微型电容式传感器，以提供整个井眼周围的流体识别。利用石油、天然气和水的不同介电常数来识别流体。

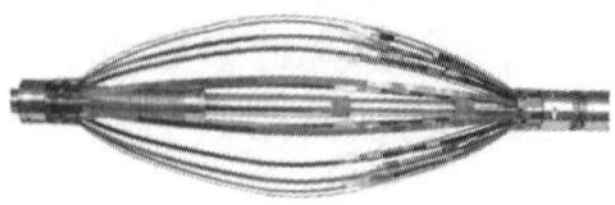

图3－1－9 涡轮阵列测井仪

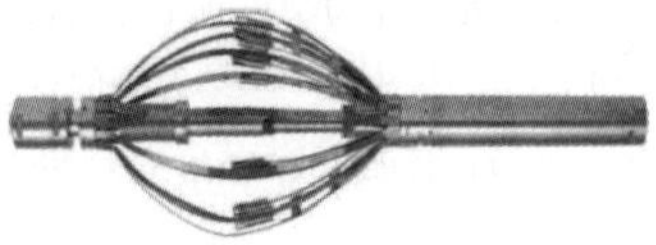

图3－1－10 电阻率阵列仪

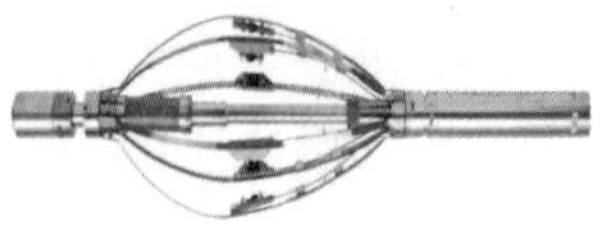

图3－1－11 电容阵列仪

(二)技术指标

1. 电容阵列持水率(CAT)

承压100MPa，耐温177℃，外径ϕ43mm，适用管径3～7in，精度±3%，探头数12个，方位测量精度±5°。

2. 电阻阵列持水率(RAT)

承压100MPa，耐温177℃，外径ϕ43mm，适用管径3～7in，扫描时间4.8ms；井斜测量精度±2.5°，探头数12个，方位测量精度±4.5°。

3. 阵列涡轮流量计(SAT)

承压100MPa，耐温177℃，外径ϕ43mm，适用管径3～7in，流速测量精度±10%，探头数12个。

(三)现场测试工艺

目前水平井生产测井仪器的输送主要有爬行器和连续油管两种方式，具体参数如表3－1－1所示。

表3－1－1 进口爬行器和国产爬行器技术指标对比

仪器名称	Sondex爬行器	国产大功率爬行器
仪器类型	机械式	液压式
仪器耐温	150℃	150℃
仪器耐压	100MPa	100MPa
仪器外径	54mm	80mm
电源电压	60～660VDC	160～600VDC
电源电流	30～2000mA	240～4000mA
仪器长度	7.4m	8.5m
爬行速度	540m/h	300m/h
适用套管	$3\frac{1}{2}$～$9\frac{5}{8}$in	$5\frac{1}{2}$～$9\frac{5}{8}$in
负载拉力	270kg	最大可到1200kg
适用电缆	单芯电缆	7芯电缆

(1)爬行器具有操作方便、电缆直读、费用低等优点，但是当水平段超过一定长度，一般大于1000m，爬行器会出现打滑等牵引力不足的现象，而且在井况复杂、井内残留有碎屑的情况下，爬行器具有卡在井下的危险。

(2)连续油管具有输送力大、输送水平段长和带压作业的特点，在上提和下放过程中均可进行测井记录，利用连续油管进行仪器输送具有更高的安全性和可靠性。为了延伸连续油管输送深度，国外开发出了连续油管牵引器，能够增加连续油管的下入深度，满足长水平井产出剖面的测试需求。然而，连续油管下入井中，使得井筒流动通道变小，增加流动阻力，对测试结果有一定影响。

四、氧活化测井技术

油田开发进入中后期阶段后，水驱开采和多种三采驱替技术并施。同位素注入剖面监测、多参数流量测井已不能满足自然伽马本底高、特殊条件下注入剖面评价、油水井管柱漏失及套管外窜槽的识别，而氧活化测井技术能够很好地解决上述问题。

(一)测井原理

氧活化测井是采用可控中子源发射14MeV的快中子，辐射井眼周围和地层中的物质。氧原子吸收高能脉冲中子，放出质子，产生放射性同位素 N^{16}，放射性氮同位素发生β衰变，半衰期是7.13s，(有效探测时间约21.4s)，β衰变之后释放出高能伽马射线，能穿透井眼物质，如井内流体、油管、套管、水泥环等。

1. 仪器结构及功能

以SWFL－B多功能水流测井仪为例，如图3－1－12所示，共有9个伽马探测器和一个中子发生器。一次下井可以同时测量上下水流，可以满足不同流量的测量。具有中子氧活化、中子寿命、自然伽马、磁定位、温度以及压力测量等功能。

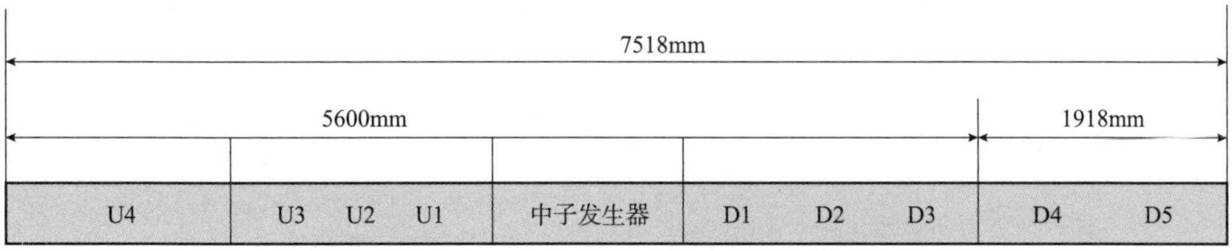

图3－1－12 氧活化仪器结构示意图

2. 氧活化流量测量原理

氧活化测井采取定点测量，通过使用较短的活化时间，然后用较长的采集时间来探测流动的活化氧，当活化水经过探测器时可以测量到它的特征峰。通过对伽马射线时间谱的峰位解析识别油管内、油套环型空间、套管外含氧物质的流动速度，进而计算水流量。

3. 氧活化解释原理

仪器结构一定，如图3－1－13所示，中子发生器的中子源与探测器的距离(源距)L是固定的，通过测量活化水到达探测器所经历的时间t_m，根据源距L便可计算出水流平均速度v_u，然后结合测点流体的过流面积A，计算此处的流量q_w。

$$q_w = v \cdot A \tag{3-1-5}$$

$$v_u = l/t_m \tag{3-1-6}$$

$$t_m = 0.5t_a + \frac{\int_0^\infty f(t)\,t\mathrm{d}l}{\int_0^\infty f(t)\,\mathrm{d}t} \tag{3-1-7}$$

式中 l——发生器到探测器的距离(源距)，mm；

t_m——谱峰峰位时间，s；

$f(t)$——测量获得的流动信号；

q_w——注水流量，m^3/d；

v_u——水流平均速度，mm/s；

A——流体通过管道的横截面积，mm^2。

定点侧的时间谱曲线如图3-1-14所示，依据峰位计算定点流量，然后根据管柱结构确定各小层吸水量。如图3-1-15、图3-1-16所示，小层1的吸水量为下界A点与上界B点的流量差。

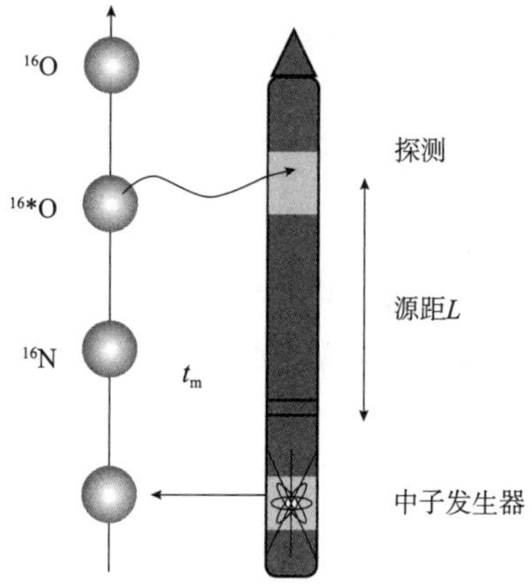

图3-1-13 流量测量原理图

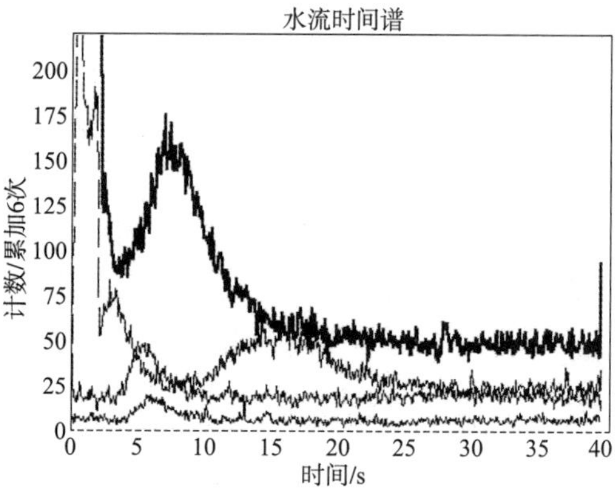

图3-1-14 流动时间谱曲线图

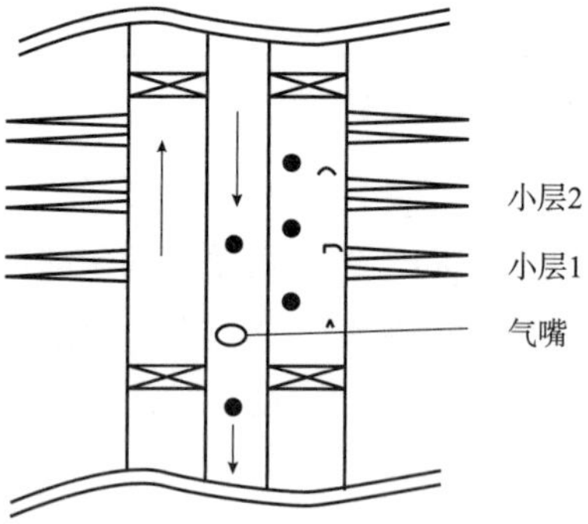

图3-1-15 笼统注入管柱示意图

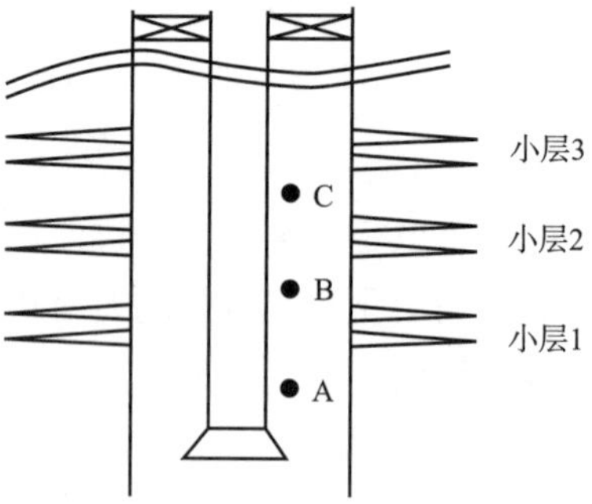

图3-1-16 分层配注管柱示意图

(二)技术特点及技术指标

1. 技术特点

(1)该仪器既可在套管内测注液剖面，又可测量油套环空水流量，还可测量套管外水流量。测量的0.01m/s的极低流速和大于2.0m/s的极高流速效果明显。

(2)不使用任何放射性示踪剂，不存在玷污、沉降、污染等问题；用于水井、较低注入量井以及分层配注井的测量，且适合于注聚合物、三元复合水溶液井的测量。

(3)具有单发多收功能，一次下井可同时测上、下水流量，测量效率高；同时也可以获得井温、压力、自然伽马、中子寿命、CCL 等多种参数；便于综合解释。

2. 主要技术指标

(1)仪器外径 ϕ38mm，耐压 80MPa，耐温 150℃；

(2)压力范围 0 ~ 80MPa，测量允许误差 ±0. 1MPa；

(3)温度范围 0 ~ 150℃；测量允许误差：±1℃；

(4)水流测量范围：5m ~ 20m^3/d，允许测量误差：≤ ±8%；20m ~ 200m^3/d，允许测量误差：≤ ±3%；200 ~ 400m^3/d，允许测量误差：≤ ±5%。

(三)现场测试工艺

1)测井条件

氧活化测井适用于正常注入条件，在笼统注水管柱或分层配注管柱中，管柱内通径大于 40mm。要求注入井必须装有测试闸门，各个闸门必须稳定可靠，不渗不漏。

2)测试工艺

氧活化测井仪测井在注水井正常注水条件下采用密闭测井。根据井下管柱及井下工具情况判断水流方向。

为了录取到准确的流量测井资料，定点测量前，须连续测量目的井段的自然伽马和磁性定位曲线，用测量的自然伽马曲线与完井电测曲线进行测井深度校正。

分层配注井，应先测量下水流后测量上水流。在每一级配水器以上、封隔器以下定点测量，解释出各个配水器的进水量；然后针对油套环形空间内水流的分布，依次在配水器之下、射孔夹层直至封隔器之上，定点测量下水流注入地层的情况；最后依次在配水器之上、射孔夹层直至封隔器之下，定点测量油套环形空间内上水流注入地层的情况以及封隔器漏失情况。

(四)应用情况

中原油田于 2003 年引进氧活化测井技术，20 多年来不断深化研究拓展应用范围。形成了国内先进的注入井管外漏窜及剖面监测技术，实现定量确定笼统注水、油套分注和分层配注井的各层吸入状况；探测和识别水泥环中的窜槽位置，确定封隔器密封效果和流量缺失部位。

氧活化测井作为油田开发中注入剖面认识、漏窜疑难井监测的主打技术，在储气库建设、CO_2驱油藏、油水井漏窜评价及复杂注入井剖面监测上得到广泛的应用。实施千余井次，为油田精细开发方案制定，加强老油田注采结构调整提供依据。

1. 油井含水突然上升，怀疑发生管外窜，氧活化测井确定窜槽位置

胡 12 - 169 井，日产液 31m^3，日产油 0. 6t，含水 98. 1%，含水偏高，氧活化找漏找窜测试如图 3 - 1 - 17 所示，42 号层以上水流谱曲线无异常，42 号层以下并未射孔，但仍有下水流显示，直至 45 号层以下无水量。分析套管窜漏在 42 号层以下，为管外窜槽。实施封窜堵漏措施后，日产液 24m^3，日产油 1. 8t，含水下降到 92. 5%。

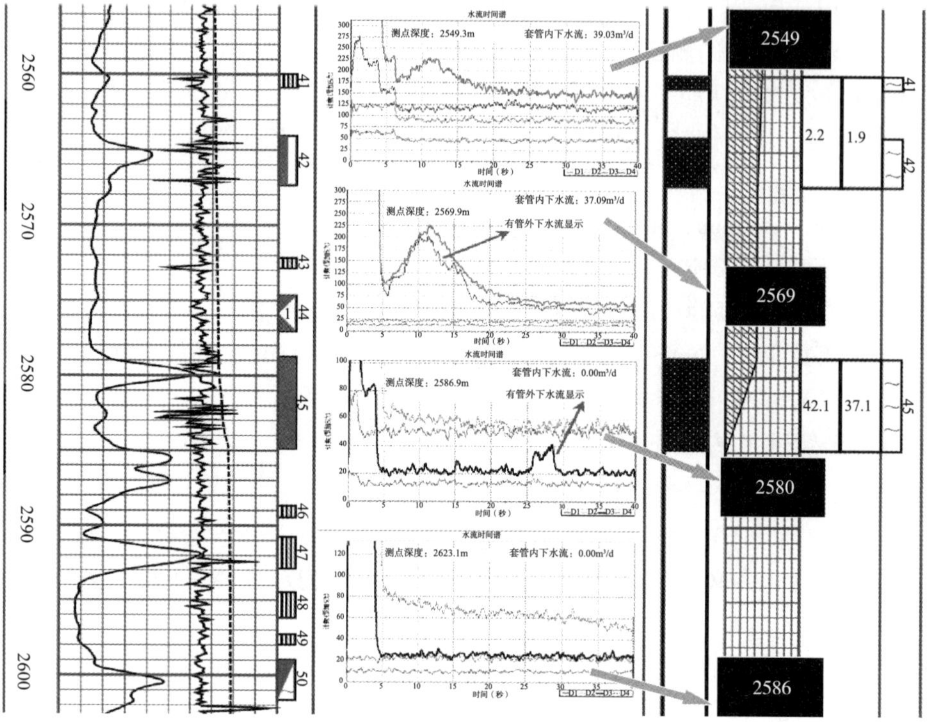

图 3-1-17 胡 12-169 井测井曲线氧活化找漏成果图

2. 氧活化测井验证封隔器失效

明 207 井，分层注水，日注入量 $36m^3/d$，油压 14MPa。为了解各小层的吸水量，验证封隔器性能进行氧活化测井。测量结果表明封 1、封 2、封 3 失效，偏 1、偏 2 不吸水，水通过偏 3 漏失到封隔器 1 上部的 1、2 号层。根据氧活化测井结果进行措施作业后投注，日注量 $80m^3/d$，油压 20MPa，偏 1 配水 $40m^3/d$，偏 2 封死，偏 3 配水 $40m^3/d$，注水达到了设计的要求。

3. 氧活化测分层启动压力，精细划分小层水量和各层启动压力

濮 3-94 井是濮城油田南区沙二下 1~8 层系的一口注水井，采用两级三段分注，正常注水条件下，油压 5.0MPa，套压 3.5MPa，日注水量 $148.2m^3/d$。为了解各小层在不同注水压力下的吸水状况，应用氧活化监测技术进行分层测试。分别在 5.0MPa、8.0MPa 和 12.0MPa 注入压力下测试各小层吸水状况，测试结果表明遇阻点以下层段为主吸层，封隔器全部失效，且 1474.2~1484.3m 存在漏失井段。

如图 3-1-18 所示，根据测试吸水资料绘制了 44、48、59 和 60 号 4 个层分层启动压力吸水指示曲线。

综上所述注产剖面监测属于带压测试，井口压力高，现场施工涉及吊装工作，除了遵守相关测试标准，还应注意：同位素注入剖面采用的同位素颗粒对人体伤害较大，工作人员应防护到位；氧活化测井仪器下井深度 <100m，严禁操作员加靶压，否则对周围人员产生致命危险。

注产剖面监测技术目前存在一定的局限性。小流量的测试准确性较差。氧活化测井在 $2\frac{1}{2}$in 与 $5\frac{1}{2}$in 管形成的油套环形空间最低绝对流量达到 $15m^3/d$ 才能准确定量解释。下一

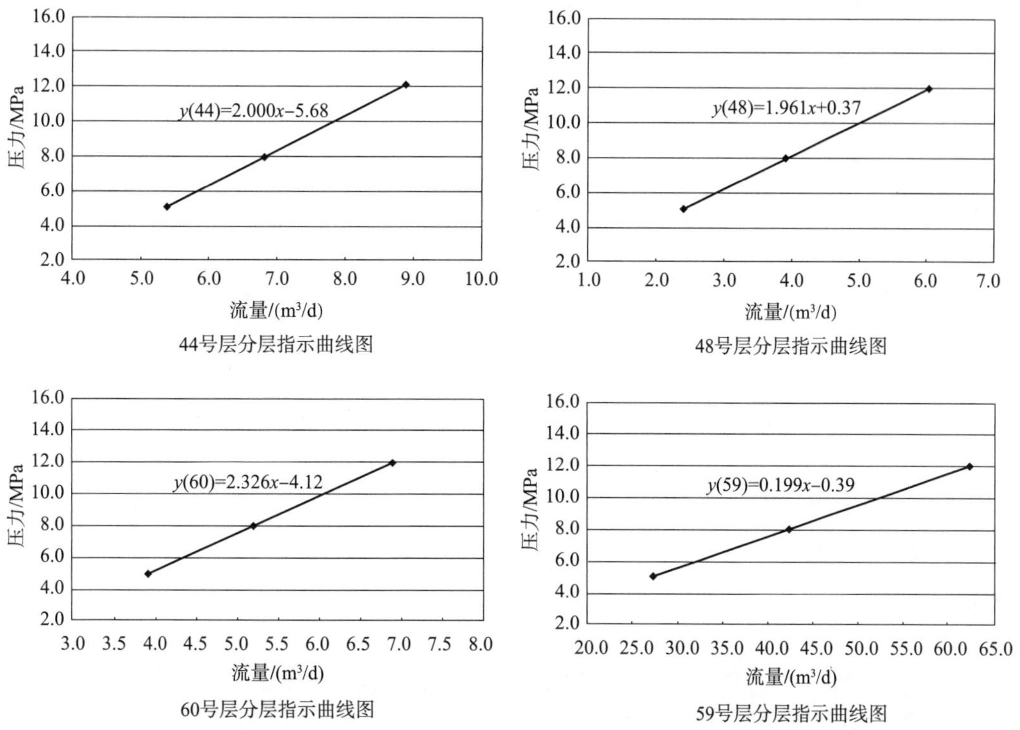

图 3－1－18　濮 3－94 井 4 个层吸水指示曲线

步不断探索改进测井施工工艺，通过大量的相对运动测试数据，建立新的解释方法，探索同位素＋氧活化综合测井技术，提升绝对流量的最小识别能力；进一步推广应用氧活化分层启动压力测试技术，探索区分二、三类小层启动压力和细分小层吸水量的最佳监测时机和方法。目前水平井产出剖面测试在高温高压井和复杂结构井中应用受到限制，需要进一步提高测试仪器耐温耐压指标，降低涡轮流量计启动门槛值，提高流量测试精度，完善仪器输送方式和输送能力。

注产剖面测井将从油气水井单井监测拓展到油藏分析，积极推进与试井联合作业、注采同测等方式，降本增效的同时提升井筒动态与油藏评价综合运用效果。

第二节　水井分层测试调配技术

开发后期多采取分层注水工艺，并对小层吸水状况进行精细调控。常用的钢丝投捞对接成功率极低，多次反复投捞更换水嘴，水嘴开度大小非连续变化，调配精度比较差；偏心测调联动智能分层调配技术，克服了效率低、测调周期长、工作强度大等缺点，但调配成功率和测调精准度有待大幅度提升。因此逐步推进同心分注与智能测调工艺，形成适用于深层高压油藏特点的多级细分测试与调配新技术。

一、偏心智能一体化测调技术

偏心智能一体化测调技术以成熟的封隔器和偏心配水器为基础，开发研制具有弹出、收回、定位、对接功能的井下机械臂；具有信号实时采集、分时传输的井下分层配水自动监控系统，实现流量压力同步录取、实时监测、水嘴连续可调，克服传统偏心测调工艺技术中调配效率低、测调周期长、工作强度大等缺点。

(一)技术原理

偏心智能一体化测调系统采用边测边调的方式进行流量测试和调配。井下测调仪通过电缆下入井中至需要调配的层段定位并坐封，测调仪调节臂与可调节偏心注水堵塞器对接；同时地面监视同步流量曲线，软件根据实时监测到的流量与配注量的偏差自动调整可调注水阀的水嘴大小，直到达到配注流量。该层调配完成后，收起调节臂下放/上提至另一需要调配的层段进行调配测试，直至所有层段调配完毕，而后根据层间矛盾的大小适当调整井口压力并对个别层段注入量进行微调，完成全井各层段的调配。最后采用上提/下放方式对全井调配结果进行统一检测。

偏心流量自动测调系统由地面控制系统、地面辅助系统、测调仪、可调水嘴四个部分组成。测调仪由电缆头、流量计、调节器、加重杆、扶正器组成。辅助工具包括投捞器、转接头、投捞头如图3-2-1、图3-2-2所示。

图3-2-1　单流量偏心测调仪图

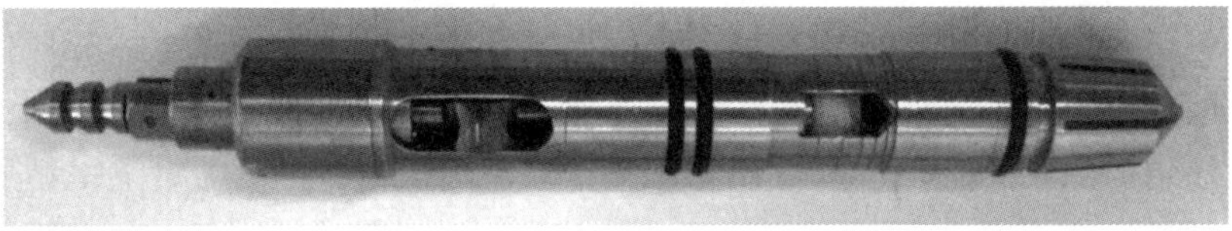

图3-2-2　偏心可调水嘴图

(二)技术特点及技术指标

1. 技术特点

(1)可调式堵塞器无须反复投捞，一次投入即可长期使用；测调井下仪一次下井即可完成注水井的所有层位的流量测调工作，无须反复投捞仪器；

(2)测调井下仪具有自身状态检测功能，实时地显示仪器在井内的各种状态。

2. 仪器性能指标

(1)仪器外径 ϕ42mm，总长183cm，耐温度-17～125℃，耐压≤80MPa；

(2)单层配水调整时间<4min，可调水嘴最小开度行程0.416μm；

(3)调流量测量范围0～500m^3/d，流量测量精度2%。

(三)应用场景及测试工艺

1. 应用场景

适用于常规5$\frac{1}{2}$in注水井的分层注水及测调，要求井斜小于40°，不出砂、井筒及管柱内壁干净或井筒死油结蜡、结垢不严重的注水井，完全替代水井常规投捞测试工艺，基本满足细分注水、精细注水要求的注水井。

2. 测试工艺

在同一个注水压力下进行测调，在其压力下降 2～3MPa 时进行流量的测量验证，结果和预期值保持一致，操作工艺详述如下。

1）预调可调水嘴开度

根据注水井的注水量要求，参考现有的固定水嘴的开口截面积大小（由水嘴压损和注水量决定）分别将各层位的可调水嘴的开度，预调合适开度后再投放。

2）投放可调水嘴

由投捞器将各层位预调好的可调水嘴分别投至各层位的偏心配水器中。可调水嘴投捞器的准确性和可靠性由投捞器和偏心配水器的机械结构来保证。用钢丝将携带预调好可调水嘴的投捞器下放至某一层的层底（分层工作筒的下方 10m）后，再上提层位上方 5～10m 处后，再下放仪器，实现可调水嘴的投放。

3）可调水嘴的可靠对接和流量计测量位置的确定

用电缆将测调仪下放至第一层（最深的层位）下方 10m 后（需对接可调水嘴的层面），打开调节臂，再上提仪器至层上方 5～10m 处。然后下放测调仪，确定到层位后再继续下放至层位以下 2m，这时调节臂和井下的可调水嘴方可进行可靠对接。重复相应的操作直至对接成功，这里要特别注意的是只有在测调仪和可调水嘴可靠对接后，流量计的测量才是准确的，才能进行水嘴的正负方向调节。

4）第一、二层的测调

第一层的测调。第一层是指最底下一层，在确保调节臂和井下可调水嘴的可靠对接后，即可进行注水层的测调，注意此时的累计流量显示值即为第一层的实测流量值。整个测调过程在主控界面控制下完成，在软件的主界面下，选取合适的配注模式进行配水操作（程控）。增加注水或减少注水，则井下的可调水嘴开度增大或减小相应的行程。稳定 2min，读取流量显示值，若一致，则第一层测调完成，若不一致，则需重复配水过程，至达到所需的注水量值为止。此时下流量显示值为 $0m^3/d$。

第二层的测调。直接上提测调仪第二层上方 5～10m 后，下放测调仪至层位以下 2m，确保和井下可调水嘴对接后，重复配水过程的操作，此时上流量计显示值为第一、二层流量的总和（累计流量），下流量计为第一层的注水量，上下流量之差即为第二层的实际注水量值。

5）更多层的测调

重复上一步的操作步骤。分别测调各层的注水量值。某层的上流量计显示值为该层和下面各层流量的总和（累计流量），下流量即为下面各层流量的总和，上下流量值之差即是本层流量值。

（四）应用情况

偏心智能一体化测调试验 18 口井，如图 3－2－3 所示，测调联作，信息综合性强。现场实施情况凸显了该技术高效测调的优势，解决常规偏心投捞测试效率不高、工作量大的问题，但由于受注水水质和井筒内死油结蜡等情况影响，偏心可调水嘴易被杂质堵塞，导致测调对接或者配水失败，且该技术在大井斜（$>40°$）情况下，仪器对接成功率较低，限制了该技术的应用范围。

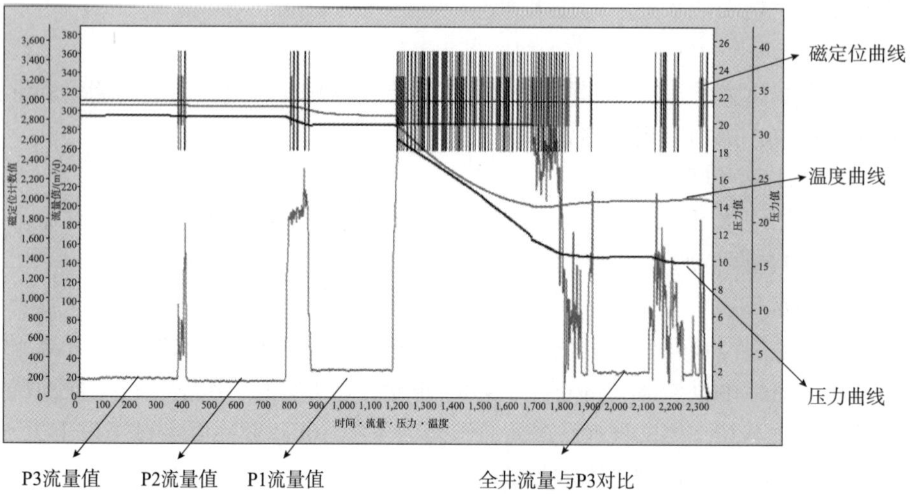

图 3-2-3 测试曲线图

二、同心智能一体化分注井测调技术

在偏心智能一体化测调技术基础上研发的注水井免投捞测调一体化工艺技术。

(一)技术原理

同心智能测调系统组成与偏心智能测调系统基本相同，本质区别是配水器采用井下同心配水工作筒。

注水调节时将同心流量测调仪自动下放至要注水的目标层上方10m处，通过控制箱上开臂按钮或者软件的开臂按钮打开调节臂，开臂到位后井下仪自动停止，上位机软件显示开臂到位。下放仪器，完成调节臂与井下的同心配水器的对接。进行流量调节时，上位机软件实时测量温度、压力和流量，并且显示可调水嘴的开度变化。调节流量至要求的值或者要求的开度值后，点击停止按钮停止本层的流量调节。此时可上提仪器，使仪器脱离对接状态。调节臂收臂。此层的注水调节完成后。这时可对另一目标层进行调节。在整个控制过程中，地面控制器通过供电电流及时发现砂卡和正反向到位堵转等异常情况，并采取相应措施进行控制。测调仪在井下可反复上下工作，一次下井就可以完成全部的测量及注水调配工作，从而可缩短测成一口井的工作时间。

(二)技术特点

(1)测调仪的流量测量采用超声波相位差测量流量原理，双进水管结构，可同时测量两个流量，上下流量之差即本层的注水量。

(2)同心配水器随完井管柱下入井中，不需要投捞水嘴，测调仪器和配水器采用同心对接，对接成功率高，受井斜影响小。

(三)同心配水器

目前一体化同心分注井测调应用桥式和盘式两种同心配水器。

1. 桥式同心配水器

1)结构组成

同心配水器由上接头、下接头、外筒、本体、活动水嘴部分和固定水嘴部分组成，如

图 3－2－4 所示。

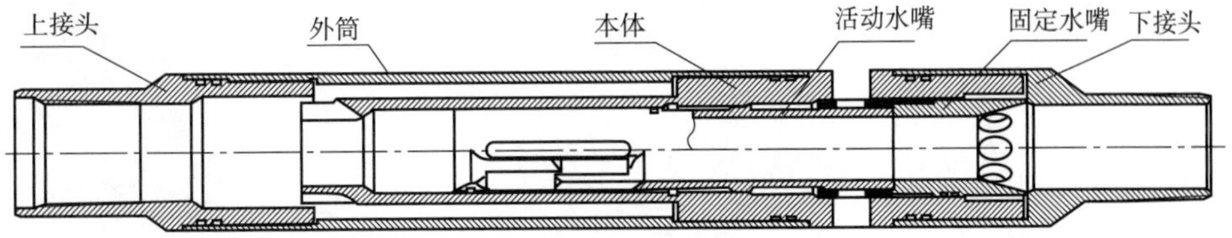

图 3－2－4　桥式同心配水器结构图

桥式同心配水器出水口大小的调节是轴向调节，水流出口为两个对称的大小可调的窄长型椭圆出口，如图 3－2－5 所示。同心配水器工作筒水量调节是通过专用调节器转动工作筒中心位置的同心活动筒，来改变注水流通面积，从而实现注水大小的调节。

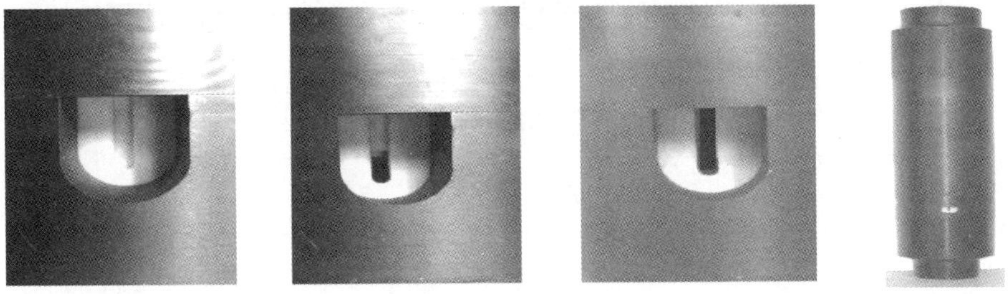

图 3－2－5　桥式同心配水器开关示意图

桥式同心配水器没有大压差调节及防反吐机构，费用高，不利于现场规模化应用。

2）技术指标

①外径 ϕ114mm，总长度 640mm，内通径 ϕ46mm；

②工作温度范围 －30～150℃，工作压力≤60MPa；

③流量范围 5～200m^3/d，30～500m^3/d，50～1000m^3/d；

④关死密封压差 40MPa，保压 30min 无渗漏。

2. 盘式同心配水器

新型盘式同心配水器采用盘式调节结构，水嘴对接方式采用平台对接，调节方式由轴向调节改进为平面调节，调节阻力降低 30%。形成两个技术系列：PSTX－94mm/48mm 和 PSTX－80mm/42mm，能够满足 5 $\frac{1}{2}$in 和 4in 套管精细分注需求。

1）盘式配水器结构

盘式配水器出水口为燕尾形结构如图 3－2－6 所示，顶部宽度 1mm，尾部宽度 5mm，弧长 25mm，调节幅度 65°，具有锁定机构，适应大压差及水量精准调节，最大过流面积 150mm^2，当量通径 14mm 水嘴。

出口为上出水方式，减小杂物堵塞概率，同时与上部滑套配合，形成环形伞状出水流，减缓了对套管的点状射流冲蚀。

采用滑套结构，如图 3－2－7 所示，可以阻止地层水进入油管，实现防返吐功能。同心配水器的防返吐结构，能有效防止地层返吐，同时需要反洗井时，洗井水不会从同心配水器短路，保证了洗井效果。

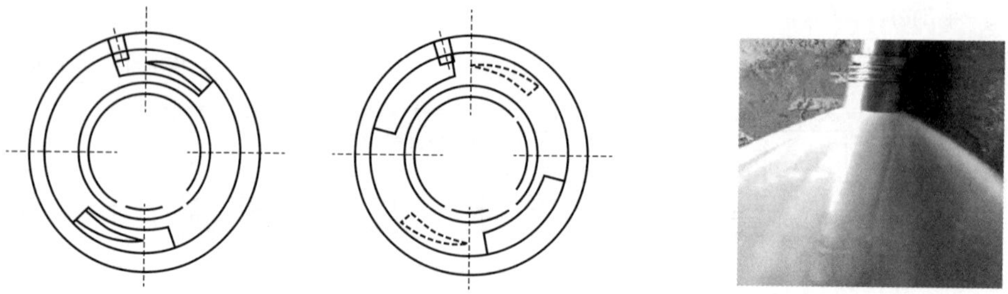

图3－2－6　配水器出水口开启、关闭及出水状态示意图

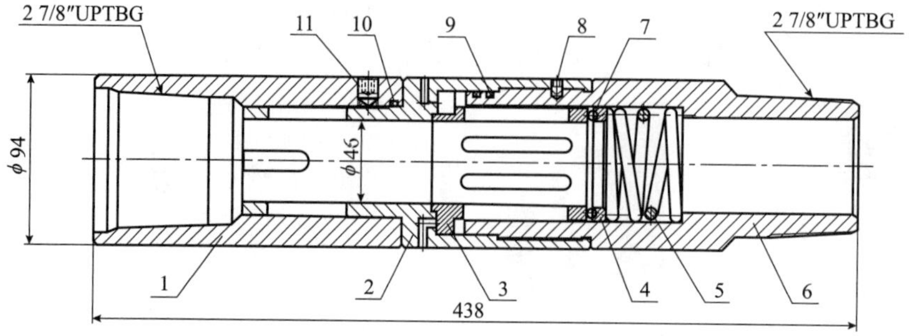

图3－2－7　盘式配水器滑套结构图

1—上接头；2—阀体；3—阀芯；4—球座；5—弹簧；6—下接头；7—钢球；
8—内六角锥端紧固螺钉；9—密封圈；10—密封圈；11—顶丝

2)技术指标

①工作温度－30～150℃；工作压力≤80MPa；

②流量调节2～150m^3/d；

③最大内通径48mm、42mm。

(四)同心测调仪

桥式同心测调仪由超声流量计、两个定位爪以及一套调节头三部分构成。如图3－2－8所示，其中超声流量计实现井下温度、压力以及流量的测量，定位爪实现仪器定位和固定仪器自身，调节头实现水量大小的调节功能。定位爪可张开收回，进行上下各层单独操作。

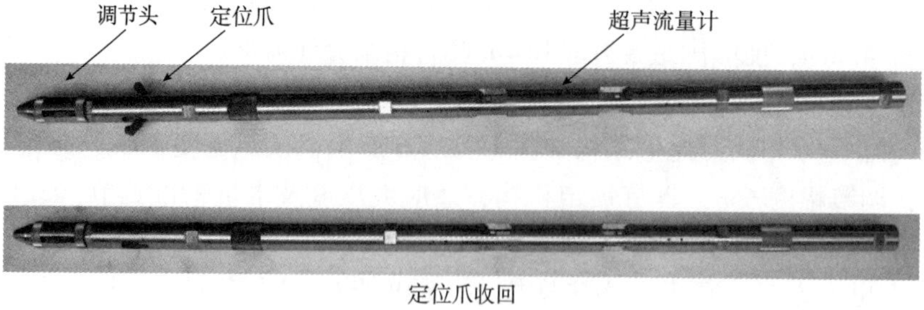

图3－2－8　同心测调仪图

盘式同心测调仪，前期同心测调仪支撑臂和调节臂的调节采用单电机控制，仪器结构较长，同时采用了凸轮结构设计，受到井中杂质进入以及自身磨损的影响，容易导致转不动或者空转等故障。

目前在用的新型测调仪器支撑臂和调节臂的调节各采用独立电机控制，取消了凸轮传动机构。在原有测调仪器基础上设计减速短节，增加仪器调节扭矩。仪器调节头扭矩从0～40N·m提升到80～120N·m。机械调节模块和流量短节分体式设计，自由组合使用。仪器底端挂接实心加重杆，同等配重下，缩短了仪器串长度。

(五)现场测试安全风险分析及防控措施

1. 测试工艺

与偏心智能一体化测调技术相同，不再赘述。

2. 安全风险分析及防控措施

1)安全风险

①仪器起下过程中存在掉井、遇卡风险；

②仪器遇卡，仪器不能起出，造成仪器损坏；

③电缆断脱、仪器落井，造成井底落物。

2)主要防控措施

①作业前确认电缆损耗情况，外径没有变大，阻流管及盘根使用适当；

②认真检查深度测量系统、张力传感系统工作良好；

③电缆起下过程中，要严格控制电缆速度小于3000m/h，过复杂井段及井下工具时速度小于600m/h；

④平稳操作，严禁猛提猛放，时刻注意张力变化，严格按操作规程执行；

⑤电缆使用超过1个月或连续作业10井次以上，及时检查、制作马笼头，抽点测量电缆外径变化，避免出现工程事故。

(六)应用情况

2012—2021年期间年均推进桥式同心分注井12口，一体化测调29井次。2022—2023年自主研制的低成本盘式同心配水器共实施可调同心分注103井次，实现了规模化的应用，解决了特殊油藏和井况条件下的分层注水难题。在最大井深3760m、最高注水压力33.0MPa、最大井斜55.9°、工具最小间距1.4m的井况下成功应用。

胡5－195井是濮东采油厂胡状采油管理区的一口注水井，换封作业，采用两级三段同心分注，最大井斜52.9°，成功实现开注调配。濮6－23井深层高压、小卡距分注，最大工具深度3217m，注水压力30.0MPa，最小工具间隔2.17m，采用同心测条一体化技术成功实现开注调配。

表3－2－1、表3－2－2分别为濮6－23井同心调配测试数据表和分层测试成果表。

表3－2－1　濮6－23井同心调配测试数据表

	油压	T1：S3S6.1～8.1		T2：S3S8.2～8.4		全井水量/(m^3/d)	
测试数据	MPa	水量/(m^3/d)	%	水量/(m^3/d)	%	测试水量/(m^3/d)	地面水表/(m^3/d)
	28.5	41.2	67.8	19.6	33.2	60.8	60
	29.0	46.8	67.0	23.1	33.0	69.9	71
	29.5	54.5	66.5	27.6	33.5	82.1	83
配水器型号		同心 PKTX94/48		同心 PKTX94/48			

续表

基础数据	配注/(m^3/d)	40		20			
	层段性质	均衡		均衡			
	注水量/(m^3/d)	32	48	16	24		
	水嘴开度/%	60		100			
压力数据	压力/MPa	27.85	29.04	28.09	29.08		
	启动压力/MPa	25.46		26.12			
	定注压力/MPa	28.09~29.04					
流量计型号		42 同心超声流量计				流量计编号	XJ42/40097

表 3-2-2 濮 6-23 井分层测试成果表

层位	射孔井段/m	配注/(m^3/d)	层段性质	调配/(m^3/d)	吸水指数/(m^3/d·MPa)	启动压力/MPa
S3S6.1~8.1	3123.8~3211.2	40	均衡	41.2	13.40	25.46
S3S8.2~8.4	3213.6~3227.0	20	均衡	19.6	8.13	26.12
合计		60		60.8	21.53	51.58

第三节 油气层饱和度测井技术

储层饱和度测井可以了解开发井纵向上的储层水淹情况、剩余油的分布，为编制和调整开发方案、提高采收率提供依据。主要包括以碳氧比能谱测井、中子寿命测井为主的核测井方法，以及过套管电阻率测井等非核测井方法。

一、脉冲中子测井技术

脉冲中子测井技术是一种核测井方法，利用脉冲中子源向地层发射中子，经过非弹性散射、弹性散射和俘获辐射等相互作用，生成可供测量的超热中子、热中子和次生伽马射线。研究这些射线场的时间和空间分布，可确定地层的岩性、孔隙度、含油饱和度，实现开发动态的监测。

脉冲中子类储层饱和度测井常用方法，主要包括碳氧比、中子寿命、PND-S、RMT、PNN、四中子等。

(一) 技术原理

(1) 中子寿命测井。能反映各产层的水淹状况，定量解释剩余油饱和度，为高含水油井堵水和油藏剩余油分布规律的研究提供依据。但由于施工工艺较为复杂，目前在油田应用较少。

中子寿命测井也叫热中子衰减时间测井，记录的是热中子在地层中的寿命 τ，即热中子从产生的瞬时到被俘获的时刻经过的平均时间，其与物质的俘获截面有关，地层俘获截面越大，热中子寿命越短。表3-3-1为常规物质俘获截面典型值。

τ与宏观俘获截面的关系为：

$$\tau = 1/V\Sigma \quad (3-3-1)$$

式中　V——热中子速度，cm/s。

表3-3-1　常规物质俘获截面典型值

物质	宏观俘获截面典型值/c. u.
泥质	24~45
骨架(砂岩)	8~12
淡水	22. 1
地层水	20~120
天然气	2~12
原油	16~22

实际应用中，一般采用测-注-测的施工工艺。对于淡水地层，一般采用注入亲水不亲油且俘获截面较大的硼酸溶液(或钆溶液)，在注硼(钆)前后各测一条俘获截面曲线，将两条曲线重叠，其幅度差的大小可以定性反映吸水层段。

(2)碳氧比能谱测井。通过探测记录中子与地层元素原子核发生非弹性散射发出伽马射线并对其进行能量和时间分析，得到地层岩性、含油饱和度及孔隙度信息的测井方法。

碳氧比测井最基本的用途是确定淡水油田套管外地层中的含油饱和度。由于石油中含有大量的碳元素，水中含有大量的氧元素，在碳氧比测井中，分别选取碳元素和氧元素作为地层中油和水的指示元素。碳原子非弹性散射伽马射线能谱最突出的峰在4. 43MeV，氧原子最突出的峰则在6. 13MeV，如图3-3-1所示，两者的能量差较大，这些差别为进行伽马能谱分析提供了极为有利的条件。

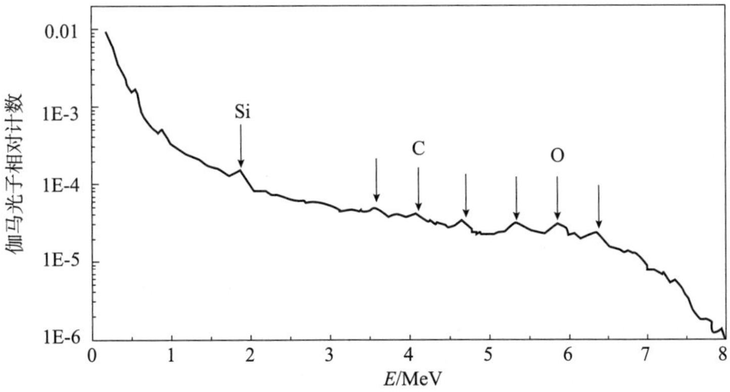

图3-3-1　中子非弹性散射伽马峰位图

实际地层中所含的元素远不止碳和氧两种，测井时所得到的地层伽马射线能谱更为复杂。在实际测量中，对每一种高能伽马射线($E>1.02$MeV)，由探测器测得的典型脉冲幅度谱中均显示有三个峰。在利用碳氧比测井方法对地层进行分析时，通常选取碳的三个峰范围内所包含的伽马射线总计数(又称为碳能窗)与氧的三个峰范围内所包含的伽马射线总计数(又称为氧能窗)之比来评价储层中的含油量或其他地质参数，简写成 C/O。

3) PNN 测井

PNN 测井采用热中子测量法，通过长、短源距探测器(He－3 计数管)探测快中子经过地层减速后变成的还没有被地层俘获的热中子，即地层中热中子的数量随时间的变化关系，进而确定含水饱和度的套管井储层评价测井技术。该技术消除地层本底影响，最大限度地保证其在低孔隙、低矿化度地层条件下的相对较高的中子计数率，提高测量精度，适用范围更为广泛。

PNN 测井有连续测量和点测两种测量方式。点测一般应用于低矿化度、低孔隙度地层，可以最大限度地降低统计起伏的影响。PNN 测井技术主要应用于剩余油饱和度测井中，对识别油气富集层、判断水淹层、有效识别气层、识别低阻油层、定量计算中子孔隙度、定性识别岩性等效果较好。

4) RDT 测井

RDT 是新一代脉冲中子全谱成像测井仪器，集成中子寿命、碳氧比、氧活化、含气饱和度四种工作模式，如表 3－3－2 所示，一次下井可提供地层俘获截面、碳氧比、氧活化计数、元素能谱等参数。仪器利用三个探测器(近、远探头 LaBr 探测器和超长探头 NaI 伽马探测器)分别记录非弹性散射伽马和俘获伽马时间谱及能量谱，获取这些不同能量的非弹性散射伽马射线和俘获伽马射线，分析地层中的各种元素及其含量，从而计算 C/O、SIGMA、FNXS、SATG 等曲线，划分储集层、识别岩性特征、计算孔隙度和流体饱和度等地层岩石物理参数。

表 3－3－2 RDT 测量模式

测量模式	测量结果
俘获时间模式	测量热中子被地层俘获的伽马射线、得到热中子衰减时间谱，计算地层宏观俘获截面，评价地层含水饱和度
C/O 模式	非弹、俘获、活化伽马能谱
俘获能谱	俘获、活化伽马能谱
含气饱和度	超远探头测量非弹伽马总计数及慢俘获伽马总计数，二者比值计算含气饱和度
全组合模式	非弹、俘获伽马能谱，时间谱，活化能谱

5) 四中子测井

四中子测井是新型过套管测井方法，仪器采用 AmBe 241 镅铍化学源，结合中子－中子和中子－伽马测量双物理过程，测量与地层反应后的热中子和散射、俘获伽马，用以做地层的岩性评价、物性评价和含油性评价，从而实现储层在套后的全面的岩石物理解释。

中子－中子原理是镅铍中子源向地层发射平均能量为 4.5MeV 的快中子，快中子与地层中的元素发生碰撞，能量逐渐减弱，变为热中子，直至被俘获；中子－伽马原理是快中子与地层中的原子反应会发出伽马射线，主要记录快中子与原子核发生碰撞到热中子被俘获等过程的伽马射线计数率。通过双物理过程，探测地层和流体信息，计算总孔隙度、有效孔隙度、含油饱和度、泥质含量、相对密度等信息，评价套后储层物性特征以及剩余油分布状况。该技术在复杂结构井储层评价、老井剩余油评价、气层识别以及水淹层分析等方面具有较好的应用效果。

(二)技术特点及技术指标

1. 技术特点

1)中子寿命测井

分析注硼(钆)前后俘获截面曲线、远近计数率曲线、孔隙度指数曲线的变化情况，定性分析油、气、水层，并结合动静态资料综合分析判断出水层、水淹层和水淹级别，定量评价储层的剩余油饱和度。

2)碳氧比测井

通过 HCHL－MSID 重叠法、双饱和度法、CILD－MSID 重叠法、C/O－Si/Ca 覆盖解释法、C/O－Ca/Si 重叠法、动态分析法来确定储层水淹级别，从而达到了解剩余油分布的目的。

3)PNN 测井

通过记录的远计数率、近计数率、井温和压力等参数，进行动态分析来确定储层水淹级别，定性划分油气水界面，定量计算剩余油饱和度、地层孔隙度和泥质含量等。

4)RDT 测井

根据能够反映储集层岩性、物性、含油气性的 GR、RNFC、FSICA、SIGM 等测井曲线变化特征，利用俘获截面 SIGM、碳氧比 FCOR 曲线定量计算含水饱和度，确定储层饱和度的动用状况，综合解释评价储层的剩余油分布情况。

5)四中子测井

综合中子－中子、中子－伽马双物理过程信息，能支撑较全面的套后岩石物理解释，如岩性、物性、含油性等；可减少对裸眼井信息的依赖，地层适应性广；探测深度为 70～90cm，不受井眼不规则和侵入的影响；可实时测量或存储测量，测速快 4～10m/min，一般 5m/min，仪器稳定性好，施工简单，测试效率高。

2. 主要技术指标

1)中子寿命测井

仪器外径 ϕ43mm，长度 7448mm，耐温 150℃，耐压 100MPa，推荐测速 6.0m/min。

2)碳氧比测井

仪器外径 ϕ89mm，长度 4160mm，耐温 135℃，耐压 100MPa，推荐测速 0.9m/min。

3)PNN 测井

仪器外径 ϕ43mm，长度 5700mm，重量 41.5kg，耐压 38MPa，耐温 50℃，供电 150VDC/80mA，连续工作时间 5h。

4)RDT 测井

仪器外径 ϕ43mm，耐温 125℃，耐压 100MPa，可控中子源中子产额≥2.0×10^{8}n/s，探测半径 30cm，俘获模式测速 120m/h，组合模式测速 60m/h。

5)四中子测井

外径 ϕ43mm，耐温 150℃，耐压 105MPa，测速 5m/min，垂向分辨率 40cm，径向探测深度 70～90cm，适用井眼 54～300mm。

(三)应用场景及测试工艺

1. 应用场景

1)中子寿命测井

地层孔隙度 $\phi>12\%$，地层水总矿化度 $>15\times10^4\mu g/g$；若地层水，总矿化度 $<155\times10^4\mu g/g$ 时，进行硼(钆)-中子寿命测井。评价储层水淹状况和出水层，分析油层开采状况，确定潜力层，为新井部署提供依据；利用时间推移法监测油藏的动用情况，利用注硼(钆)-中子寿命测井进行找窜。

2)碳氧比测井

地层孔隙度 $\phi>15\%$，测井井段理想情况下应 $<300m$。确定地层剩余油饱和度，评价储层水淹状况，新井投产优选射孔层，分析油层开采状况，为新井部署提供依据，调整产层提高油井利用率，为注水井上返转采提供依据，用 C/O 时间推移测井监测产层动用情况。

3)PNN 测井

寻找水层和潜力层，评价产层的水淹级别，认识油藏水淹规律，为控水增油提供依据；检查固井质量，寻找窜槽和漏失层位；寻找漏失气层；求取剩余油饱和度等。

4)RDT 测井

地层孔隙度 $\phi\geqslant8\%$，地层水矿化度 $>10000\mu g/g$。过油管测量伽马能量谱、衰减时间谱，评价含油、含水和含气饱和度；气水界面识别和定量测量含气饱和度；报废井、关停井寻找潜力层；淡水、低矿化度或未知矿化度复杂岩性评价油气层及油水界面；低孔隙度条件下评价剩余油饱和度；活化谱、井温等资料可综合评估产水层或吸水层。

5)四中子测井

地层孔隙度 $>3\%$，地层水矿化度 $>3000\mu g/g$，井筒通径 $>54mm$。可确定储层物性、剩余油气饱和度，评价剩余油状况及水淹程度，为储层改造措施提供技术依据；对于因井况复杂或经济成本等因素未完成常规裸眼测井的，可进行完井补测，补充完善储层物性、含油气性等信息，完成综合评价；受岩性复杂、低阻、水系多变等因素影响，油水性质不易判断时，可提供储层含油气饱和度，辅助判识流体性质。

2. 测试工艺

1)中子寿命测井

井筒规则、固井质量好，测井前必须用通井规进行通井并洗井，油管下至油层底部以下 20m，油管底部需带十字架或单流阀，新井固井十天后进行测井。

通电检查仪器；以小于 3000m/h 的速度下放仪器，距离井口大于 200m 时停车，通电检查中子管工作情况，并安装井口防喷装置；继续下放仪器至测量井段底部，以 360m/h 的速度上测录取中子寿命俘获截面等曲线；录取完毕后，仪器下至测量井段底部，以 360m/h 的速度上测录取重复曲线；录取完毕后，以 3000m/h 的速度上提仪器，当仪器起至距井口 50m 时停车，拆除井口防喷装置，用人力牵引将仪器拉出井口；拆卸仪器和井口测井辅助设备。

2)碳氧比测井

井筒规则、固井质量好，测井前必须用通井规进行通井并洗井，新井固井十天后方可进行测井。仪器下井速度不得超过3000m/h；下到距井口500m时，给仪器上部电路供电，并随时观察仪器工作情况；仪器到目的层前100m时，速度应降为1000m/h；仪器下到目的层段底部上部测自然伽马曲线并校深；校深后，将仪器重新下到目的层底部。

按要求启动中子发生器，并调整中子发生器工作状态使碳窗口总计数平均为1450CPS；检查源发射状态，应符合要求；仪器上提测量，仪器上提测量速度不应超过55m/h；随时观察脉冲到达时间谱的波形并满足要求；测井过程中，碳窗口总计数应始终保持在1450CPS ± 100CPS范围内；在目的层段重复测量25m，相对误差应在10%之内；测量完成断电20min后，仪器才能起出井口。

3)PNN测井

测井适用条件比中子寿命和高精度碳氧比广，特别对于低孔隙度和低矿化度井测井效果十分理想。目前矿化度在4000～6000μg/g、低孔隙度为10%左右条件下也有非常成功的例子。

地面检查仪器正常后入井；用GR/CCL模式将深度校准，在Set Depth中输入深度；下到目的层以下10m左右开始进入FIRE模式；进入File，点击Log Up上测，测速控制在3m/min(如果计数率低可以降低速度)；测全井段后选择标准水层重复测量20m；全部测井完毕后断电，起出仪器，结束测井。起出仪器时间要和停止打靶时间间隔30min以上。

4)RDT测井

空井筒测试，全能谱测井模式。对于淹没在液面以下的射孔层，因积液沿射孔层侵入，影响饱和度评价可靠性。

地面检查仪器正常后入井；仪器下井速度不得超过3000m/h，地面张力不得超过仪器静态时张力的120%；仪器到目的层前100m时，测速小于600m/h；仪器进行正常测井获取数据时，测速不超过120m/h。

5)四中子测井

连接地面和下井仪器，地面检查信号正常后进行起吊下放，下井速度符合仪器技术要求；测量采用上提连续测量方式；将仪器下放到目的层段以下10m；在非渗透层段测量数据应与完井时所测的同类曲线变化规律相符合，测量数据异常处应进行重复验证，重复验证误差不应大于10%；全部测量完成且确认资料合格后，关闭下井仪器的供电电源，按要求起出下井仪器。

(四)应用情况

自2000年起，油田陆续引进上述技术，开展了不同类型油藏剩余油饱和度测井适应性评价及解释方法研究，由单一C/O技术应用为主，发展为PNN、全能谱、四中子等多种技术分类应用的特高含水油藏饱和度测井技术系列。

如图3－3－2所示，中子寿命测井资料应用。该井因高含水停产，两条俘获截面曲线重叠对比后，其中19号层俘获截面高值，离差较大，为主要出水层，根据解释结果采取挤堵作业封堵主力出水层，实施后产油12.2t/d，产水8.2m^3/d，含水40.2%，增油效果明显。

如图3－3－3所示，该井为老井挖潜，碳氧比测试资料显示82号层C/O高值，含油性较好，为主要潜力层。根据解释结果补孔作业，措施后增油效果明显。

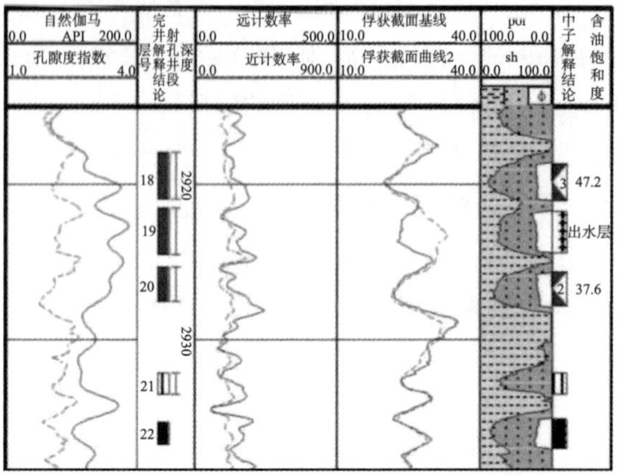

图 3-3-2 中子寿命测井解释成果图

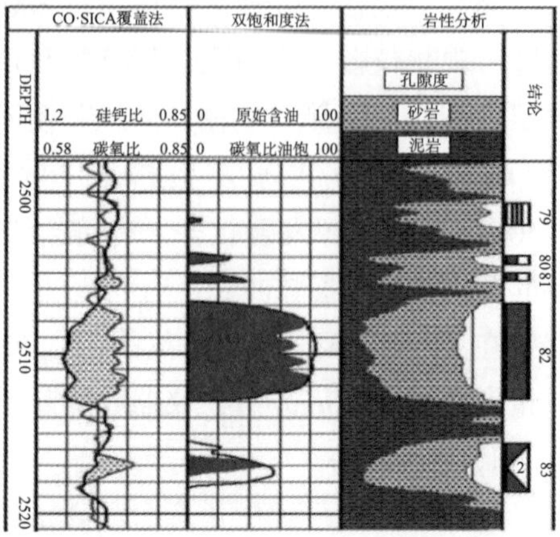

图 3-3-3 碳氧比测井解释成果图

如图 3-3-4 所示，PNN 测试资料应用。该井产出量大，日产液 20.4t，日产油 0.4t，含水 96.0%。PNN 测试资料显示 20 号和 24 号层俘获截面低值，计算剩余油饱和度较高，为潜力油层；28-29 号层剩余油饱和度较少，结合自然伽马、井温曲线，分析水淹程度较高，为主力出水层。根据解释结果挤堵 28、29 号层，补孔 20、24 号层，实施后日产液 15.0t，日产油 5t，增油效果明显。

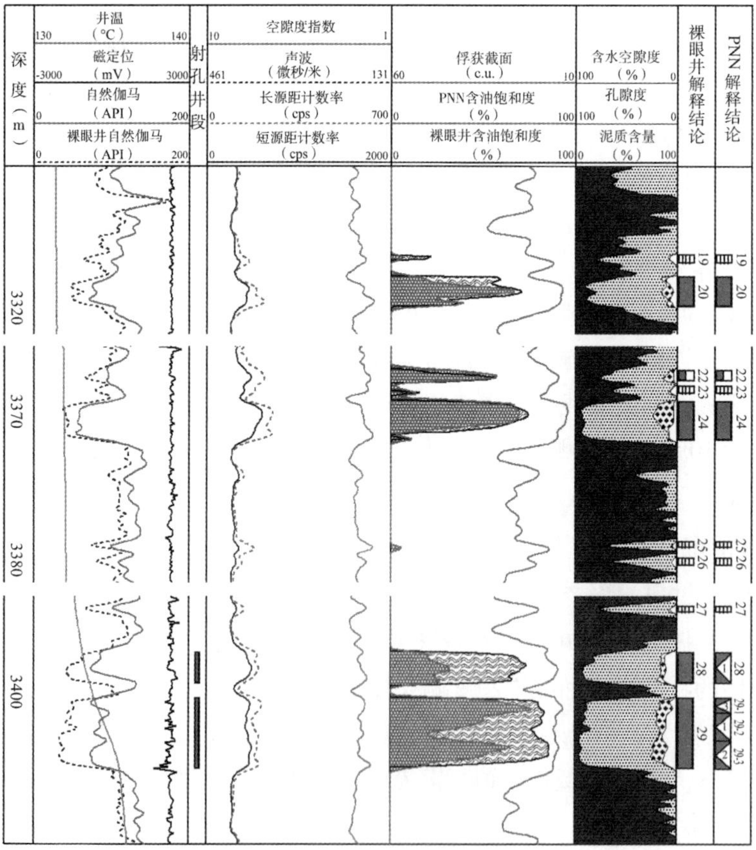

图 3-3-4 PNN 测井解释成果图

如图 3-3-5 所示，RDT 测试资料应用。48、50、54 号层俘获截面低值，计算剩余油饱和度较高，为潜力油层；26 号层剩余油饱和度较低，分析水淹程度较高，为主力出水层。根据解释结果补孔，措施后增油效果明显。

如图 3-3-6 所示，基于四中子测试资料综合分析应用。该井投产后日产液 21.21t，日产油 2.41t，含水 88.1%。四中子测井对厚层进行了细分解释，目的层基本呈现三段结构：顶部含油饱和度计算结果显示仍有较大潜力；中部物性稍差或泥质含量较高，渗透性弱于上下层段；底部物性较好，泥质含量低，含油饱和度低于裸眼井分析结果，存在一定水淹，但是仍有一定潜力。根据解释结果，对 41、42 号层进行精准挖潜，措施后日产油 10.0m^3，含水 2%。

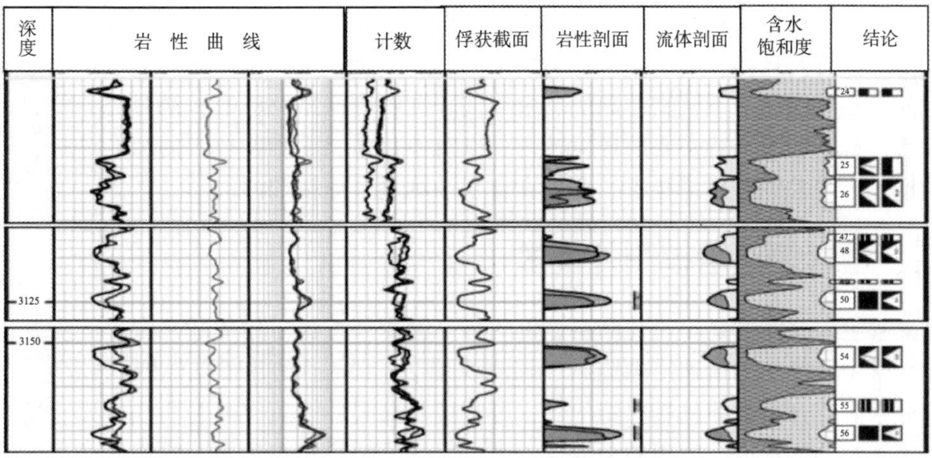

图 3-3-5　RDT 测井解释成果图

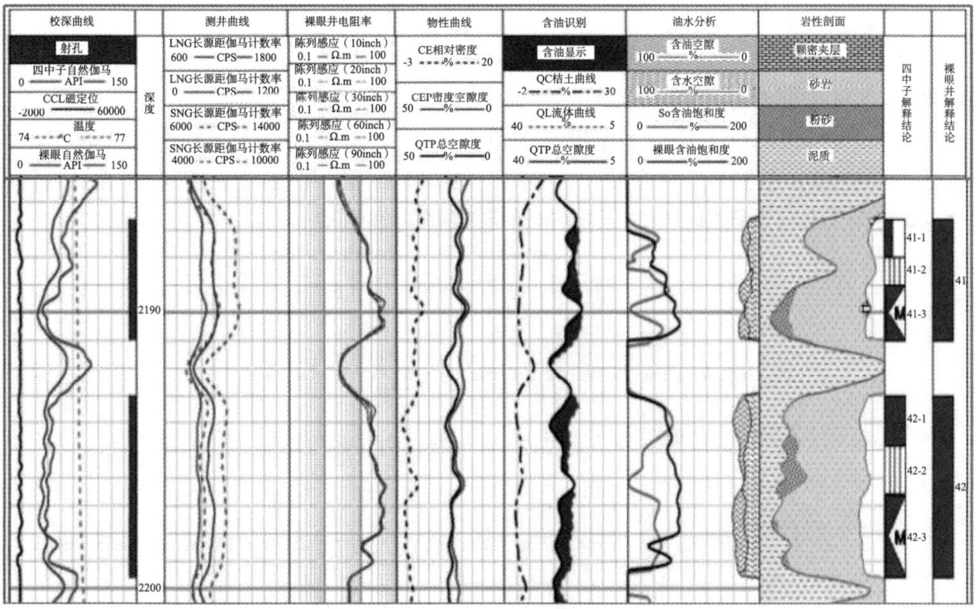

图 3-3-6　四中子测井解释成果图

(五)安全风险及注意事项

在地面检查中子发生器时，必须放入专用水罐中；在没有水罐的车间或井场不要连接中子发生器来检查仪器；连接中子发生器的仪器串，只有在下放到井口以下30m后才能给仪器供电；在测井结束上提电缆距井口30m时，仪器必须停止供电；在将仪器从井口起出前，中子发生器必须停止工作超过40min。

(六)存在不足及改进方向

随着油田步入开发后期，开发层系转为物性较差的Ⅱ、Ⅲ类储层，注采关系复杂，地层水矿化度多变，剩余油分布高度零散。剩余油测试目的从“油中找水”转变为“水中找油”，但是受不同类型油藏储层地质条件(孔隙度、压力、温度等)的影响，以及不同测井系列测量原理和仪器结构的限制，剩余油饱和度技术总体分辨精度还不能满足精细评价的需求。下一步将开展高分辨率深探测剩余油测井方法研究和厚层非均匀多极水淹细分方法研究，建立不同层位、不同物性储层剩余油饱和度解释模型及标准，结合完井资料、固井资料、水分析资料等进行必要的环境校正，以及强化多类型测井技术的综合分析，以提升剩余油饱和度测井综合解释技术，实现高含水油藏剩余油精细评价。

二、过套管电阻率测井技术

过套管电阻率测井是生产井储层评价的另一种测井方法，相比脉冲中子类测井，该技术能在套管中可靠地测量地层电阻率，探测深度2～10m，受井眼流体影响较小，在低孔低渗油藏水淹层评价方面具有独特优势，可直接与裸眼井电阻率测井曲线对比，快速定性地判断油层的动用程度，发现潜力油层，也可以评价油层水淹程度，监测储层流体饱和度的变化。按照测量原理的不同，过套管电阻率测井分为电极推靠式过套管电阻率测井和瞬变电磁过套管测井技术。

(一)技术原理

1. 电极式过套管电阻率测井技术

过套管电阻率测井技术是基于电极法原理，如图3－3－7所示，利用液压推靠装置将探针扎入套管内壁，通过向开发井的套管供入大功率电流，并在套管壁检测由套管流入地层的“漏电流”形成的微弱电位差，由此来确定储层的电阻率。

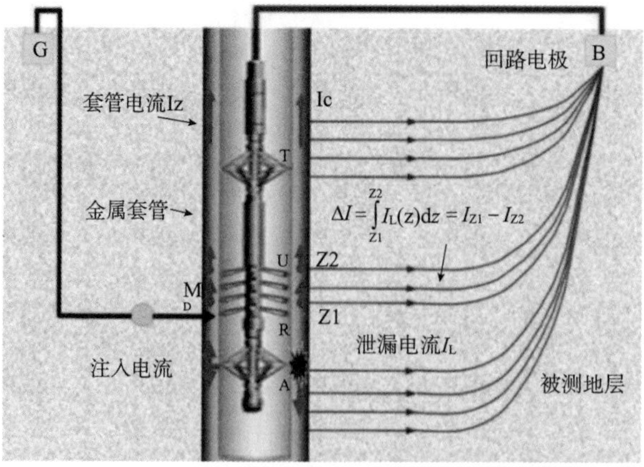

图3－3－7　过套管电阻率测井示意图

过套管电阻率测井仪由地面仪器和井下仪器两部分组成。如图 3-3-8 所示，地面仪器包括过套管电阻率测井大电流激励装置、地面控制面板和地面控制计算机，完成低频大电流激励信号的发射，下发控制命令，以及接收并显示井下系统传送来的数据。井下仪器包括电极系及液压推靠装置，信号放大、采集处理及电缆传输系统、井下电源短节等。

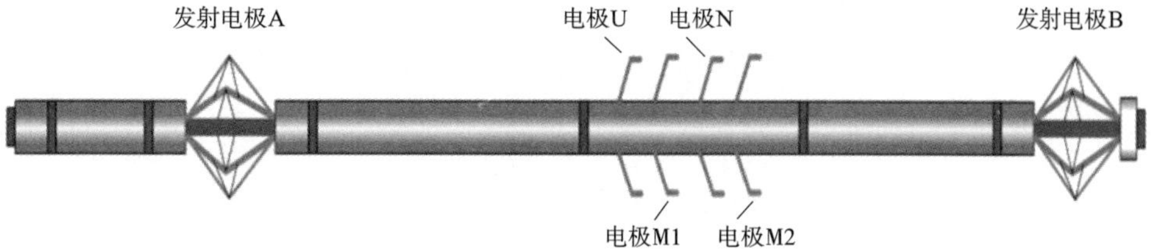

图 3-3-8 过套管电阻率测井仪器结构示意图

测量时，打开推靠器，将电极推靠到套管壁，电极探针扎透套管的污垢层与套管壁接触。激励电流通过上、下供电电极轮流加到钢套管柱上，返回位于地面的回流电极(通常利用邻井套管柱的井口)。通过测量电位差等信息可计算出地层视电阻率，进而获取地层真实电阻率，计算剩余油饱和度。

2. 瞬变电磁法过套管测井技术

受液压推靠结构的限制，传统电极式过套管电阻率仪器外径大于89mm，在小套管井、分支井、侧钻井、普光气田等复杂井况条件下应用受限，探索研究了瞬变电磁场穿透套管探测地层电阻率的非接触测量方式。过套管瞬变电磁测井技术是非接触式过套管电阻率测井技术，测试过程对套管质量等条件的要求较低，可连续测量，比电极法具有更大的优越性，是过套管测试技术的一个重要发展方向。

瞬变电磁法是一种建立在电磁感应原理基础上的时间域人工源电磁探测方法。如图 3-3-9 所示，它利用不接地回线(磁源)或接地线源(电偶源)向地下发送一次脉冲磁场(一次场)，在其激发下，地下地质体中激励起的感应涡流将产生随时间变化的感应电磁场(二次场)。二次场随时间衰减的规律主要取决于地质体的导电性、体积规模和埋深，以及发射电流的形态和频率。由于二次场包含地下地质体丰富的地电信息，在一次脉冲磁场的间歇期间，利用线圈或接地电极观测二次场(或称响应场)，通过对这些响应信息的提取和分析，从而达到探测地下地质体的目的。

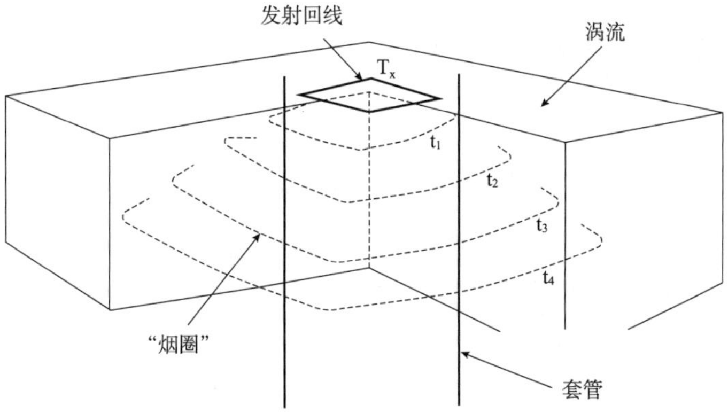

图 3-3-9 涡流环传播机理

过套管瞬变电磁测井仪包括地面便携系统、遥测短节、三参短节、接收短节(内置伽马晶振)、线圈系、发射短节和储能短节，如图3-3-10所示。

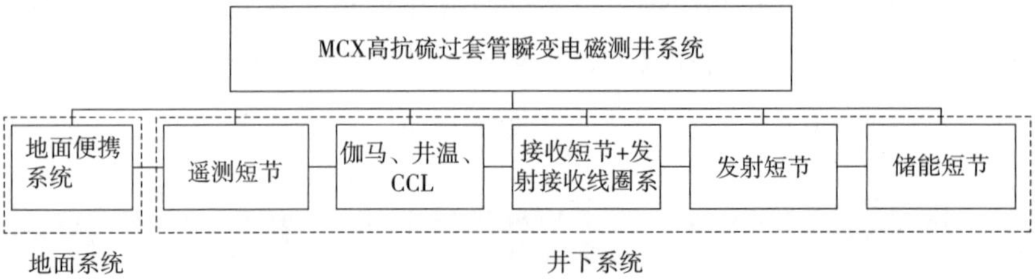

图3-3-10 过套管瞬变电磁测井仪结构示意图

瞬时大功率脉冲源发射系统利用闪光灯原理，“小电流长效充电-短时放电”以产生瞬间大功率电磁拟高斯脉冲场，瞬时发射电流100A，探测深度可达1~10m。补偿式多线圈系发射接收线圈组合排列设计，形成穿透套管聚焦地层的电磁场，同时实现套管穿透、套管信息记录及纯地层响应提取。当套管外存在不同电导率的介质时，瞬变电磁响应差异显著，可实现气水界面的探测，如图3-3-11所示。

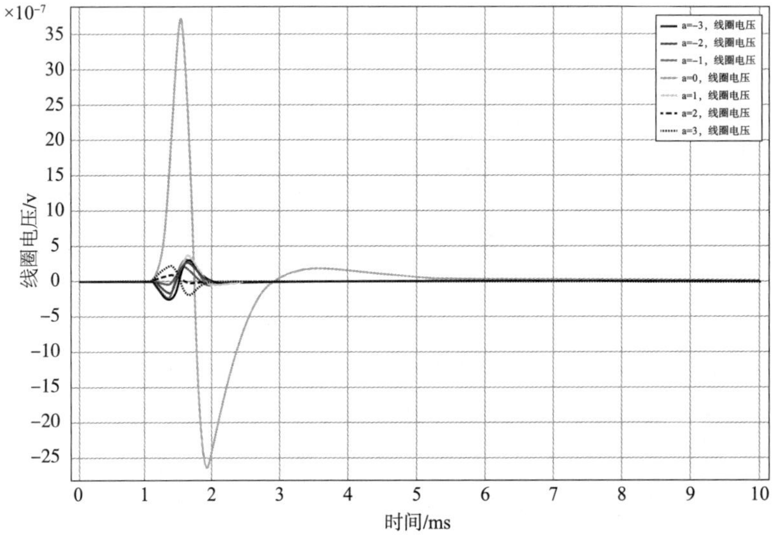

图3-3-11 气水界面探测

(二)技术特点及技术指标

1. 技术特点

1)电极法过套管电阻率测井技术

①探测深度2~10m，相比脉冲中子类测井探测范围更大；

②不受孔隙度影响，适用于不同孔隙度和地层水矿化度地层剩余油评价；

③在套管内定点测试，由于套管结蜡、积垢严重易导致电接触不良造成数据缺失，需刮屑、洗井。

2)瞬变电磁法过套管测井技术

①探测深度1~10m；

②不受孔隙度影响，适用于不同孔隙度和地层水矿化度地层剩余气评价。

2. 主要技术指标

1)电极法过套管电阻率测井技术

①仪器外径 ϕ89mm，耐压 100MPa，耐温 150℃；

②电阻率测量范围 0.2～200Ω·m，纵向分辨率 0.5m，测量精度 30nV。

2)瞬变电磁法过套管测井技术

①仪器外径 ϕ43mm，耐压 100MPa，耐温 150℃；

②纵向分辨率 0.5m，抗硫化氢浓度 15%。

(三)应用场景及测试工艺

1. 应用场景

1)电极法过套管电阻率测井技术

可直接与裸眼井电阻率测井曲线对比，快速定性判断油层动用程度；可对老井进行剩余油饱和度监测，重新评价储层，发现新的潜力层；可进行时间推移测井评价储层饱和度和流体界面变化；对于新钻井下套管后未取全资料的，可进行补测地层电阻率资料。

2)瞬变电磁法过套管测井技术

可对老井进行剩余油饱和度监测，评价储层水淹程度，发现新的潜力层；可进行时间推移测井评价储层饱和度和流体界面变化。

2. 测试工艺

1)电极法过套管电阻率测井技术

空井筒测试，测量采用上提点测方式，测井井段为单层套管，套管无严重变形、腐蚀等，固井质量较好，测试前确保井内畅通，进行刮井或洗井等作业。测井时井内流体应处于稳定状态。

①连接地面和下井仪器，地面检查信号正常后进行起吊下放，下井速度符合仪器技术要求。

②将仪器下放到校正层段下部不少于 2m 处测量校正层段；在测量层段内，选择固井质量较好、岩性较纯、厚度不小于 5m 的泥岩段作为校正层段；按照完井曲线数据确定电阻率校正系数。

③将仪器下放到目的层段下部不少于 2m 处测量目的层段，在非渗透层段测量数据应与完井时所测的同类曲线变化规律相符合，测量数据异常处应进行重复验证，重复验证误差不应大于 10%；对于厚度大于 5m 且均质的储层，储层内布点的采样间隔应不大于 1m；对于厚度小于 5m 的储层，储层内布点的采样间隔应不大于 0.6m；对于薄互层储层，应加密测量。

④测量完成且确认资料合格后，关闭下井仪器的供电电源，按要求起出下井仪器。

2)瞬变电磁法过套管测井技术

仪器外径小，可过油管测试，测量采用上提连续采集测量方式，测试前确保井内畅通。

①采用电缆作业方式通井，通井至目的测量井段以下，若遇阻则记录遇阻深度；

②连接地面和下井仪器，地面检查信号正常后进行起吊下放，下井速度符合仪器技术要求；

③将仪器下放到目的层段下部不少于 2m 处开始测试，电压电流采集信号正常输出，若出现数据异常，应进行重复验证；

④测量完成且确认资料合格后，关闭下井仪器的供电电源，按要求起出下井仪器。

（四）应用情况

2010 年起油田开展了 50 余井次电极推靠式过套管电阻率现场测试，主要应用于确定主力出水层、老井进行复查、确定在钻井初期由于泥浆侵入影响导致电阻率降低而漏失的油气层以及正常生产和注水过程中储层流体界面的变化情况，确定剩余油饱和度，为老区剩余油挖潜提供依据。在应用过程中发现该技术在套变井、井壁脏刮屑洗井不彻底的井以及固井质量不好的井测试时，资料质量不符合要求，造成测试失败。

如图 3－3－12 所示，过套管电阻率测试资料应用。该井为老井重新评价，过套管电阻率测试资料显示：主力储层经过多年注水开发，测量电阻率有明显下降，其中 22、24、26 号层水淹严重，是主要出水层。根据解释结果挤堵、补孔，措施后日产液 84.9t，产油 4.0t，含水 95.3%，日增油 1.9t。

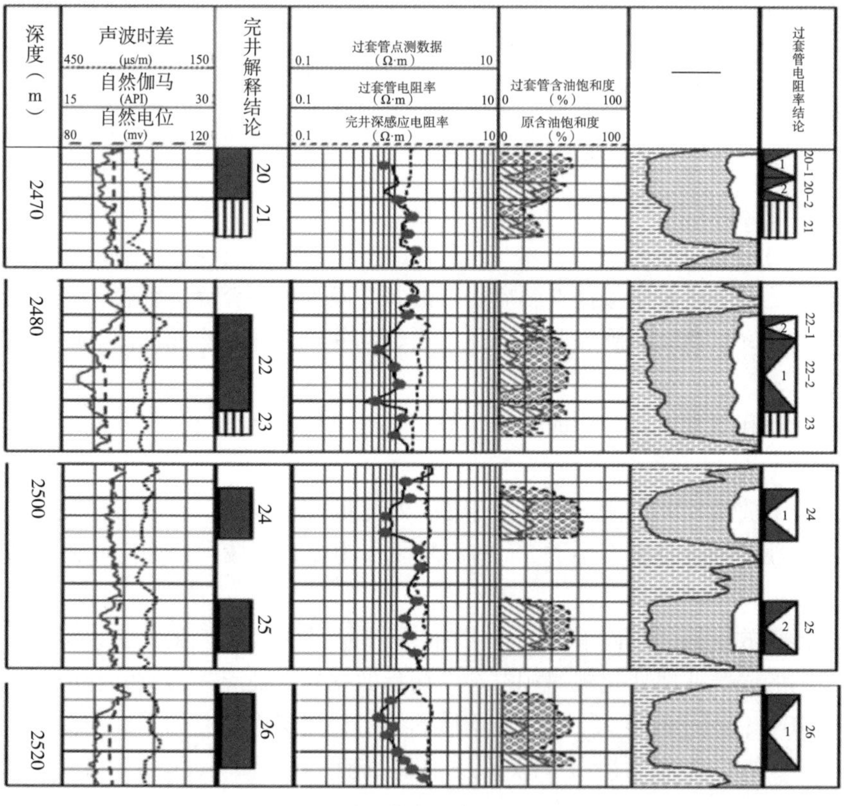

图 3－3－12　过套管电阻率测井解释成果图

2022 年，依托集团公司项目，开始探索研究过套管瞬变电磁测井技术，目前已完成小直径高抗硫样机研制，开展了刻度井现场试验，获取了不同储层特性条件下裸眼、碳钢管、镍基合金管标准样本数据，测试数据分层响应特征明显。

（五）安全风险及注意事项

①测井前确保井内畅通；

②电极法过套管电阻率测井时，井壁要进行刮屑作业，并且用油井所采出的污水洗井（不能用淡水洗井），以清理井壁油垢，保证仪器触点和井壁接触良好，使电流能够传到

(漏失)地层中；

③瞬变电磁过套管测井前，必须对作业环境进行全面的安全评估，包括对井下环境的化学腐蚀、高温高压等因素的考虑。

(六)存在不足及改进方向

电极法过套管电阻率测井时要将电极扎进套管，仪器需附带强力机械推靠及液压装置，结构复杂且仪器外径大，在小套管井、分支井、侧钻井、普光气田等复杂井况条件下应用受限。且仪器井况测试条件苛刻，现场测试前需井下作业洗井；测井过程采用点测，一个深度点测量要经历液压系统的加压、泄压等过程，测井时间较长；仪器探针昂贵，测井过程容易磨损，后期维护费用高；遇到套管变形、腐蚀等较为严重情况时，推靠后电极与套管接触不良，测井数据不佳等，这些局限性也限制了其在油田的进一步推广。

瞬变电磁法过套管测井技术目前还在持续研究中，下步将继续开展现场试验，以进一步完善测试数据响应特征提取及资料解释处理方法研究，最终形成一套基于人工智能的过套管瞬变电磁智能识别及储层饱和度综合解释方法。

第四节　光纤测井技术

分布式光纤传感技术采用光纤作为传感介质和传输信号介质，通过测量光纤中特定散射光的信号来反映光纤自身或所处环境的温度、声波、应变、压力等变化，一根光纤可实现成百上千传感点的分布式传感测量，具有连续性全尺度监测、采样率高等优势，采集的资料更丰富，避免了间歇性出液的影响，能消除仪器反复上下移动对井筒的扰动，解释结果更为可靠，近年来在油气领域得到了快速发展。目前国内常用的主要有分布式温度光纤温度传感(DTS)、分布式光纤声波(DAS)和分布式应变传感(DSS)技术，2022 年中原测控引进了一套。

一、技术原理

(一)分布式温度光纤温度传感(DTS)原理

分布式光纤测温系统依据后向散射原理可以分为三种：基于瑞利散射、基于拉曼散射和基于布里渊散射。目前发展比较成熟且有产品应用于工程的是基于拉曼散射的分布式光纤测温系统。如图 3－4－1 所示，为分布式温度测试原理图。

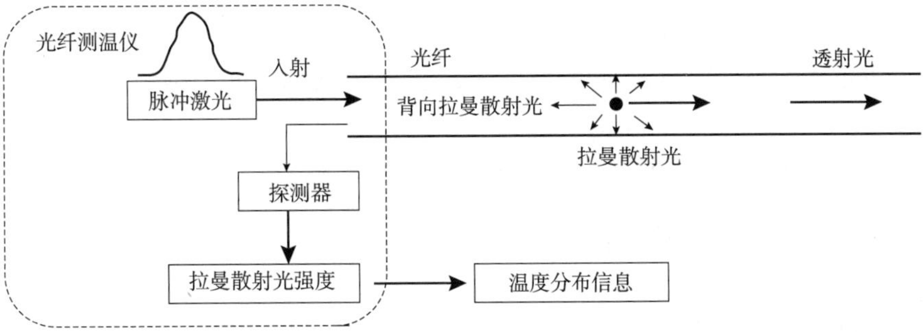

图 3－4－1　分布式温度测试原理图

当激光脉冲在光纤内部传输时，由于光子与光纤材料内部分子的非弹性碰撞而发生能量交换，产生拉曼散射。拉曼散射会产生两种不同波长的散射光，即斯托克斯光(大于入射光波长)和反斯托克斯光(小于入射光波长)，反斯托克斯光对温度极为敏感，而斯托克斯光与温度的相关性很小，所以通过检测反斯托克斯光与斯托克斯光强度的比值，就可实现光纤上各点温度的测量。

(二)分布式光纤声波(DAS)原理

分布式光纤振动监测系统对井下安置的光纤发送脉冲光并同时检测瑞利后向散射信号，当井下发生事件时会产生振动信号，振动波会对光纤发生作用，进而对光的后向散射特征产生影响。采用外差相位检测技术可以获得沿光纤上每一点的瞬时的振动信息，通过对其振幅、频率的检测，实现传感光纤中引入的动态应变的局部线性测量，即可实时监测到井下事件发生的过程和状态。如图3-4-2所示，为分布式声波测试原理图。

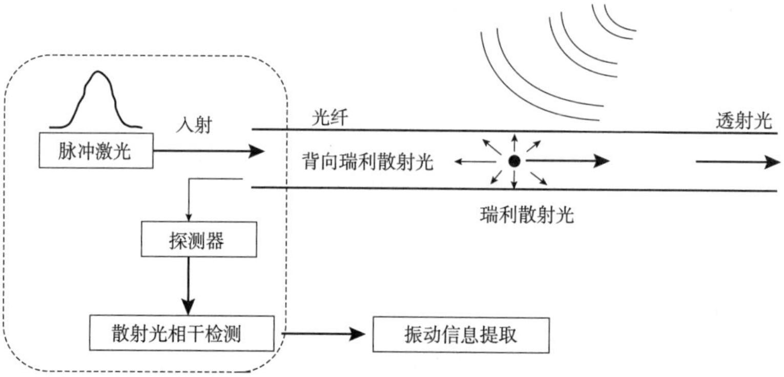

图3-4-2　分布式声波测试原理图

二、技术特点及技术指标

(一)技术特点

(1)实时在线监测，尺寸小，可实现固定式长期测试，不影响生产，可以串联，实现分层测量；

(2)光传感、光传输，不带电，不受电磁干扰；工作温度高，最高可达350℃以上；测量精度高，响应速度快。

(二)主要技术指标

1. 分布式温度DTS主要技术指标

温度测量范围-20~200℃，测量精度0.5℃；定位精度1m，监测距离10km；

2. 分布式声波DAS主要技术指标

工作频带10~50kHz，监测距离最大50km，定位精度最小1m。

三、应用场景及测试工艺

(一)应用场景

DTS、DAS光纤监测系统可对油气井的压裂过程、压裂效果以及后期生产动态进行实时监测，建设智慧油田。

(1)油/气井的产、注气(液)的动态剖面实时监测定量单层产油、气、水贡献率/每层注液、气量；

(2)监测油/气生产井出水/砂点位置，漏点、管内、外窜槽位置；

(3)压裂施工和改造效果监测，实时监测压裂液和支撑剂的走向、每个射孔簇的进液量、返排液剖面等，完善压裂方案。

(二)测试工艺

DTS、DAS分布式光纤施工方式有以下9种，具体优缺点如表3－4－1所示。

表3－4－1　分布式声波测试工艺特点

序号	施工工艺	工艺优点	工艺缺点
1	自由下放	不起出原井管柱施工；灵活设定监测时间；获取井筒信息量大；支持远程数据系统；适用不同类型注、采井	受井筒条件影响大，阻卡率高；自由下放存在局限
2	油管外绑定	不占用生产通道和测试通道，布设油管外；获取井筒信息量大，支持远程数据系统；适用井筒环境复杂井长期监测	受井筒条件影响大，阻卡率高；成本较高，且监测水流与产层位置和下入深度密切相关
3	套管外绑定	不占用生产通道和测试通道；不受井筒流体冲击干扰，数据准确；评价压裂效果、生产动态、井筒密闭性；获取井筒信息量大，支持远程数据系统；适用重点井或监测井开展永久式监测	作业成本高、施工难度大、成功率低
4	连续管携带	适用于高压油气井；作业灵活性高，对井适应性强，光纤不易受损，消除光缆磨损堆积风险；评价注产动态、井筒完整性评估、压裂监测与评价	作业成本高；施工难度大；由于物理隔绝，对光纤传感测量结果有干扰，监测灵敏度降低
5	碳纤维杆	与连续管携带光缆工艺相比，碳纤维光缆更耐高压、耐腐蚀、外径小、承拉性强	作业成本高
6	爬行器携带	布设光缆时间短；监测灵敏度高；评价注产动态、井筒完整性评估	对井眼清洁度、起伏度、光滑度要求高
7	水力泵送	适用于通径管柱下至注采层的水平井或大斜度井，相对于连续管输送成本较低；消除光缆磨损堆积风险；不受井筒流体冲击干扰，数据更准确；评价注产动态、井筒密闭性；支持远程数据系统	施工难度大，电缆绞车与泵送车配合不当时损伤光缆，泵送后需取措施重新建立产出循环；监测灵敏度降低
8	油管外绑定＋自由下放	不占用生产通道和测试通道，布设油管外可开展其他监测项目；获取井筒信息量大，支持远程数据系统；适用于管柱未下过注产层的机抽井	受井筒条件影响大，需要起出井筒内的管柱，自由下放存在局限，水平井、大斜度井无法使用
9	裸光纤投放	裸光纤直接接触油井环境，更灵敏、更精确；成本低、可降解材料；施工车辆设备少；支持远程数据系统	对井筒斜度和流体性能要求高，依靠≤9N的自重布设；重力下放存在局限，水平井无法使用

四、应用情况

目前在中原油田开展了分布式 DTS、DAS 的探索应用，使用 DTS 完成了三口注入剖面测试，通过与同位素吸水测井对比，具有比较好的对应性和一致性，在文 23 储气库采用 DTS、DAS 开展了 1 口井的找漏监测，找到了 3 个漏点，并进行了泄漏量定性分析，为储气库环空带压井治理奠定了基础。

利用光纤监测注入剖面，P ** 9 井注水管柱为三级三段，注水压力 12MPa，注水量 $120m^3/d$，采用光纤与注入剖面测试资料进行对比，结果显示注入剖面存储式测井，对应性、一致性较好。图 3 -4 -3 和图 3 -4 -4 分别为恢复注水后井筒温度与时间关系图、光纤和吸水剖面结果对比图。

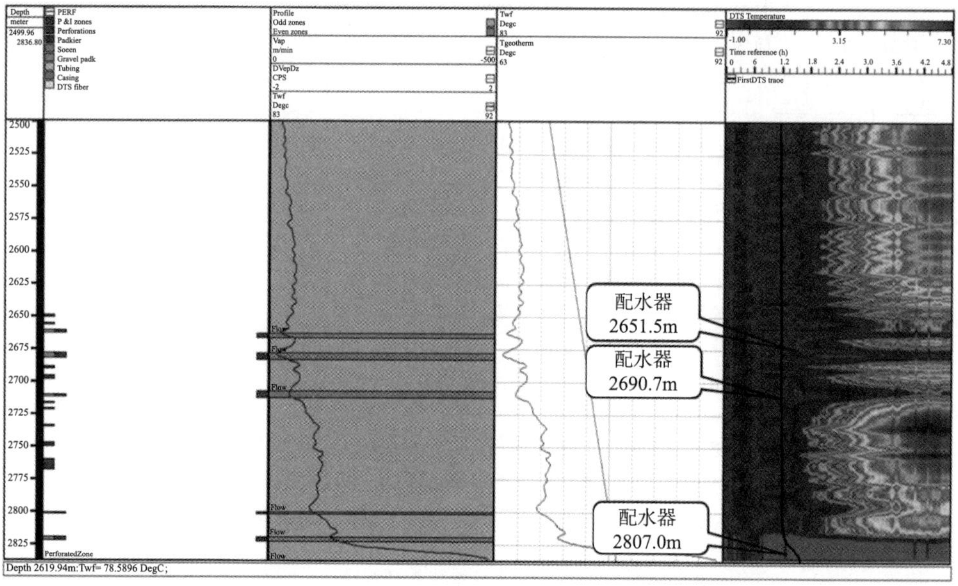

图 3 -4 -3　恢复注水后井筒温度与时间关系图

五、存在不足及改进方向

套管外永置式光纤不占用生产通道和测试通道，不影响其他监测项目实施；不受井筒流体冲击干扰，数据更准确，可实现永久式监测评价。实现压裂效果、生产动态、井筒密闭性等评价；获取井筒信息量大，但施工难度大、成功率低，下步还需要进一步开展避射以及光纤定位技术的提升，提高光纤技术应用成功率。

目前光纤的解释主要依靠国外 Plato、OptixWiew、FloQuest 等商用解释软件，软件中的核心算法保密，国内近年来也陆续研究形成了一些 DTS 反演注采剖面以及 DAS 定量解释注采剖面和漏失情况等方法，但目前还未形成体系，没有开发系统的商用解释软件，下步还需要进一步研究相关解释方法，形成 DTS 和 DAS 联合反演方法。

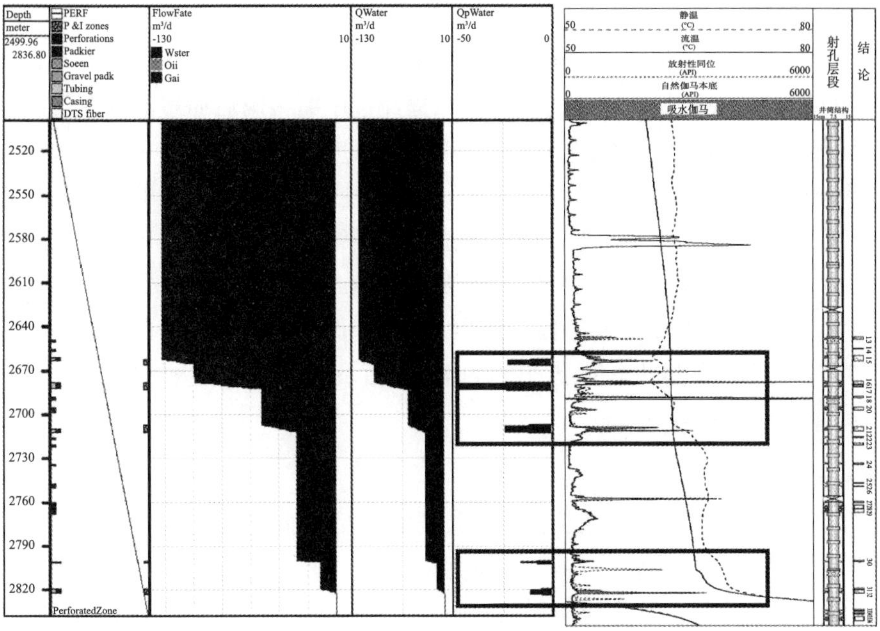

图 3－4－4　光纤和吸水剖面结果对比图

第五节　工程测井

工程技术测井是指通过检测井下管柱和固井质量实现井下管柱腐蚀、变形、破裂状况及一二界面水泥胶结情况等分析与评价的一系列测井方法。目前，油田检测井下管柱状况的测井技术主要有井下可视化、多臂井径、电磁探伤以及噪声测井等检测方法。检测固井质量的测井技术主要有变密度测井、多扇区水泥胶结评价测井等。这些技术应用可为补挤水泥、堵漏、大修、封井等措施作业提供可靠的技术支撑。

一、井下可视化测井技术

井下可视化测井技术将井下状况进行直接的视觉呈现，具有直观、高效、信息量大、可信度高等优点，能最大限度地消除传统测井解释中存在的多解性和不确定性。可视化测井技术能直观检测井眼、套管和井内生产状况，在套损井治理和生产井监测中应用前景广阔。

目前国内市场应用较成熟的井下可视化仪器具备存储和直读模式，整体作业成本低、检测效率高、检测结果直观，但要求井液必须透光，光学摄像探头无污物遮挡，因此，井下可视化测井前需要洗井，对井筒清洁度要求非常高，实际大多数的井筒处理后达不到这种高度洁净的状态，导致看不清井下状况，使可见光井下可视化测井应用受到极大限制。

(一)技术原理

井下可视化系统主要包括三大部分：地面系统，测井电缆和井下仪。井下仪通过前置摄像头采集井下的视频图像，然后再将图像数据经过压缩编码后通过测井电缆传输至地面系统，地面系统最后对图像数据进行解压缩解码、深度信息叠加、图像信息处理、显示及存储等一系列操作。网络高清井下可视化是一种可以在测井电缆上传输彩色流畅视频的可见光井下可视化，主要具有高速率、电缆自适应、网络化三大特点。由于不同电缆间信道参数不一致，一些测井设备在测井前往往需要配电缆或者使用专门电缆，网络高清井下可视化的电缆自适应技术能够自适应电缆信道特性，降低了使用难度。网络高清井下可视化利用标准 TCP/IP 协议在测井电缆上传输数据，地面系统可利用以太网接口输出视频数据。

(二)技术特点及技术指标

1. 技术特点

(1)采用低照度高清数字摄像头，在光线弱的情况下能得到最好的图像质量；

(2)采用大广角镜头，能更清晰地观察井壁情况；

(3)采用可调补光灯，可适应不同的井眼；

(4)采用多芯电缆/光纤传输可达到 2K 以上的高清图像；

(5)芯铠装电缆视频传输具有良好抗噪性能的正交编码技术，采用自适应技术，可根据电缆的长度自动匹配最佳的传输速率，最高速率可达 2Mbps；

(6)井下预留总线接口，可方便地挂接各种测井设备，井下传输短接可把视频数据和测井数据实时打包编码后送给地面处理软件。

2. 主要技术指标

(1)ϕ40～75mm，承压能力 >80MPa，耐温 >120℃；

(2)摄像机像素≥2K，最高图像分辨率 2560×1440；

(3)焦距可调 4～20mm，测量时定焦 10～20mm；

(4)存储速率 10Gbps，帧率 30f/s，存储容量 512GB。

(三)应用场景

套管及井筒产出状况监测，落鱼打捞作业监测，修井、侧钻作业监测，井下工具状况监测，射孔、压裂效果监测等。

(四)测试工艺

1. 测井条件

常规油水井测试，将 $2\frac{7}{8}$in 或更大的钻杆，油管或连续油管等设备下入目标测量深度以下 100m 处，然后使用清水根据实际情况选择最大洗井排量，进行洗井，返出的液体不可再次注入井内，循环清洗直至井口返出液体透明度清澈可见。

纯气井或储气库井，确认目标观测深度没有井液，则通井后直接下入井下可视化测井，目标观测深度在井液内，现场具备氮气注入条件，可通过向井内注入氮气，将井内液体排出，然后下入井下可视化测井，目标观测深度在井液内，且不具备氮气注入条件，则需要进行循环洗井、清水替液作业，保证井下液体清澈，才可入井测量。

2. 施工工艺

(1)对测试井进行循环洗井，确保井下液体清澈；

(2)连接地面和下井仪器，地面检查信号正常后进行起吊下放，下井速度符合仪器技术要求；

(3)将仪器下放到达目标段，然后上提下放观察目标段，进行视频图像录取；

(4)确认资料合格后，关闭下井仪器的供电电源，按要求起出下井仪器。

(五)应用情况

1997年引进一套井下可视化测井仪，共应用80余井次，直观检测井眼、套管和井内鱼顶。常规井下可视化测井装置采用电缆或者光缆输送依靠自重下井，在大斜度井和复杂井况井中容易中途遇阻，光学摄像头到达不了目的位置，限制持续推广应用范围。

因此研发一种能够配套油管或者连续油管作业使用，能在复杂井况、大斜度井中测试，可冲洗存储式一体化井下电视成像装置。主要结构包括井下电视仪本体、冲洗外壳、环状冲洗头、连接头。为保护井下光学摄像头在入井过程中不被损坏，设计可视化监测仪本体初始状态是内置在冲洗筒里面，当测试装置到达目的位置后，再通过机械方式将仪器本体推到冲洗筒底端工作位置，对井筒进行可视化监测，从而解决上述难题。

二、电磁探伤测井技术

井下可视化测井、多臂井径测井技术从不同侧面反映了井身状况，但只能检测单层管柱的损伤变形情况，并且受井内介质影响较大。2006年油田引进了可以过油管监测套管的EMDS－TM－42TS电磁探伤测井仪，电磁探伤成像测井技术不受井内流体类型和套管内的结蜡及井壁附着物的影响，能通过油管检测油管、套管的技术现状，以及表层套管的技术现状。

(一)技术原理

1. 基本原理

电磁探伤仪的物理基础是电磁感应原理，给绕线螺线管通以直流电，在螺线管周围产生一个恒定磁场，当断开直流电后在螺线管周围产生一个同原磁场方向相反的磁场，该磁场在线圈中便产生一个随时间而衰减的感应电动势即：

$$\varepsilon = -\mathrm{d}\phi/dt \qquad \mathrm{d}\phi = \mathrm{d}S \times B \tag{3-5-1}$$

式中　ϕ——磁通量，Wb；

S——线圈截面积，cm^2；

B——磁场强度，A/m。

当管柱(油套管)厚度变化或存在缺陷时，感应电动势ε将发生变化，通过分析和计算，在单、双层管柱结构下，得到管柱的壁厚，可判断管柱的裂缝、腐蚀和孔洞。

单层管柱结构，感应电动势ε函数表达式为

$$\varepsilon_1 = f_1(h_1,\ \mu_1,\ \sigma,\ D_1,\ \xi,\ t_{1i}T_j\cdots) \tag{3-5-2}$$

式中前三项是主要的，所以可以简化为

$$\varepsilon_1 = f_1(h_1,\ \mu_1,\ \sigma_1) \tag{3-5-3}$$

双层管柱(如油管和套管)结构时

$$\varepsilon_2 = f_2(h_1, h_2, \mu_1, \mu_2, \sigma_1, \sigma_2) \qquad (3-5-4)$$

钢管磁导率μ、电导率σ、壁厚h对测得感应电动势ε_1、ε_2都是有贡献的，μ、σ(经温度T_j校正)视为已知。因此，可计算出内、外管壁厚度。

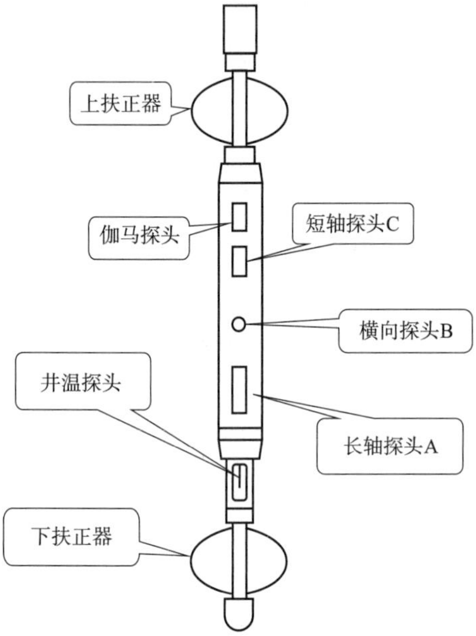

图3-5-1　电磁探伤测井仪结构图

2. 测量原理

1)仪器结构及功能

电磁探伤测井仪结构如图3-5-1所示，仪器由多个探头和上、下扶正器及电路组成，探头包括温度、自然伽马探头，纵向长轴探头A、短轴探头C，横向探头B。

仪器记录在一个周期内各探头感应电动势随不同时间的变化。

2)纵向、横向探头的用途及测量原理

探头A、C线圈截面的法向和管柱的轴向方向(井轴方向)平行，故称之为纵向探头。纵向长轴探头A记录A1-A11条曲线，探测范围较大。用于计算单层管柱厚度，双层管柱厚度，检测外管的纵向裂缝，确定内管和外管的腐蚀。

纵向短轴探头C(图3-5-2)记录C1-C5条曲线，探测范围较小，计算单层管柱厚度，判断内管的纵向裂缝，确定内管的腐蚀情况。由于发射线圈产生的磁场强度弱，主要探测第1层管柱，探测原理同探头A。C探头结合A探头可判断双层管柱的纵缝、腐蚀，并用于计算内外管的厚度。

横向探头B(图3-5-3)的线圈轴线方向和管柱的轴线方向垂直，因此称为横向探头。记录B1-B4条曲线，判断内管的横向裂缝、错断和变形情况，计算内管的壁厚。

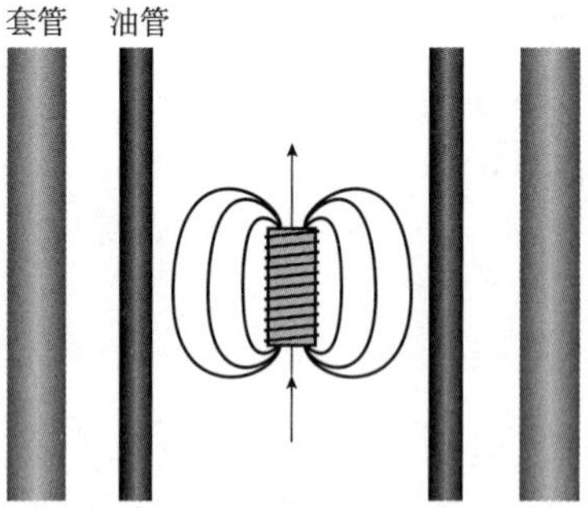

图3-5-2　纵向探头示意图

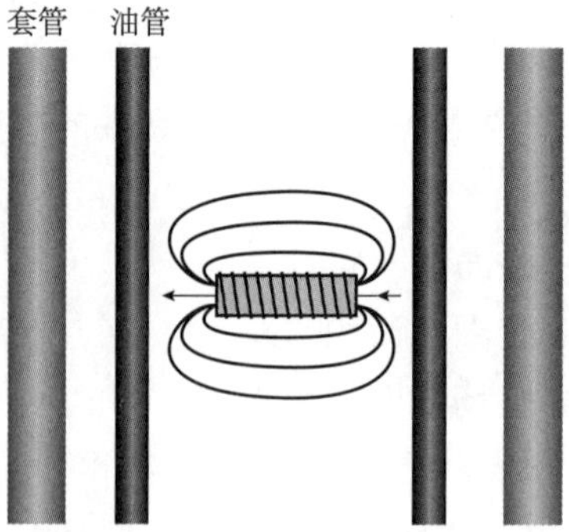

图3-5-3　横向探头示意图

仪器记录在一个周期内各探头感应电动势随不同时间的变化。根据感应电势的变化综合分析管壁的缺陷情况，如图3-5-4所示。

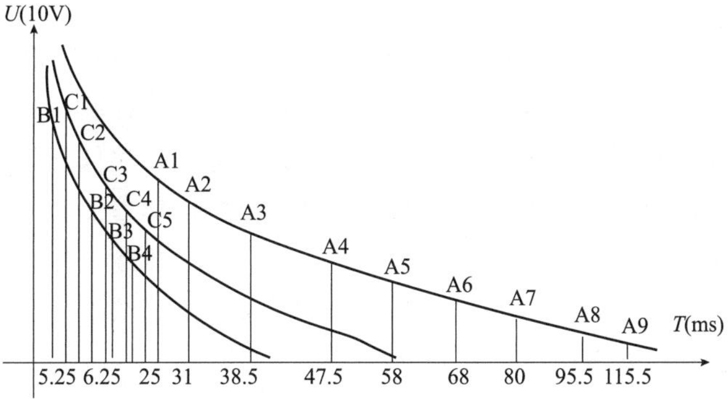

图 3－5－4　ABC 探头感应电动势随不同时间的变化曲线图

(二)技术特点及技术指标

1. 技术特点

(1)电磁探伤测井可在油水井正常生产过程中进行测井；

(2)准确地指示井下管柱结构、工具位置，并能探测套管以外的铁磁性物质(如套管扶正器、表层套管)；

(3)过油管检测油管和套管、过套管检测套管和表层套管的损坏情况，不受流体类型和套管内的结蜡和污垢影响。

2. 主要技术指标

(1)下井仪直径 ϕ43mm，耐压 80MPa，耐温 140℃，测井速度 300m/h；

(2)管壁厚度探测范围 3～12mm，被探测管的直径 63～324mm；

(3)管壁厚度基本误差，单管结构 0.5mm，多管结构 1.5mm；

(4)裂缝型缺陷最小长度，沿管轴方向 40mm(内层)，孔洞型缺陷最小直径 30mm。

(三)应用场景及测试工艺

1. 应用场景

(1)常规油、气、水井多层管柱损伤检测；

(2)高含硫气井多层管柱损伤检测；

(3)储气库井多层管柱损伤检测。

2. 测试工艺

1)测井条件

测前需明确管柱结构和钢材型号，作业井安装防喷井口，生产井需泄压后测井，选择合适的通井规通井至测量井段以下 10m。

2)施工工艺

连接液压防喷装置及井口防喷底座；连接通井工具串；由专人负责指挥吊钩，吊钩挂天滑轮和防喷控制头，指挥吊钩缓慢上提至井口上方，然后将工具串对齐井口入井，缓慢下放吊钩然后将防喷控制头与井口防喷底座锁紧；侧身打开测试闸门，注意观察压力情况，确保各部位无渗漏。工具下井速度不得超过 4000m/h，利用配重将工具送至井底，通过井下复杂井段时、接近遇阻点或井底时(如井口、套管损伤段等)，速度应小于 600m/h。

下井时应时刻注意遇阻情况，记录遇阻、遇卡深度。通井完成后，上提通井工具串至井口，当工具串起至井口100m时减速至1000m/h，工具距井口30m，停止起电缆，通过观察井口压力表和泄压管线出口，确认井口无压力后，卸开防喷控制头与防喷底座，专人指挥吊钩缓慢上提，取出工具串，关闭井口测试阀门；换电磁探伤仪器串，通过地面控制仪通电检查井下仪器通信及工作是否正常。测试仪器串下井操作参照上面步骤，下井速度控制在4000m/h；仪器串下放到目的深度后按300m/h的速度开始测井上测至井口结束；测试完成撤场前检查，工完料净，并及时通知甲方相关部门测试结果。

(四)应用情况

2007年引进了中原油田第一套EMDS－TM－42TS进口电磁探伤测井仪，2012年引进了DTS43－100D国产电磁探伤测井仪。并根据电磁探伤和多臂井径测井技术优势，组成攻关团队研究了多臂井径＋电磁探伤组合测试技术，一次下井实现了对多层套管损伤变形的监测。监测资料有效地指导套损井修复、套管补贴、全井下4in套管，悬挂4in套管、套管整形、开窗侧钻等措施制定，及时修复了因套损造成的躺井，恢复油气水井的正常生产，东濮老区开展了规模化应用。

W11－25储气库拟利用井，老井井况检测测试结果显示该井套管损伤严重，1938.9m处平均剩余壁厚为6.74mm，套漏，如图3－5－5、图3－5－6所示，后续变更方案，进行封井。

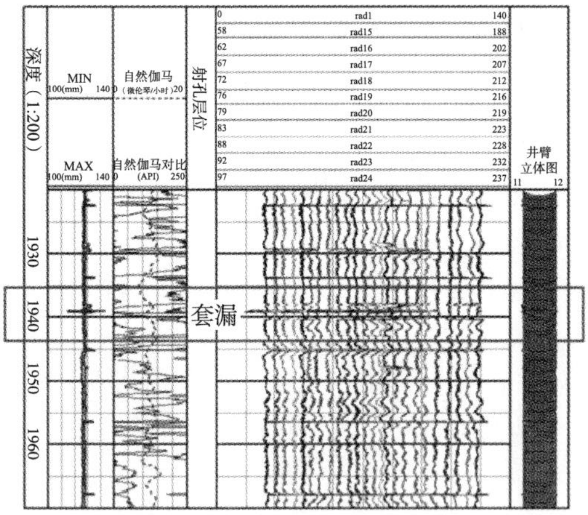

图3－5－5　W11－25井多臂井径成果图

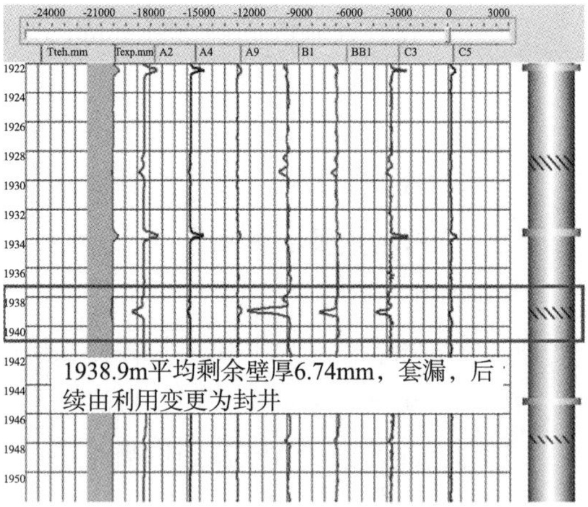

图3－5－6　W11－25井电磁探伤成果图

(五)存在不足及改进方向

(1)只能测量油管和套管壁厚平均值，不能画出套管的椭圆度，不能定量分析套管变形。

(2)电磁探伤井况监测技术无法检测套管丝扣渗漏问题和套管遇阻部位套管的形态。

(3)下步还需要丰富套管检测技术，发展频谱声源及井下可视化等检测技术。

三、井径测井技术

井径测井仪主要用于测量套管内径变化，提供套管变径、内壁损伤、椭圆变形数据等。根据检测评价标准和已经开发的评价软件，可进行 2～80 臂井径测井套损检测评价，给出多种直观图，满足大多数生产井套管维修和工程地质应用的需要。

(一)技术原理

井径测井仪器从测量臂的个数讲可分为 X－Y 井径、8 臂、10 臂、16 臂、18 臂、24 臂、30 臂、40 臂、60 臂等多种类型，但测量基本原理相同，即把套管内径的变化通过机械传递转变为电位差变化或频率信号输出。

多臂井径测井仪通过仪器的测量臂与管内壁接触，套管内径增大时，测量臂依靠弹簧的力量撑开；套管内径缩小时，测量臂收缩，弹簧被压紧。两个测量臂之间对角线的平均值就是套管内径的平均值。井径变化时，与连杆相连的滑键在可变电阻上移动，因此电阻不断随着套管内径的变化而变化。

即
$$\Delta R = \beta \times \Delta d \tag{3-5-5}$$

式中　ΔR——电阻变化率；

Δd——井径变化；

β——比例常数。

把电阻变化转换成电压信号输出。将套管内壁的变化转换为井径测量臂的径向位移，将仪器内部的机械设计传递变为推杆的垂直位移，转换成电信号，通过每一测量臂的轨迹实现对套管不同深度上的形变、弯曲、断裂、孔眼，内壁腐蚀等情况的检查，图 3－5－7 为多臂井径仪器及原理示意图。

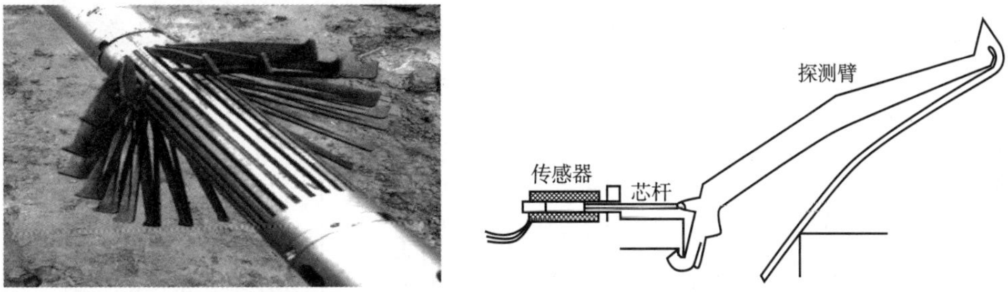

图 3－5－7　多臂井径仪器及原理示意图

(二)技术特点及技术指标

1. 技术特点

(1)可直接测量油管、套管变形、扭曲、损伤等；

(2)只能测试单层管柱，井况条件受限，大斜度井、水平井测试精度受影响。

2. 主要技术指标

现阶段应用较多的是 24 臂和 40 臂。技术指标见表 3－5－1。

表 3－5－1　常用多臂井径仪器技术指标

技术指标	24 臂井径	DD－S73F40 臂
外径	ϕ43mm	ϕ73mm
耐压	70MPa	100MPa

续表

技术指标	24 臂井径	DD－S73F40 臂
耐温	150℃	175℃
测量范围	井径 60～150 mm	井径 80～210mm
测井速度	650m/h	500m/h

（三）应用场景及测试工艺

1. 应用场景

（1）检查套管腐蚀、破损、变形、错断等；

（2）检查射孔位置、检查坐封段套损情况；

（3）确定油水井套管漏失位置，老井套损治理。

2. 测试工艺

井径测试工艺与电磁探伤测试工艺相同，两者通常组合进行测井。

（四）应用情况

2002 年引进了 8 臂井径测井仪，仪器外径 ϕ70mm，有效解决了很多套损井的检测问题。为满足套损严重及小套管井的监测需要配套外径 ϕ50mm、ϕ43mm 多臂井径仪系列，现场实施检测千余井次。目前 24 臂井径测井技术基本满足监测需求。

文 14－51 井测试资料如图 3－5－8 所示，1969. 0～1971. 0m 套管变形，1970. 0m 最大缩径 9. 4mm，最大扩径 16. 0mm，1968. 8～1971. 5m 套管破裂，平均剩余壁厚为 5. 2mm。参考测试结论下 4in 套管，恢复正常生产，日产油增加一倍，含水由 84% 下降到 73%。

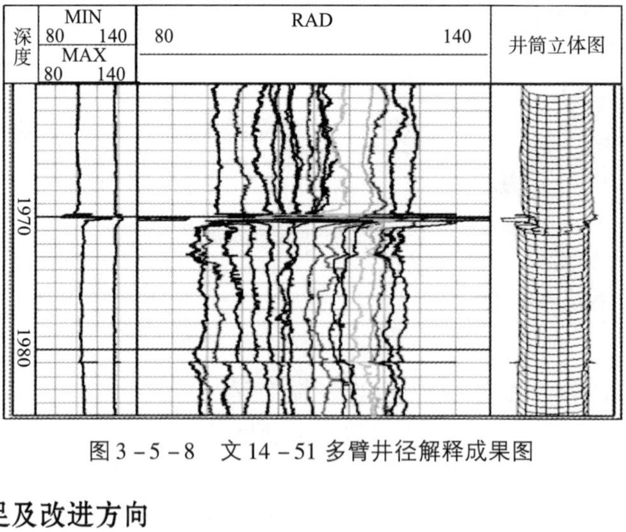

图 3－5－8　文 14－51 多臂井径解释成果图

（五）存在不足及改进方向

多臂井径是检测套损的常用技术，有其自身的局限性，只能判断某一深度的套管的内径变化，不能准确判别某一深度内径变化位置的方位和井斜。因此下步可以将多臂井径和陀螺测斜进行配套组合，一次下井获取井径、方位、井斜数据，提供变形严重井段的具体方位、井斜，提供更为翔实的数据，指导大修作业，缩短躺井周期。

另一方面问题是不能精确测量套管的纵向裂缝，只能检查套管内壁损伤，很难区分是套管变形还是井壁附着物的影响，因此多臂井径与电磁探伤组合测井资料能更全面地反映井下状况。

四、声波－变密度测井技术

当完钻并下入套管后，需要把套管和井壁间的环形空间用水泥进行封固，以防止井眼垮塌及渗透层之间的相互串通，固井质量评价是一个重要的作业环节。声波－变密度(CBL－VDL)测井，主要用于检测套管与水泥环(一界面)、水泥环与地层(二界面)的胶结情况。

(一)技术原理

声波－变密度(CBL－VDL)测井仪具有自然伽马测井、磁定位测井、声波－变密度(CBL－VDL)测井等，通常采用单发双收声系结构。发射探头以固有频率(一般为20kHz)发射声脉冲，声源发出的声脉冲在井内各个方向传播，当声波传播到两种介质的交界面时会发生声波的反射和折射。反射波和折射波的能量取决于界面处两种介质的声阻抗，若管外水泥环胶结好，则其密度大和声速高，波阻抗高，它与套管波阻抗差别变小，反射系数小，声幅很低；反之，若水泥胶结不好，混有泥浆或空气，反射系数增大，声幅变高，胶结质量愈差，声幅愈高。声波－变密度测井原理图如图3－5－9所示。

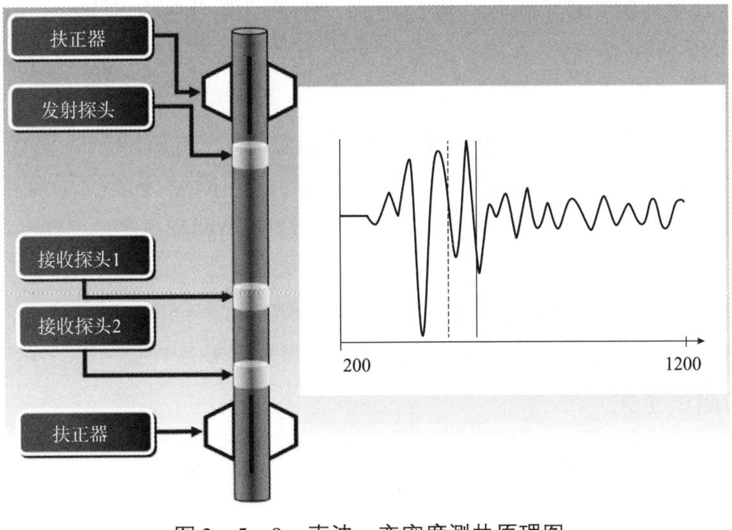

图3－5－9 声波－变密度测井原理图

声波－变密度测井(CBL－VDL)测井通常测量两个参数。接收探头1的源距为3ft(0.91m)，测得声波曲线(CBL)评价套管外壁与水泥环(第一界面)的胶结；接收探头2源距为5ft(1.52m)，接收变密度测井曲线(VDL)检查水泥环的胶结程度。

在变密度测井中，接收线路把声信号转换为与其幅度成正比的电信号，经电缆传至地面，波幅大，电压高，光点就亮。照相胶片显示的条带为黑色，以其颜色的深浅表示接收到的信号强弱，从而判断第一界面和第二界面的胶结质量。变密度原理示意图如图3－5－10所示。

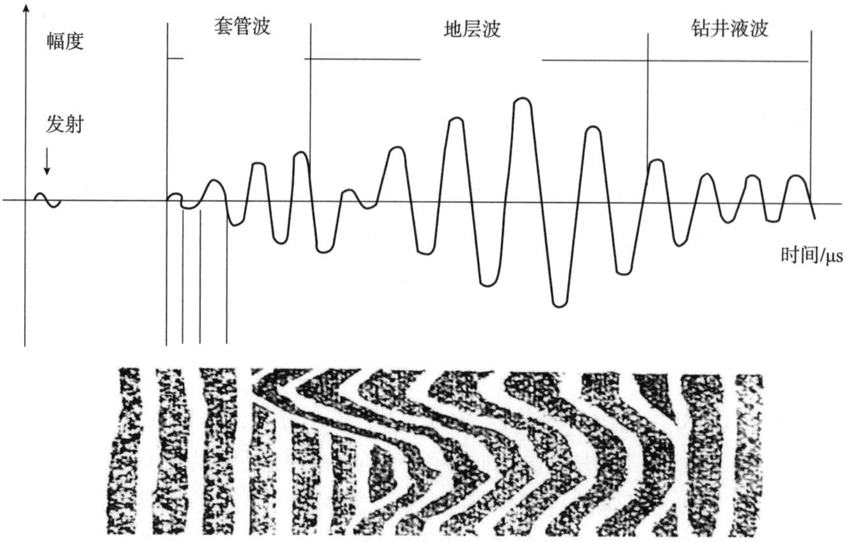

图 3-5-10 变密度原理示意图

(二)技术特点及技术指标

1. 技术特点

(1)适应于单芯/多芯电缆测井，满足小修、大修、钻井作业现场；

(2)主要评价套管井两个界面[套管与水泥环(第一界面)、水泥环与地层(第二界面)]固井质量；

(3)各测一次压裂作业前、后变密度测井，通过对比，可以确定压裂效果；

(4)判断管外出砂层位。由于出砂，使得地层与水泥胶结逐渐变得疏松。因而，地层波变弱，在变密度图上显示为套管波和地层波条带反差不明显。

2. 主要技术指标

(1)耐压 80MPa，耐温 150℃，外径 ϕ89mm、ϕ70mm、ϕ50mm；

(2)自然伽马测井测量范围 0~5000cps，允许测量误差 ±7%。

(三)现场测试工艺

1. 测试工艺

1)测井条件

声波变密度测井适用于空井筒作业，测井作业前要起出井内管柱，并选择合适的通井规进行通井，防止测井遇阻；老井要进行洗井，防止原油对声波产生衰减；井内介质不能含气或存在气泡；水泥返高以上确保充满液体介质；测试时间在固井完成后 48~72h 进行。

2)测量原则

测井遵循从井底往井口上提测量的原则。测井前在自由套管井段进行刻度，套管波显示清楚平直，明暗条纹清晰可辨，套管节箍信号明显；声幅曲线应按要求根据套管外径尺寸的大小在自由套管处进行刻度检查，声波幅度在标称值 ±10% 以内。

测量井段由井底遇阻位置测到水泥返高以上曲线变化平稳的井段，并测出五个以上的自由套管节箍，且每个套管节箍反映清楚，在混浆带和自由套管井段测量 50m 以上的重复曲线，重复误差应小于10%；测量速度小于600m/h。

2. 施工工艺

测试工艺与电磁探伤测井基本相同。

(四)应用情况

中原油田进行声波变密度测井千余井次，解决了声幅测井无法进行第二界面评价及高速地层固井质量监测和变密度测井难以进行精确定量分析的问题。声幅变密度测井为油田开发中关系到试油作业、井下验窜、封窜作业、漏窜疑难井监测、老井利用，提供了科学的、可靠的资料依据。

濮7-123井，使用声波变密度进行固井质量复查，该井测试资料显示1111.0~1118.5m固井质量比较好，1118.5~1121.0m固井质量差，1131.0~1142.0m固井质量中等。如图3-5-11所示，为声波变密度固井质量成果图。

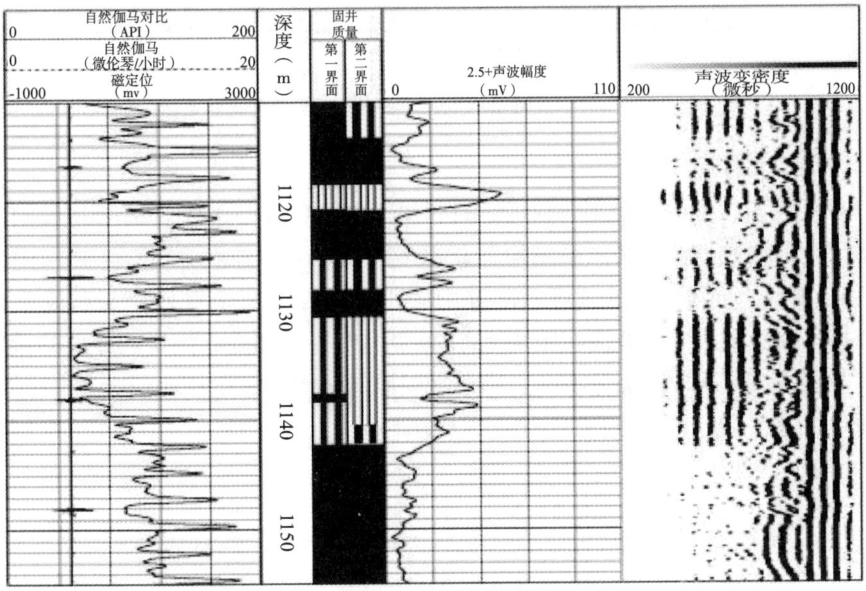

图3-5-11 声波变密度固井质量成果图

五、多扇区水泥胶结测井技术

(一)技术原理

1. 分扇区衰减型水泥胶结测井

SBT-6是国外推出的一种新式固井质量评价测井仪，该仪器能对水泥胶结质量情况从纵向和横向沿套管周边进行定量测量。

SBT-6分扇区衰减型水泥胶结测井仪器采用分别装在6个滑板上的12个高频定向换能器声系，从纵向和横向(沿套管圆周)两个方向，将套管周围划分成六个区域定向测量，从而直观显示水泥环的胶结情况，如图3-5-12、图3-5-13所示。该仪器克服了原来CBL及VDL测量井周平均贡献信号不能区分低强度水泥但固结良好、高强度水泥但有窜槽等情况的弱点。仪器还提供了6个定向补偿衰减测量，由套管周边的水泥胶结图像可以识别出小到15°宽的窜槽，并可以得到窜槽的长度，有效地克服了普通CBL及VDL仪器测量资料所反映的多解性，测井仪结构图见图3－5－14。

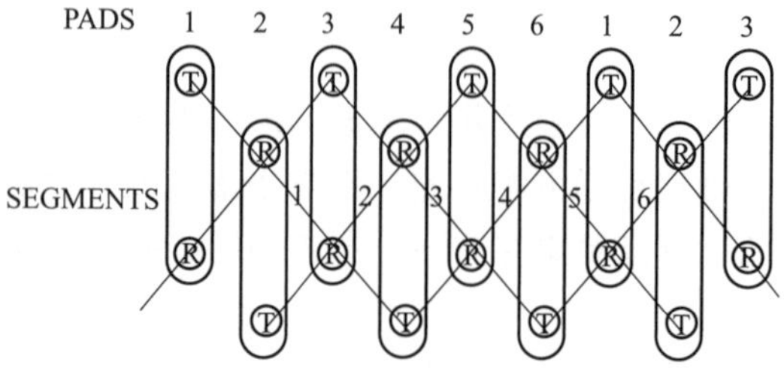

图3－5－12　SBT声波滑板阵列360°展开图

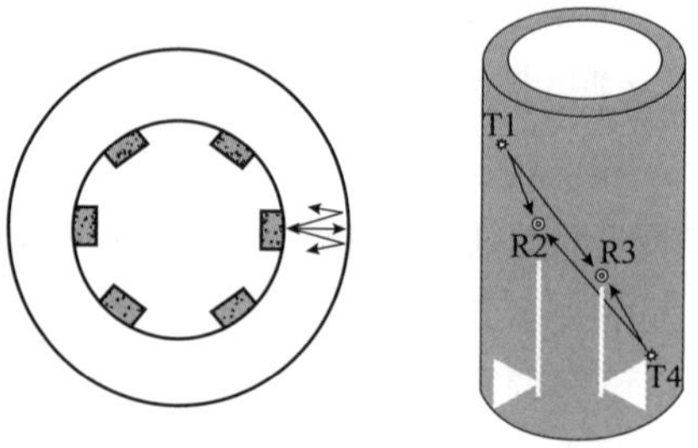

图3－5－13　SBT横向截面图

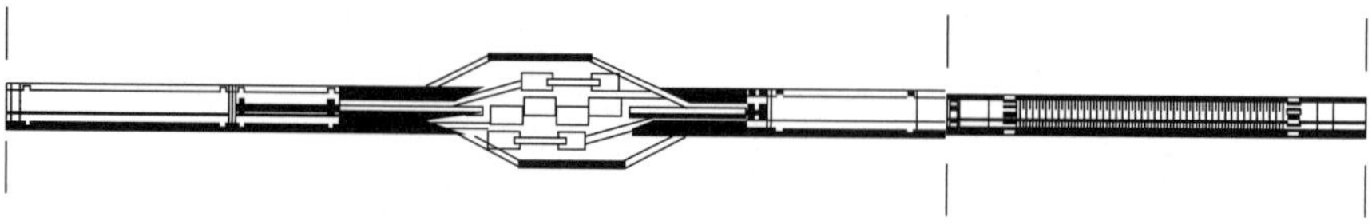

图3－5－14　SBT－6扇区水泥胶结测井仪结构示意图

2. 分扇区声幅型水泥胶结测井

（1）SBT－8扇区水泥胶结测井仪与SBT－6分扇区衰减型水泥胶结测井仪是完全不同的两类水泥胶结测井仪器，在声系结构上有根本区别。

SBT－8扇区水泥胶结测井仪声系部分由处于同截面的8个发射探头和处于另一同截面的8个接收探头组成，两截面相距为2ft，每个发射探头和处于另一同截面的接收探头组成一组，分别探测截面45°范围内的套管外水泥胶结质量，8组探头组合就能探测环套管外周围360°的水泥胶结质量如图3－5－15所示。

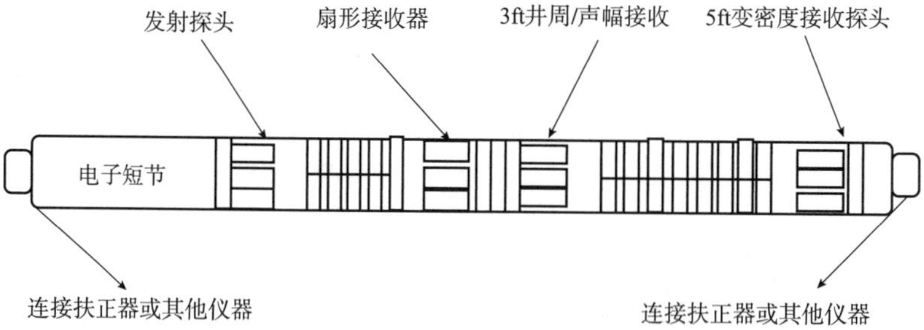

图3－5－15　SBT－8扇区声系结构示意图

SBT－8扇区水泥胶结测井仪给出的水泥图形象直观，可分辨水泥环向与纵向的沟槽、空隙与胶结不均匀性；扇区水泥成像图显示直观清楚；探测范围仅限于45°扇区内，测量结果分辨率更高一些。

（2）RIB扇形水泥胶结测井仪是国外生产的一种评价固井质量的测井仪器。RIB扇区仪器同SBT－8扇区仪器结构性能相似，只是扇区测量的发射器是全方位式发射脉冲声波，不像SBT－8扇区仪器是独立式扇区发射。全方位发射探头发射20kHz的脉冲声波，有源距为1.5ft的8个横向圆周并列的定向扇区接收探头，1个3ft源距的声幅接收探头，1个5ft源距的变密度接收探头。RIB仪器8扇区接收器的每个接收探头也是覆盖套管环周45°

的径向范围，只是源距由2ft减少到1.5ft，这样的结构降低了接收信号受快速地层的影响程度，容易判别套管周围的沟槽及套管外低抗压强度水泥的胶结情况。RIB仪器测量参数有GR曲线、CCL曲线、声幅曲线、8条分区水泥胶结评价曲线、水泥胶结成像图、变密度图等。

(3)RBT径向水泥胶结测井仪是基于声波阻尼原理，用于测量固井质量的一种测井仪器。该仪器能够提供传统的CBL/VDL声波变密度测井技术，并且能通过多个分探头评价套管四周的水泥胶结状况，识别微裂缝、窜槽，确定产层和非产层之间封隔是否良好，井筒是否完好等情况。

RBT仪器有1个发射探头，2个源距分别为3R及5R的接收探头。3ft接收探头由8个(8个为外径ϕ80mm的仪器所有，ϕ43mm的仪器为6个)分接收探头组成，5ft接收探头用来测量变密度。测井时，发射探头产生18Khz脉冲声波信号传播到泥浆、水泥环及地层中。在3ft源距处，8个分探头分别探测对应扇形区返回的声波能量，由此形成径向水泥胶结图，同时合成3ft幅度曲线；5ft源距处，记录组合波形信号，产生VDL波形图。RBT仪器测量曲线有GR、CCL、声波幅度、传播时间、变密度波形图以及水泥胶结图等。

比较RBT仪与SBT-8扇区仪，除声系结构有部分区别外，测量原理几乎是相同的。在声系结构上，RBT仪器是RIB仪器的改进型，扇区测量的发射器都是全方位式发射脉冲声波，只是扇区接收器源距增大为3ft，少了一个声幅接收器。SBT仪器发射的脉冲声波频率为100kHz，8个扇区接收探头源距为2ft，有单独的3ft声幅接收探头和5ft变密度接收探头；而RBT仪器只有一个全方位发射探头，发射18kHz的脉冲声波，8个径向扇区接收探头源距为3ft，3ft声幅信号由8个扇区接收信号合并而成，5ft变密度接收探头相同。在测井功能上，两种仪器目的一致。

(二)技术特点及技术指标

1. 技术特点

(1)适应丁单芯/多芯电缆测井，满足小修、大修、钻井作业现场；

(2)与普通胶结测井仪、补偿CBL和脉冲回声仪相比，SBT在操作上有明显的优点。在重泥浆或含气井液条件下、在高速地层、井温和压力变化及仪器一般偏心条件下都可以进行固井质量的定量评价；

(3)可以以灰度图的形式形象直观地显示套管和水泥环(第一界面)的胶结情况，准确评价第一界面存在的槽道、孔洞的位置、大小及分布情况，精确评价水泥上返高度；评价第二界面的水泥胶结情况；

(4)既适用于新井的固井质量评价，又适应于老井的固井质量评价。

2. 主要技术指标

1)8扇区技术指标

仪器耐压100MPa；仪器最高耐温175℃；仪器外径ϕ89mm、ϕ70mm、ϕ50mm；

自然伽马测井测量范围0~2000cps；允许测量误差：±7%；

套管接箍测量范围：定性显示油/套管接箍。

2)6扇区整体技术指标

仪器耐压140MPa；仪器最高耐温175℃；仪器外径ϕ50mm、ϕ43mm；

自然伽马测井测量范围0~2000cps；允许测量误差：±7%；

套管接箍测量范围定性显示油/套管接箍。

(三)应用场景及测试工艺

1. 应用场景

①探井、水平井、侧钻井、生产井固井质量检查；

②压裂效果检查，油水井漏窜识别。

2. 测试工艺同声波–变密度测试工艺相同

(四)应用情况

2011年至今，扇区水泥胶结测井技术在储气库建设、CO_2驱油藏、油水井漏窜评价及老井固井质量复查监测上得到广泛应用，为储气库建库、老井利用、油水井漏窜评价提供了科学可靠的资料依据，为指导油田精细开发方案制定、老油田挖潜增注增产提供了支撑。如图3–5–16所示，为SBT–8扇区固井质量测井成果图。

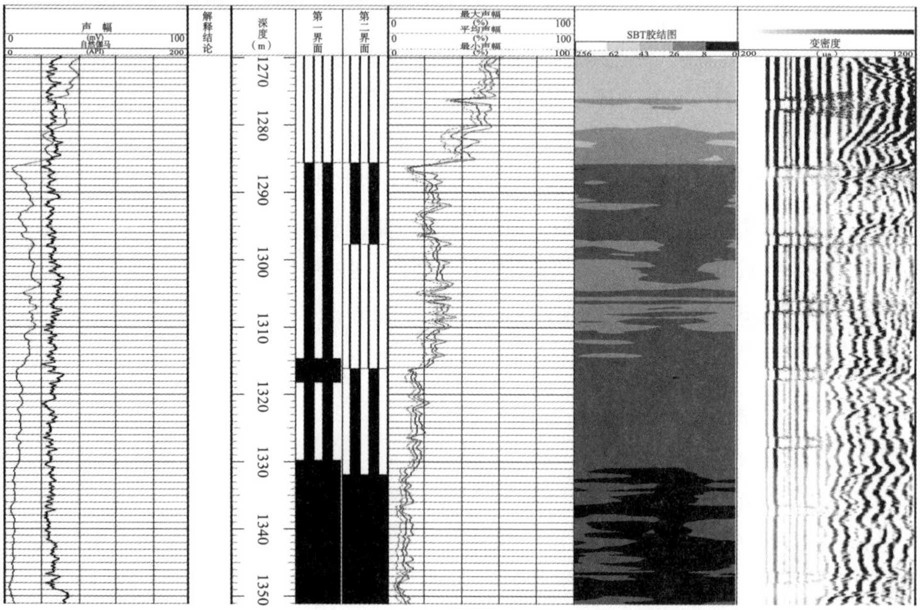

图3–5–16　SBT–8扇区固井质量测井成果图

(五)存在不足及改进方向

尽管已形成扇区水泥胶结测井工艺，扇区水泥胶结测井仍无法区分微环隙。当第一界面胶结差，尤其是存在微环时，SBT测井不能正确评价第二界面的胶结情况。

六、IBC套后成像测井

(一)测井原理

IBC旋转探头包含四个换能器。其中一个换能器垂直放置于仪器的一侧，用于生成和检测脉冲回波，而另外三个换能器(1个发射器，2个接收器)位于仪器的另一侧，成一定角度斜向排列，用于测量挠曲波衰减。测井时旋转探头以7.5r/s的速度旋转，超声波换能器向套管发射一个稍微发散的波束，使套管转入厚度共振模式，提供一个5°或10°的方位分辨率，从而在套管的每个深度产生36个或72个独立波形。这些独立波形经过处理后可以从初始回波中获得套管厚度、内径和内壁光滑度数据，用来评价套管腐蚀和变形情况，在信号共振衰减中产生有关水泥声阻抗的方位图像。挠曲波发射器同时发射250kHz左右的高频脉冲波束，在套管内激发挠曲振动模式。随着高频脉冲波束的传播，该震动模式将声能传入环空。声能会在具有声阻抗差异的界面(如水泥/地层界面)发生反射，然后主要以弯曲波的形式由套管回传，从而将能量再传向套管内流体。两个接收换能器的位置设置合理，可以更好地采集这些信号。IBC(图3－5－17)通过结合经典的脉冲回波技术和最新的挠曲波成像，可以区分低密度固体和液体，从而辨别出轻质水泥、泡沫水泥和被污染的水泥。其方位测量覆盖整个套管圆周，可发现水泥中的任何窜槽，从而确定固井作业是否达到有效的水力封隔。

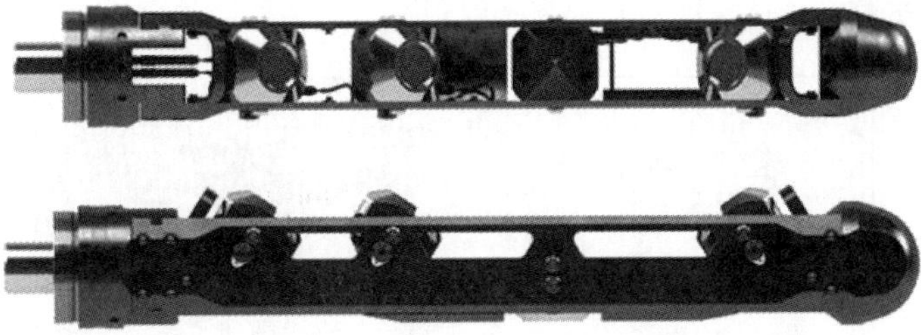

图3－5－17　IBC仪器示意图

(二)技术特点和技术指标

1. 技术特点

进行固井质量和井筒完整性评价，测井成果采用三维成像显示和分类统计分析；不受微环境、快地层和双层套管影响；能适应厚套管(最大厚度20mm)和重泥浆(最大2.2g/cm^3)环境；最大探测深度3in，套管尺寸4.5～9.625in；受井斜影响小，能准确采集水平井、大斜度井的套管情况。

2. 技术指标

(1)耐压140MPa，高耐温175℃，外径ϕ85.7～262.4mm；

(2)标准分辨率下测井速度823m/h，高分辨率下测井速度172m/h。

(三)应用场景和测试工艺

1. 应用场景

(1)第一界面准确的固井质量评价。在任意水泥密度或低密度特殊水泥下识别窜槽(方位、宽度和长度)，判断是否水力沟通和封隔，确定水泥返高；判断混浆状态及在重泥浆下，套管厚度是否受套管偏心、微环隙、双层套管、快速地层影响；

(2)第二界面成像。判断套管居中度和水泥厚度，区分高边、低边窜槽，并分析形成原因；改善问题层固井作业，测量环空物质速度，区分领浆、尾浆或混浆；判断第二界面的窜槽识别，判断水泥对循环压力测试承受能力；

(3)套管腐蚀磨损定量评价。测量内径和壁厚、内外壁各种腐蚀变形和磨损。

2. 测试工艺

(1)采用电缆作业方式通井，通井至目的测量井段以下，若遇阻则记录遇阻深度；

(2)连接地面和下井仪器，地面检查信号正常后进行起吊下放，下井速度符合仪器技术要求；

(3)采用上提连续采集测量方式，将仪器下放到目的层段下部不少于 10m 处开始测试，电压电流采集信号正常输出，若出现数据异常，应进行重复验证；

(4)测量完成且确认资料合格后，关闭下井仪器的供电电源，按要求起出仪器。

(四)应用情况

套后成像测井数据以三维方式显示，在文 23 储气库应用 17 口井，可直接观察套管腐蚀和变形、内径和壁厚的变化，验证入井管串结构完整性和识别窜槽情况。

IBC 应用于 D 井识别气井窜槽。D 井 IBC(图 3 - 5 - 18)与常规声幅组合成果图，图中 CBL 低幅度(CBL≤20%)，固井质量优。VDL 显示有明显后续地层波。IBC 套后成像显示声阻抗局部较大，颜色较深；挠曲波颜色较蓝，衰减较小；SLG 显示对称发育两条狭长窜槽缝，内有气体充填。

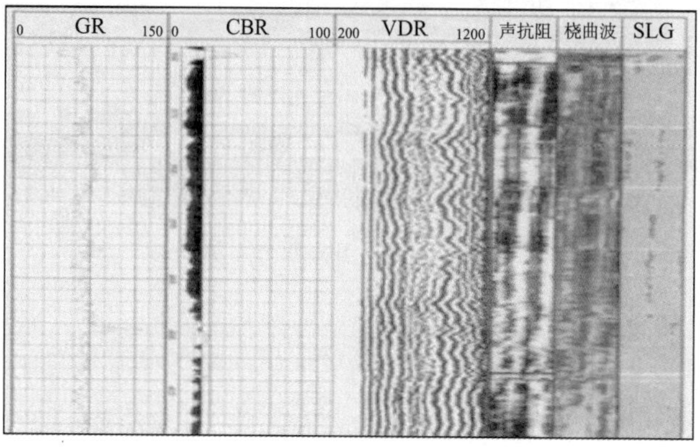

图 3 - 5 - 18　D 井 IBC 解释成果图

(五)存在问题和发展方向

IBC 测井在套管中产生的挠曲波与套管后物质主要以法向刚度耦合，这使得在套后胶结轻质水泥时挠曲波对微环不敏感，在套后耦合常规水泥时微环的存在又会使得挠曲波的衰减明显增强；挠曲波在低密度水泥中应用效果更好。CBL/VDL 和 IBC 测井二者结合可识别出充液微环，对固井质量评价具有重要意义。

七、噪声测井

生产井找漏找窜，主要是采用流量计及氧活化找漏等测井技术，但是这些找漏测井技术对微渗漏、弱吸及弱产层的识别能力较差。噪声测井利用频谱分析技术，通过对井下噪声频率谱和噪声强度的成像分析，能够较清晰地识别流体流动产生噪声的来源，有效识别窜槽和微渗漏位置以及注入产出层。

(一)技术原理

井下岩层破裂前及破裂时产生的声能，或流体在通过阻流位置(井壁上的缝隙、套管上的孔洞、水泥环中的孔道等)因摩擦而产生的声能，它们会形成噪声。

噪声测井仪通常由井下仪器与地面仪器两部分组成。井下仪器主要由噪声传感器、电路部分、遥传线路或存储模块组成。噪声测井实质上是一个扩音器，它放大了井内探测到的一切噪声和声响，并记录下声音的频率。在最佳条件下，根据频率可以确定从地层流入井眼的流体类型如天然气或流体。噪声测井接收探头是压电晶体，能把井中流体微小的声信号转换成电压信号，电压信号经过放大后送至地面仪。地面仪中有 4 ~ 6 个滤波器，其截止率为 200Hz、600Hz、1000Hz、2000Hz，可绘出每个滤波器的输出噪声信号的频谱（频率和幅度）曲线，单相流时的高幅度从 1000Hz 移向 2000Hz，两相流时的最大幅度在 200 ~ 600Hz。依据噪声测井信号的频谱曲线可以判断气、液的流动类型及流量和产层位置；将噪声测井与井温测井资料结合能有效地判断未射孔套管外的窜槽和出砂情况。

（二）技术特点及技术指标

1. 技术特点

（1）直读/存储测井模式，可以与多臂、探伤等仪器同时下井，实现综合测井；

（2）不需要接触套管，无污染，无辐射，只需要根据噪声频率强度和变化，进行套管泄漏、管外窜槽的分析；

（3）较深的探测半径，能够透过多重障碍检测噪声；

（4）检测管外流体串槽位置、流体类型，以及管内流量和射孔眼的流量等。

2. 主要技术指标

（1）耐压 100MPa、140MPa，耐温 175℃，仪器外径 ϕ35mm、ϕ38mm、ϕ43mm；

（2）噪声接收灵敏度 −190 dBr1V/Pa，频率测量范围 100Hz ~ 12.7kHz；

（3）动态范围 80dB，频率分辨率 100Hz。

（三）现场测试工艺

（1）测井条件。噪声测井适用于各种生产管柱，正常生产状态下即可测试。要求生产井必须装有测试闸门，各个闸门必须稳定可靠，不渗不漏。

（2）施工工艺。噪声测井在生产井正常生产条件下采用密闭测井。噪声测井可以单独进行测井，但与井温测井组合使用时，能够显著提高漏点和串槽测量的精度和成功率。

为了避免井眼中流体垂向混合破坏温场分布，在仪器下井过程中进行微差温度测量。在上提的过程中进行噪声测井，噪声测井多采取定点测量，也可以连续上提测井。仪器停止静置一段时间后进行数据录取，避免仪器搅动井内流体产生干扰，在井温异常井段加密定点测量，如此测量直至井口。测井完成后，将各频率幅度曲线与深度拟合，幅度异常变化井段即为流体流动井段。

（四）应用情况

20 世纪 70 年代，国外利用声谱技术测量井中自然声场中的声波信息形成了噪声测井。20 世纪 90 年代中国大庆石油管理局研制并应用了噪声、井温及接箍定位器组合仪。由于定量解释储层注入、产出量存在不足的问题，应用范围主要集中在找漏找窜等不需要定量解释的测井场景。

目前的噪声测井仪器已经从传统的记录几条频率曲线的常规噪声仪器发展到频谱噪声测井仪器，仪器能够记录完整的二维频谱数据，通过数据的处理，可以清晰地呈现随深度位置变化的完整的频谱图像。但目前国内外对于噪声频谱测井资料的处理解释方法、评价解释方法仍然停留在定性分析的层面。

(五)存在不足及改进方向

鉴于目前噪声仪器频谱数据的处理解释方法不成熟，无法对目的层位的注产情况进行有效的定量评价，限制了其在生产井中尤其是大斜度井和水平井中的有效应用，因此，迫切需要开展噪声频谱数据的处理解释方法的研究工作。

第六节　试油试气测试技术

试油(气)是指利用一套专用的设备和方法，对井下油、气、水层进行直接测试，并取得有关地下油、气、水层产能、压力、温度和油、气、水样物性资料的工艺过程。通过试油试气工艺技术的应用以确定构造、判断是否有油气藏存在及油气藏是否具备开采价值。其中参数井(区域探井)测试主要目的是探明新区是否存在油、气；预探井测试主要目的查明储层特性，为计算控制储量提供依据；详探井测试主要目的是探明油、气、水边界，落实产能变化规律、驱动类型、压力系统，为计算探明储量和油气藏评价提供依据；开发井测试主要目的是确定油、气、水产能，了解油、气、水边界变化规律。针对油田勘探开发发展过程中技术需求，油田形成了永置式压力温度测试、液面监测、地层测试 MFE 工艺、井下 PVT 保压取样等特色工艺技术。

一、永置式压力温度测试

高含硫气井、大斜度井、水平井、储气库井，因钢丝作业测试工艺难度高、风险大的问题，为满足长期录取地层压力温度的需求，应用井下永置式测试装备。

(一)技术原理

地面系统通过井下电缆给传感器提供一个 mV 级电压信号，ERD 传感器产生与地层环境压力及温度相关的频率响应信号，频率响应信号再通过电缆传送至地面采集系统转为压力温度读数。

该监测系统井下测量部分采用 ERDTM 传感器(图 3－6－1、图 3－6－2)。ERDTM 传感器是一种被动式电谐振膜传感器，在收到地面 PROVision 提供的毫伏级电压信号后，ERD 传感器产生一个与周围压力及温度相关的低频振动响应，这种低频振动信号不需要经过井下电子处理模块的编码放大等处理，而是直接通过测量电缆由 PROVision 地面系统接收、处理并转换为压力温度数据。ERD 传感器的这一特性消除了常规监测系统所必需的井下电子部件的困扰，从根本上避免了由于电子部件长期驻留高温高压井下环境而带来的故障隐患。

(二)技术特点及技术指标

1. 技术特点

(1)井下采用 ERD 传感系统，消除井下电子部件高温高压环境带来的故障隐患；

(2)井下电缆采用 inc825 外钢管电缆铠装，Y 形短节材质为 Incoloy925，抗硫化氢腐蚀性；

(3)油管悬挂器、井口穿越采用金属对金属密封，该密封为气密封方式。

图 3-6-1　永置式压力外观整体

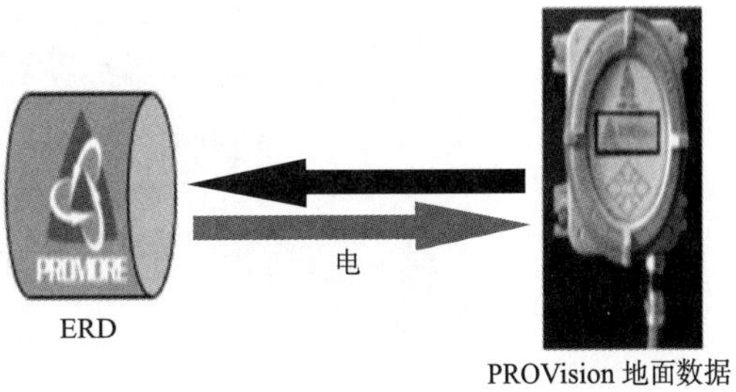

图 3-6-2　ERD 永久监测系统结构示意

2. 技术指标(表 3-6-1)

表 3-6-1　永置式测试系统指标

序号	指标	
1	地面数据接收装置	内存大小 575 字节；数据量 69000 个读数； 工作环境温度 -40 ~ 65℃； 级别 CSA，Class1 Div2
2	井下压力计	井下测量筒接触液体部件材质为 Incoloy925，满足 H_2S、CO_2 等防腐蚀要求； 长度 963mm；最大外径 ϕ34. 93mm； 工作温度 -29 ~ 248℃； 工作压力 0 ~ 151. 7MPa，精度 FS ±0. 09%； 分辨率 FS0. 00005%，漂移 0. 02Pa/a
3	井下电缆	采用 inc825 钢管铠装； 缆芯#16AWG，固体铜 1. 32m； 绝缘壁厚 0. 635mm，环空填充树脂壁厚 1. 0mm； 控制管 6. 35mm ×0. 89mm

(三)应用场景及测试工艺

1. 应用场景

永置式测试适用于各种井型、复杂工况条件下的井下压力温度长期实时连续监测。

2. 测试工艺

1)信号传输电缆保护技术

为确保电缆在下井及生产过程中不被碰坏、磨坏及缠绕拉断，在每个油管接箍处都会安装一个加强型跨接箍电缆保护器。在井下安全阀以上的油管接箍处需要用能够同时保护监测电缆及安全阀控制管线的跨接箍保护器(图 3-6-3)。

2)电缆井口穿越密封工艺

电缆穿越井口采用油管挂和井口法兰两道密封程序。

管挂密封：从油管挂处开始量取 3 ~ 4m 的电缆并切断。从电缆头开始剥去电缆外层合成保护套至油管挂向下 1 ~ 2m 处。将密封锥套套在电缆上。提起油管至适当高度，将电缆穿入油管挂上预留的孔中。将油管挂底部的密封垫片上紧。从上部将松弛的电缆拉紧，将

图 3-6-3　电缆保护器

螺帽及垫片滑至油管挂，上紧保证电缆周围密封。将锥形垫片滑在电缆上，上紧丝扣及垫片。将松弛的电缆拉出。套上垫片及螺帽，上紧，完成密封。找到油管挂侧面的压力测试孔，上紧垫片，对油管挂上下进行压力测试。使用泵打压至需要的压力进行压力测试。观察垫片处是否有泄漏的痕迹。试压 10min，不刺不漏。

井口法兰密封：拉紧电缆并使其与井口阀帽在同一条线上，缓慢下入阀帽，将电缆从阀帽中穿过。在合适的位置切断电缆。套上锥形垫片，将其上紧到阀帽上。在电缆上套上螺帽及垫片，上紧螺帽完成电缆周围的密封。将井口法兰接头及密封圈套过电缆，并连接至井口。注入管线在此连接并由相关人员连接至相应的地面设备。将锥形密封垫片套过电缆上紧至法兰接头处，上紧螺帽及垫片。将电缆从合适的位置切断，剥取电缆外皮，露出绝缘层。将垫片套过导芯绝缘层，卡在母头上。将垫片上移至母头位置，拉紧垫片保证垫片紧紧固定在导线上。用螺丝将隔离短节上紧到法兰接头上。将连接短节与隔离短节上紧。

3. 下井过程中可能出现的风险预测及解决方案

在 Y 形短节和测量筒连接到完井管柱后，绞车滚筒上面的电缆将会通过装配在滚筒轴上的干电刷型集流环连接到便携式地面仪器。这样装配工程师就会连续监控安装过程中 ERD 传感器本身的参数和安装过程中的系统压力和温度。

通过安装过程中对传感器系统进行监控，确保安装过程中的系统完整性。系统安装中的最大风险在于对电缆系统的机械损坏。

为了减轻、消除电缆系统损伤的风险，确保能够同现场安装钻井队完成工作前的钻井井位布置。如果作业过程中井队人员倒班，必须做好倒班时的交接班工作。交接班工作包括向接班人员交代可能出问题的地方，井队人员和安装人员要密切注视各种情况并保持沟通。

4. 关注的主要问题和解决措施

(1)测量仪器和电缆入口通过防喷器进入套管：确保油管柱和电缆能够有充足的间隙，并且不会被井口装置/防喷器损坏。同时确保 Y 形短节和测量仪器缓慢地下移通过防喷器/井口装置。这一风险性很低，一旦发生损坏可以随时用备用传感器替换。

(2)钻台上的电缆和钻机卡瓦：确保钻井队充分意识到这里损坏的风险性最大。对电缆卡瓦需要有充足的槽来确保电缆不会被卡瓦箍缩。当安装卡瓦及卡瓦槽定位时，电缆应该从油管牵回。一旦卡瓦安全地安装，司钻可以放低卡瓦上的油管重心。风险比率是中等偏上，如果这时电缆发生损坏可以使用接电缆工具进行电缆修复。确保钻井队按规程作业并清楚知道完井步骤。

(3)油管连接：确保钻井人员知道油管提升到钻台上与完井管柱相连时电缆的位置。当使用大钳进行油管连接时确保钻井人员和安装人员让电缆远离油管柱。这种损伤风险比率低，如果出现损伤使用电缆修复工具修复。

(4)井架上的电缆滑轮：确保电缆滑轮平稳移动不跳槽或卡住，否则会导致电缆损坏。由于滑轮带来的实际损害风险比率非常低，如果出现损坏，使用电缆修复工具修复。

(5)电缆保护器安装：在油管上安装电缆保护器给电缆施加适当向上拉力使电缆与油管保持接触而不过分松弛。安装电缆保护器时确认电缆或安全阀控制线被放置在卡槽内。一旦电缆放好后即可使用气动工具来安装锥形销，确保将电缆保护器固定好。安装电缆保护器过程中电缆损坏的风险比率非常低，如果发生损伤，使用电缆修复工具修复。

(四)应用情况

成功应用普光气田 P104－1、P3011－5 两口开发井，圆满完成了酸压、放喷求产、压力恢复、生产过程中长时间的井底流压不间断监测工作，后续推广应用到文 23 储气库 2 口井的压力温度的长期监测工作中。以普光 3011－5 井为例进行永置式测试生产数据分析。

1. 基本情况

P3011－5 井构造上位于四川盆地川东断褶带黄金口构造带普光构造，目的层位为飞仙关组、长兴组，2008 年 6 月 6 日开钻，2008 年 12 月 5 日完钻，完钻井深 6066.00m(垂深：5849.03m)。

2. 施工过程

2009 年 5 月 6—7 日下酸压－生产－测试一体化管柱，永置式压力计下深 5011.98m，装好采气树，打掉剪切球座。

2010 年 5 月 27 日 9：00—13：06 酸压，层位：飞仙一、二、三段—长兴组，井段 5089.6～5564.0m，厚度 408.3m/47 层。

酸压施工后进行放喷，5 月 29 日关井。

5 月 29 日 6：00—16：20 该井井下压力计数据及放喷井口数据、井口压力监测数据见图 3－6－4，永置式测试工艺取得圆满成功。

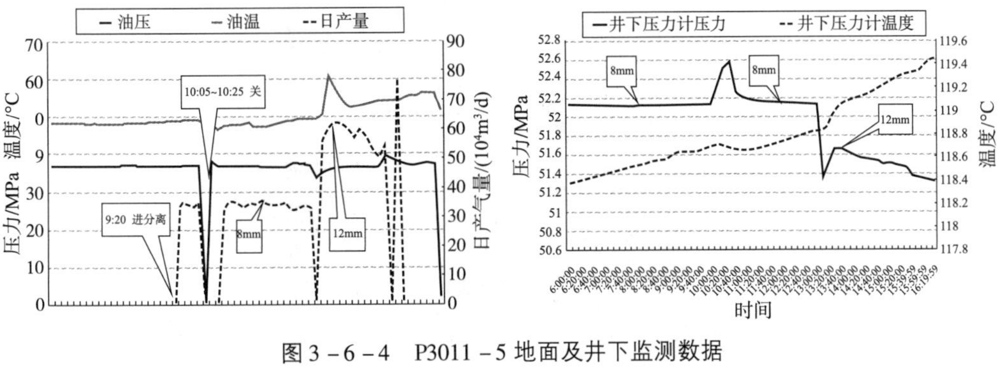

图 3－6－4　P3011－5 地面及井下监测数据

(五)不足及改进方向

该技术是采用电缆随着完井管柱将压力温度测量元件下入测试位置，无法实现井筒多点测试及水平井水平段的压力温度测试，下步改进方向为井下连续多点数据传输及水平井压力温度测试技术研究。

二、液面监测技术

抽油机井占全油田总油井数的80%以上，是油田的主要采油方式，由于受抽油机井特定的机、杆、泵的影响，难于获取地层压力和油层动态参数。抽油井的测压只能通过起泵测试，但现有起泵测试井工艺缺乏试井早期资料，对储层污染程度难以作出评价，所得的参数不能准确反应储层动态。另外，在起泵测压作业过程中还影响产量。为解决抽油井测压和生产之间的矛盾，获得更为完整的资料，通过采用动液面监测方式用于实时跟踪油井生产状况，同时液面自动监测仪连续测试变频前后液面、套压随时间变化资料，采用两流量试井分析方法解释地层压力和地层参数，得到与关井测试几乎等效的资料，该测试工艺为抽油井不停产液面试井技术。同样可以采用环空液面测试和短期关井试井工艺相结合的方法录取抽油井关井前、后液面和套压随时间变化不稳定资料，分析地层压力、渗透率、流动系数、污染状况以及储层边界信息等资料。该项技术是抽油井试井技术的一次创新，提供了油井测压新途径，弥补了抽油井测压资料的短缺，既降低了测试成本，又提高了抽油井开井时率，还避免了作业对地层的污染，基本解决抽油井测压难的技术难题。

(一)技术原理

在抽油井正常生产过程中，测得的油套管环形空间中的液面深度叫动液面。液面测试的目的是了解油井的液面高度、井口套压以及折算井底流压，分析供液能力。

1. 单点液面监测

油井液面监测仪采用声波接箍法的原理，结合傅里叶变换技术及小波分析自动识别算法自动计算声速及定位液面波，从而实现液面深度测试。通过瞬间释放套管气或者瞬间释放储气罐压缩气体，使油套环形空间井口处的气体产生次声波。声波沿环空向井下传播，遇到接箍、音标、气液界面产生的反射声波作用在微音器上，转换成电信号，电信号经放大、滤波、A/D转换等数字处理后呈现出能够识别的液面曲线。

自主设计共鸣腔体吼道发声结构，优化了微音器材质，研发出了高精度气液界面监测仪(图3－6－5)，并配套了井筒液面安全测试工艺。

图3－6－5　高精度气液界面监测仪

2. 连续液面监测

连续液面监测技术通过优化气体介质声速计算方法、优选35MPa高压电磁阀、引进GPRS无线远程控制、气体泄漏自动报警关断、防堵滤网管件等技术。测试时，数据处理模块控制放气电磁阀处于关闭状态、测试电磁阀处于开启状态，套管内的气体缓慢地充入气仓，压力变送器不断地采集，对比套管气和气仓压力。当套管、气仓压差小于设定的测试压差值时，数据处理模块关闭测试电磁阀。控制系统发出监测指令后，测试电磁阀打开，套管内高压气体迅速排向气仓，产生测试声波向井下传播，遇到液面后反射回来，微音器接收反射信号，数据处理单元处理液面波信号，计算出液面深度，再通过DTU模块远传至远程电脑，实现数据远传与液面监测测试控制。在单点液面监测仪的基础上研制出了连续液面监测仪及远程控制(图3－6－6)，并配套了连续液面监测工艺和解释系统。

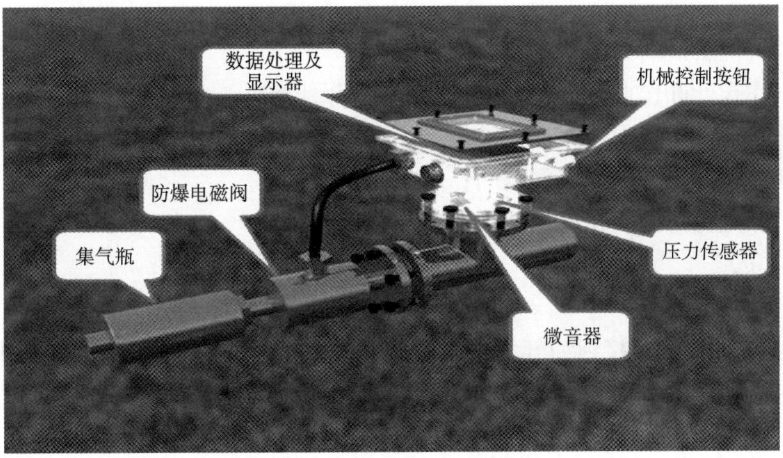

图3－6－6　连续液面监测系统

仪器采用材质哈氏C276耐蚀合金，具有无线远程控制，自动连续安全监测，无须人工值守，耐高压，抗H_2S、CO_2腐蚀，测试精度高等特点。

(二)技术特点及技术指标

1. 技术特点

(1)液面测试技术在高压、长井段条件下信号传输高信噪比、低损失；

(2)测试液面数据通过降噪处理后，波形清晰，液面识别信号突出，应用的小波分析方法，可以达到降噪目的，效果较好；

(3)采用单电磁阀实现有压、无压均能测量的效果，井口结构设计电磁阀采用直通式结构，解决了薄膜阀进杂质容易堵塞的情况；

(4)液面算法真正实现了智能自动计算声速及浅井、深井液面提取智能切换，无须人工参与即可准确识别液面位置。

2. 技术指标

油气井单点及连续液面监测技术指标差异主要体现在自动控制技术方面，主要技术参数见表3－6－2和表3－6－3。

表 3-6-2　单点液面监测系统技术指标

仪器耐压/MPa	击发方式	测量范围/m	测量精度/‰	工作温度/℃	测试间隔/min	仪器材质	防护等级
35	放气或充气	0～5000	3	-40～85	≤3	316L	IP66

表 3-6-3　连续液面监测系统技术指标

仪器耐压/MPa	自动监测时间/d	测量范围/m	测量精度/‰	工作温度/℃	测试间隔/min	供电方式	防爆等级	防护等级
35	21	0～5000	3	-30～80	≥5	防爆蓄电池	EXdIICT4Gb	IP66

(三)应用场景及测试工艺

1. 应用场景

(1)抽油机环空液面监测;

(2)储气库投产井作业过程中、生产中井筒液面监测;

(3)作业井压井液液面监测;

(4)注水井、压驱井停泵液面监测;

(5)气井环空保护液、井筒积液液面监测。

2. 测试工艺

1)单点液面测试工艺

将仪器通过转接头连接到油气井油管四通压力表针阀处，关闭放空控制阀和充气控制阀，打开主控制阀，使高压气体进入储气仓内后关闭主控制阀，打开放空控制阀，排放储气仓气体，使储气仓与套管环空保持一定的压力。关闭放空控制，连接数据记录仪到声音换能器接口，迅速打开主控制阀，井口高压气体瞬间通过主控制阀门进入储气仓内，产生次声波，声波沿环空向井下传播，反射回来的声波由声音换能器接收并转换成电信号。同时压力检测装置也将井筒压力值转换成电信号传入数据记录仪。数据记录仪根据接收信号转换为液面深度数据和套管环空压力数据，存入自动控制单元中的数据存储器，完成数据测量。打开放空控制阀，排放储气仓内高压气体，使其通过余气排放装置吸收，完成测试。

2)连续液面测试工艺

利用数据终端设置数据处理模块控制电磁阀释放井筒气作为测试声源，运用回声原理监测井筒液面，监测软件自动识别液面波形并自动计算，同时实现远程控制、无线传输数据，连续液面测试工艺见图 3-6-7。

(四)安全风险分析及防控措施

东濮老区单点及连续液面测试过程中存在的安全风险主要是监测过程中高压流体介质刺漏损坏仪器及伤人风险，针对该项风险防控措施为：根据井况条件、压力级别，配套同等级压力级别的液面监测装置；严格执行液面测试仪器安装操作规程，与井口连接部位密封可靠；合理控制测试压差，控制仪器气仓压力激动幅度；实时监测压力数据，做好压力异常预警。

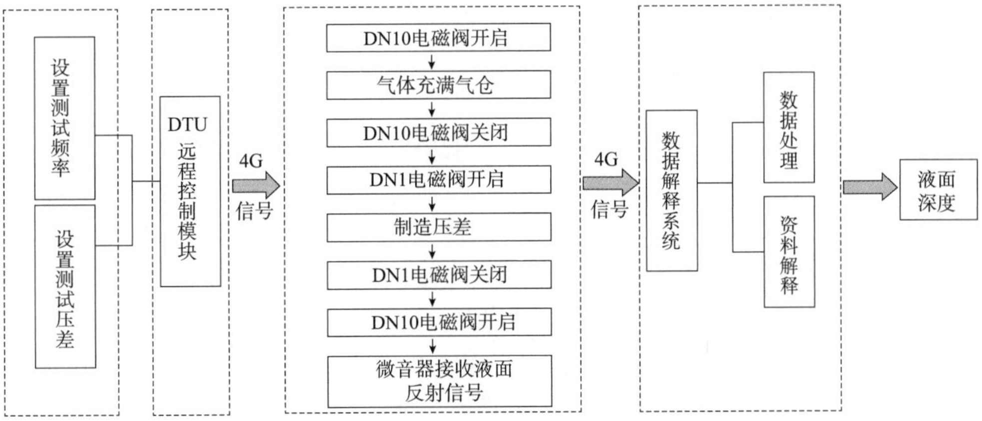

图 3－6－7 连续液面监测工艺流程图

(五)应用情况

2008—2012 年，中原油田先后推广应用 80 井次，累计增注 20078m^3，增加水驱动用储量 4.6×10^4t，增油 1380t，采用短期关井液面恢复测试方法降低了测试成本。2013—2023 年，井筒液面单点及连续监测技术在中原油田抽油井、悬挂 $4\frac{1}{2}$in 套井、深井、注水井、压驱井等疑难井实施 120 余井次，成功率 100%。

其中文 72－429 井通过开展连续液面测试(图 3－6－8)恢复试井，测试液面深度由 2244m 下降到 2525m，套压由 0.45MPa 上升到 3.21MPa，井底压力由 12.2MPa 上升到 13.1MPa。采用短时试井解释方法，解释地层裂缝端面存在污染。达到了不起泵测压、减少测试成本和有针对性制定下步措施的效果。图 3－6－9 为文 72－429 井压力双对数图。

图 3－6－8 文 72－429 井连续液面测试

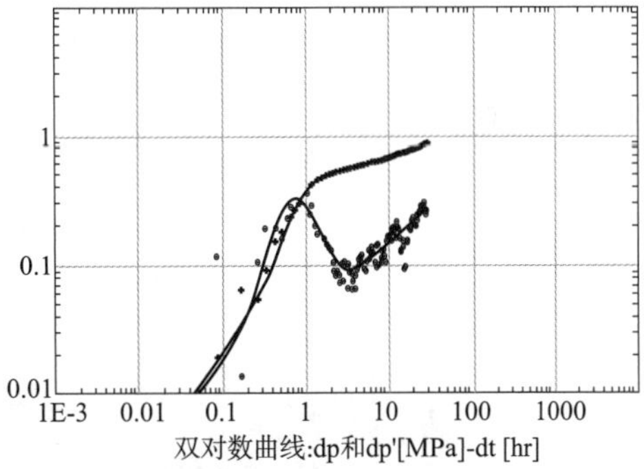

图 3－6－9 文 72－429 井压力双对数图

通过动液面、套压结合部分油水井参数，实时计算出井底压力变化，通过井底流压曲线能够为压恢、压降、二流量、连续变流量等技术提供更为直观的技术数据，实现液面监测到试井解释地层参数评价一体化服务的需求。同时应用在中原储气库群投产作业中氮举后、射孔后、下完井管柱过程中的连续液面监测，成功应用 43 口井，监测成功率 100%，实时监测评价了投产作业过程各工况下的压井液液面、环空保护液液深度变化情况，获取漏失量及漏失速度，为储气库投产井井筒压井液和环空保护液及时补充提供技术指导，消除储气库气井投产作业井控风险，确保储气库气井投产全过程井控安全。液面监测技术适用于井筒积液/环空液面深度的连续测试，又可适用于低压气井作业过程中压井液液面深度连续监测，确保动管柱作业井控安全，社会效益和经济效益显著。

三、地层测试 MFE 技术

地层测试是在钻井或油气井生产进程中，用钻杆或油管将地层测试器送入井内，操作测试器开井、关井，对目的层段层进行的测试求产。地层测试能够测取地层压力数据，搜集地层流体样品，通过井下压力时间关系曲线分析可获得动态条件下地层和流体的各种资料，从而对地层的压力、有效渗透率、生产率、连通情形、衰竭情形等进行评判，为确定正确的完井方式、投产方法和开发方案提供依据，是进行油田勘探开发的重要技术手段。

MFE(multi flow evaluarer)地层测试器是一套完整的井下开关工具，整套测试工具均借助于钻杆的上、下运动来操作和控制井下工具的一种阀，具有操作方便、动作灵活可靠，地面显示清晰的特点。测试时在地面可以比较容易地观察和判断井下工具所处的位置，并能获得任意次开井流动和关井测压期，为评价地层提供了更多的资料。

(一) MFE 地层测试器工作原理及组成

1. 基本原理

用油管或钻杆把地层测试器下到井底，通过地面操作，使封隔器坐封，将钻井液和其他层段与测试层段隔离开，而后通过仪器控制打开测试阀，使测试层段的地层流体经筛管流入测试管柱内，压力计记录流动压力和时间的关系曲线，然后关闭测试阀，记录恢复压力和时间的关系曲线。按要求开关井，记录相应的压力和时间的动态资料，终关井取得流体样品，用作高压物性分析。

MFE 中所装的双控制阀通常是借助钻杆的上、下运动来打开或关闭的。下井时阀处于关闭状态，到达井底后，通过钻柱施加重力，经过一段延时，测试阀打开。在打开的一瞬间，钻柱突然下坠 25.4mm，这种在地面可以直接观察到的显示表明阀已打开。

2. 主要工具组成

MFE 系统通常包括多流测试器、封隔器、液压锁紧接头和安全接头等，如图 3－6－10 所示。

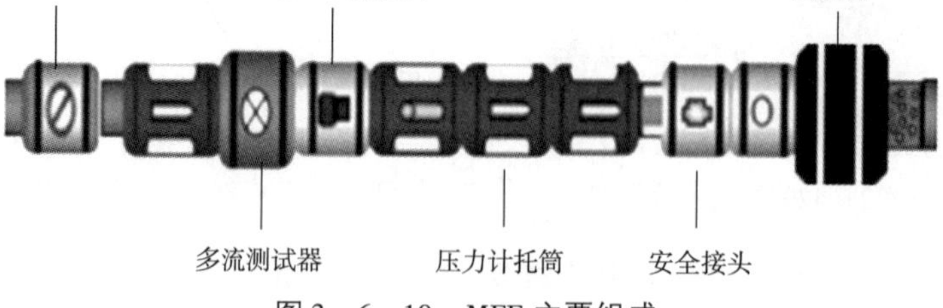

图 3－6－10 MFE 主要组成

测试器主体由换位机构、延时机构和取样机构所组成，各部件结构功能如下：

1) 换位机构

由花键心轴、花键套和 J 形销组成，心轴有 J 形槽，心轴和上部钻柱相连，不能转动，只能上下运动，J 形销固定在花键套上，当心轴上下运动时，J 形销沿轨道运动，键套转动，J 形销从一个位置换到另一个位置，测试阀也随之从开到关，从关井到开井达到多次关井(图 3－6－11)。

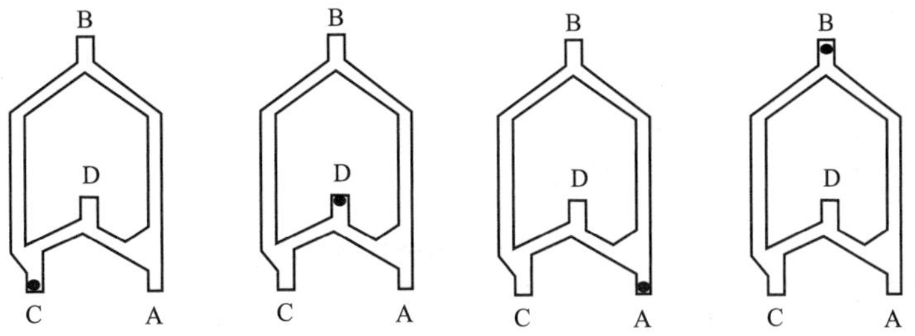

图 3－6－11　MFE 换位机构

2)延时机构

由阀、阀座、阀外套组成。心轴下行时阀贴阀座，油从阀与外筒间隔流到上液室，起到延时作用，当行到较大孔径时，工具产生 25.4mm 的自由下落，花键心轴上行时，阀离开阀座，油从上液室流到下液室，不起延时作用(图 3－6－12)。

3)取样机构

由取样外筒、取样心轴，上下密封套及两组 O 形和 V 形密封圈构成，如图 3－6－13 所示。开井时，心轴与密封套不密封，地层流体可自由通过；关井时，心轴与密封套密封，地层流体不能通过，双控制阀把流体样品关闭在取样器内。

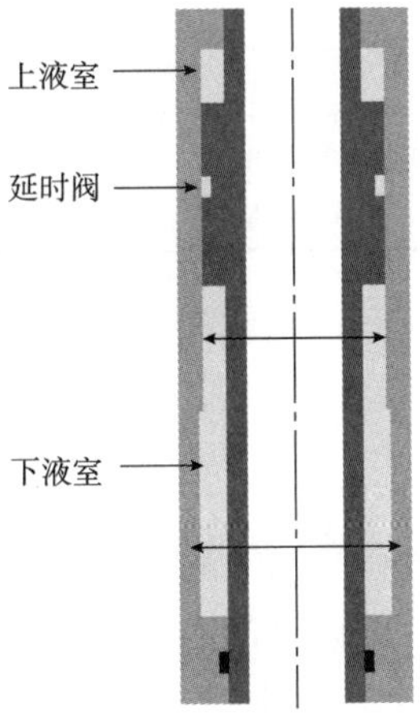

图 3－6－12　液压延时机构

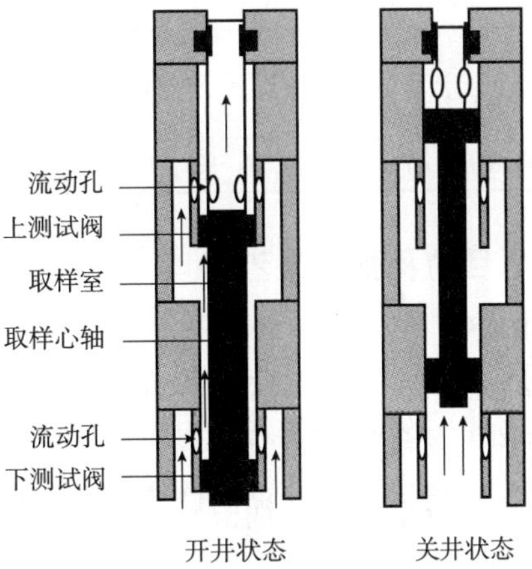

图 3－6－13　取样机构

(二)技术特点及技术指标

1. 技术特点

(1)测试阀开启和关闭安全可靠，保证测试成功；

(2)在最终流动结束时，取得流动状态下的地层流体样品，95mm 的 MFE 可取 1200mL，127mm 的 MFE 可取 2500mL；

(3)仅仅靠管柱的上下运动来控制测试阀开关，操作简便；

(4)测试阀打开时，管柱有自由下坠 25.4mm 的地面显示；

(5)MFE 心轴两端受压面积不相等，这可使测试阀在下井时保持在关闭状态；

(6)取样机构还配备有安全泄压阀，在运输过程中如遇到火灾或高温，样品压力超过 80MPa 时，安全泄压阀将高压泄入内腔，不至于引起爆裂的危险。

2. 技术指标

MFE 地层测试器以外径不同分为 ϕ127mm、ϕ108mm、ϕ95mm 和 ϕ79mm 等几种型号，通常使用的是 ϕ127mm 和 ϕ95mm 两种，其基本结构和原理大致相同。

测试器的规格和主要技术参数见表 3－6－4。

表 3－6－4　MFE 测试器技术参数表

项目	技术指标	
规格	ϕ127mm	ϕ95mm
适用环境	无 H_2S	耐 H_2S，耐酸
抗拉强度/kN	1870	976.7
扭矩强度/(N·m)	20237	10744
破裂压力/MPa	151.7	137.9
挤毁压力/MPa	106.7	107.7
最大工作压差/MPa	103	106
外径/mm	127	95
最小内径/mm	23.8	19
组装长度/mm	3023(2934)	3942(3853)
最大组装扭矩/(N·m)	13358	2711
取样器容积/cm^3	2500	1200
心轴行程/mm	254	254
自由下落/mm	25.4	25.4

(三)应用目的及测试工艺

1. 应用目的

(1)探明是否有工业油气流，验证油气层的存在；

(2)查明油气藏含油面积或边界，落实油藏驱动类型和产油气能力；

(3)可取得分层资料，计算出储层和流体特性参数，可计算的参数有：K、S、PI、R、边界、地层和流体的特性参数；

(4)估算油气储量；

(5)适用于常规油藏地层测试及含 H_2S 或其他酸性气体的非常规油藏地层测试。

2. 测试工艺

1)测井条件

测试井眼必须畅通无阻。裸眼井不得有狗腿、键槽和井壁坍塌、缩径等现象，套管井不得有套管变形、破裂及串槽等缺陷。

认真调整好钻井液性能，适当加入防卡剂，使泥饼摩擦系数 45min 时低于 0.1(浅片)或 0.15(深井)，保证测试时不卡钻柱。

根据测试地层岩性，采用合适的负压差，严防负压差过大，造成井壁坍塌，埋卡封隔器下部支撑管。

测试时井场 50m 以内不准使用明火。

要准备一定数量的防火用具，高压油气井测试时，应有消防车、水泥车值班。

含硫化氢油气井的测试，要备有防毒面具，对测试人员要进行防毒知识教育，现场要备有救护车和医务人员，并准备好人员应急撤离路线。井场要有 H_2S 监测仪，测试期间要不间断地对 H_2S 进行监测，闲杂人员均应离开现场。

2)风险防控

所有下井工具及管柱的丝扣连接，必须拧紧严防渗漏。

严防落物入井。

下放测试管柱要平稳操作，不得猛刹猛放，遇阻不超过 50kN，发现遇阻，应立即上提，再慢慢下放，防止测试阀打开。如经多次上提下放仍然下不去，则应起钻查明原因。

坐封封隔器打开测试阀时，要严密注视环空液面。发现液面下降，应立即上提管柱重新坐封，几经坐封均失败时，应立即起钻查明原因。

地面流程、放喷管线必须固定牢靠，测试中产出的天然气应点火烧掉。测试应尽可能安排在白天进行。

高压油、气井测试，应安装高压控制头，并适当调整油嘴，控制压力和产量。

起测试管柱时，应边起边灌泥浆，防止井喷和井壁坍塌。

现场放样时，放样口不能正对着人。

3)施工工艺

下井测试阀关闭，旁通阀打开，安全密封不起作用，封隔器胶筒处于收缩状态。

工具下到井底后，下放加压，封隔器受压膨胀密封环形空间，旁通阀打开，在换位机构作用下，多流测试器延时打开，钻具下落 25.4mm，地层流体经筛管和测试阀进入钻杆，压力计记录流动压力变化到预定时间。

关井测压，上提管柱到自由点并多提 8900～13400N·m 的拉力，下放管柱到坐封位置，在换位机构的作用下，测试阀关闭，进行关井测压。

起出关井结束后，上提管柱加拉力，经延时后旁通阀打开，平衡封隔器上下压力，安全密封不起作用，封隔器收缩，测试阀关闭，可解封起出。

(四)应用情况

2003—2005 年，共完成明 459、卫 75－10 等 10 余口井，25 层测试。测试工艺一次成功率 100%，资料全准率 100%，设备完好率 99%。施工最大井斜 59.12°，最大井深 4065.68m，最高温度 159℃，最高压力 42.8MPa。

(五)存在的不足及改进方向

测试井斜过大时，摩阻变大，会造成指重表的指针晃动幅度较大，容易造成操作判断失误、剪断换位销等情况，从而无法达到正常开关井的目的。建议在测试工具的上方加入两个扶正器，相当于用扶正器托起了部分油管，减小了油管和套管的接触面积，以减小摩擦阻力对自由点判断的影响，为提高操作成功率提供保障。

四、井下 PVT 保压取样技术

样品分析是了解地层流体性质的必要手段，可有效指导油气田的高效开发。地面取样的样品压力温度为井口流体压力温度，主要用于产出流体的化验分析、组分分析等，但样品的代表性较差，分析资料不能反映油气藏流体性质和相态特征。井下取样主要有流通式、置换式两种取样两种方法。置换式取样通过取样筒充高压氮气形成备压，样品的原始相态保持能力较好。

针对普光气田高含硫气藏井下PVT样品难获取的难题，面对国外技术垄断，依托"十一五"国家重大专项支持，成功研制了置换式高抗硫保压井下取样器，攻克了国内常规井下取样器不具备保压功能的难题，确保了样品的真实性，对了解普光气田地层流体特性、井筒硫沉积规律提供了强有力的技术支撑，同时广泛应用于其他油气藏井下取样。

(一)技术原理

1. 井下取样系统

井下取样器主要由四大部分组成，分别是取样室、氮气室、空气室和取样控制装置(时钟及触发装置)。取样室在取样前用于储存置换液，在取样结束后用于储存地层样品；氮气室用于储存具有一定压力的氮气，取样完成后为储样室浮动活塞施加背压，以保证样品的单相性；空气室用于在取样结束后储存从取样室被驱替进来的置换液；控制装置采用弹簧式机械时钟来控制在预定时间后打开取样启动开关。取样器容积600mL，外径38mm，最大工作压力70MPa，最高工作温度150℃。如图3-6-14所示，为取样器总结构图。

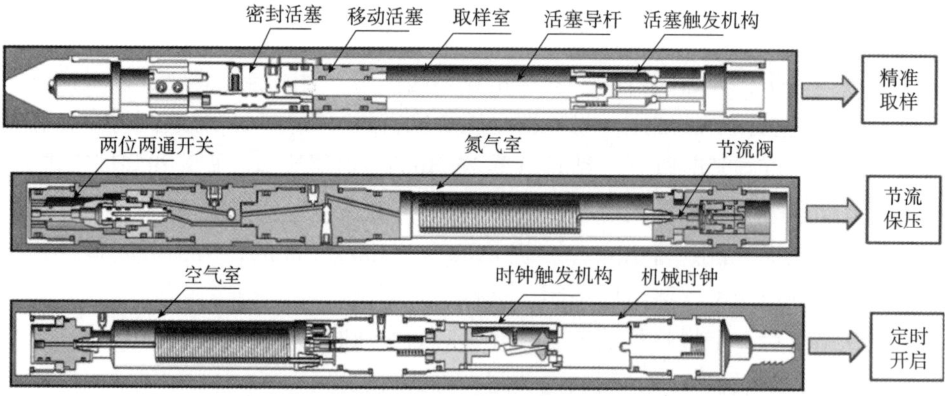

图3-6-14 取样器总结构图

取样前，在氮气室注入一定压力的氮气，浮动活塞右端注入一定压力的置换液。取样时，当钟机带动启动开关打开导液管和空气室通道后，样品通过样品入口进入取样室左端底部并推动移动活塞右移，移动活塞右部的置换液通过导液管和节流阀及导液管和调节阀从取样室顶部流至空气室。当活塞经缓冲器到达顶部之后，通过活塞导杆带动密封活塞右移，从而关闭样品入口，地层流体被保存在取样室内，同时置换液也全部被驱替到空气室内，氮气室通道打开，氮气室压力作用在移动活塞的非样品端，给所取样品提供背压，保证了样品的单相性，至此整个取样过程结束。其取样前状态示意图和取样后状态示意图分别见图3-6-15和图3-6-16。

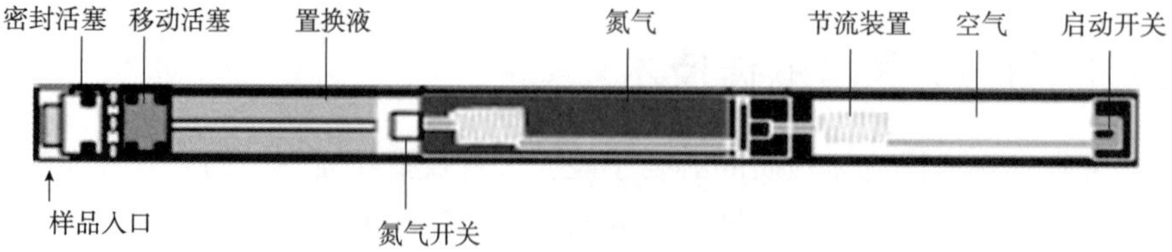

图3-6-15 取样前取样器状态示意图

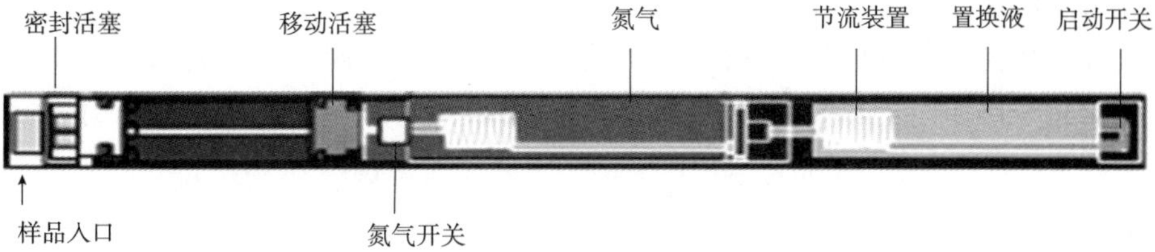

图 3-6-16　取样后取样器状态示意图

2. 转、储样系统

样品转储设备包括地面转样装置、样瓶。地面转样装置用于将取样器取出的样品转样至储样瓶，也可现场分析泡点。工作原理为连接好取样器和储样瓶后，用气动增压泵将转样顶替液注入取样器推动浮动活塞移动，样品从取样器转入储样瓶，其转样速度可由调节阀控制。最高工作压力 80MPa，恒体积排样量 2mL/次，换液液体为乙二醇 + 水 1：2 配制。如图 3-6-17、图 3-6-18 分别为地面转样原理示意图和地面转样装置示意图。

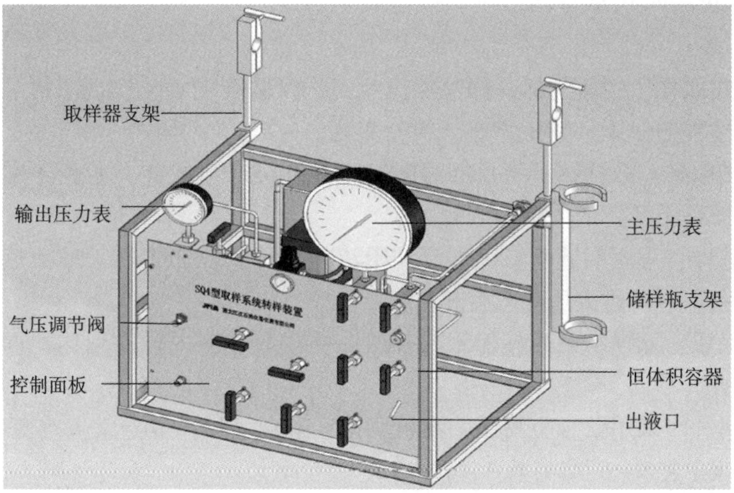

图 3-6-17　地面转样原理示意图

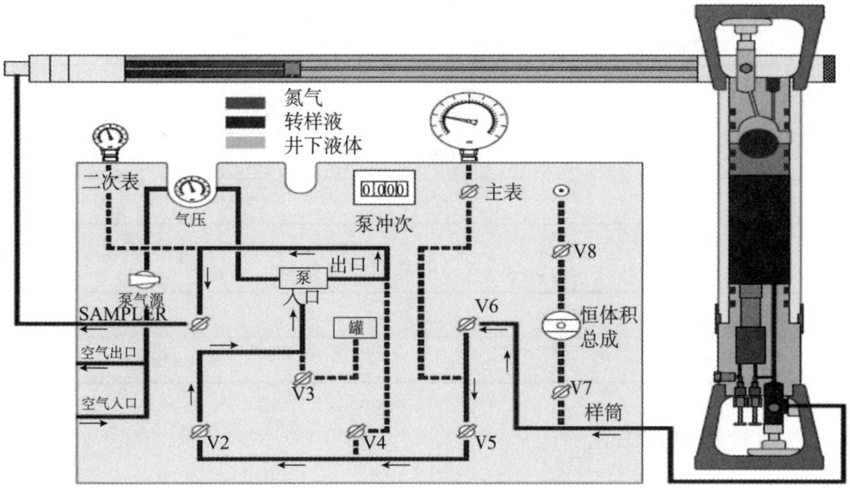

图 3-6-18　地面转样装置示意图

样瓶用于储存取样器所取样品、样品的运输。工作原理为无样端先填充置换液体，在转样时通过活塞为样品端加背压，样品从样品端通过两端阀调节流量而输入，搅拌球可在样品分析时起搅拌作用，真空口用于抽空和注入置换液。样瓶的最高工作压力 80MPa，最高工作温度 150℃，容积 600mL。如图 3-6-19 为样瓶结构图。

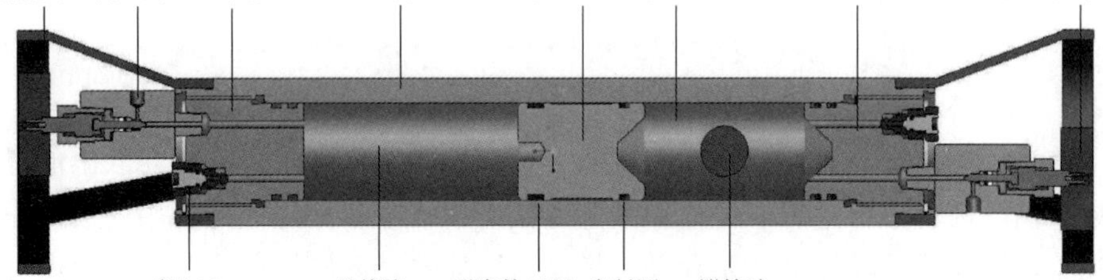

图 3-6-19 样瓶结构图

(二)技术特点及技术指标

1. 技术特点

采用置换式取样、缓速进样、样品保压、高抗腐蚀等技术，实现了样品从井下到地面到实验室整个过程的保压，防止相态、组分变化。

(1)置换式取样：取样器下至目的深度定时打开进样口取样，避免了常规流通式取样器下入过程取样口敞开造成的混样问题。

(2)缓速进样：采用双液嘴二级节流和阻流管设计，控制置换液回流速度，保证样品缓慢进入取样室，避免过大压降改变相态。

(3)样品保压：取样结束后施加氮气备压，补偿取样器内样品到达地面后因温度降低造成的压力损失。

(4)高抗腐蚀：采用钛合金材质，高抗腐蚀，避免了样品成分发生改变。

2. 技术指标(表 3-6-5 ~ 表 3-6-7)

表 3-6-5 取样器技术指标

容积	外径	总长	耐压	耐温	材质
600mL	38mm	4800mm	70MPa	150℃	钛合金

表 3-6-6 地面转样装置技术指标

最高工作压力	恒体积排样量	换液液体
80MPa	2mL/次	乙二醇 + 水 1:2 配制

表 3-6-7 储样瓶技术指标

耐压	容积
70MPa	600mL

(三)应用场景及测试工艺

1. 应用场景

井下取样器用于含硫化氢、二氧化碳井和常规油、气、水井取样。

2. 测试工艺

采用钢丝作业进行井下取样。取样前先测流压，落实井筒压力分布和液面深度，确定取样深度。根据取样深度的压力给氮气室打背压，设置好时钟后下井取样。确保在时钟触发前将取样器下到取样深度，时钟触发 30min 后起出取样器，通过地面转样装置将取样器内的地层流体样品转样至储样瓶。

3. 安全风险分析及防控措施

井下 PVT 保压取样施工过程中存在的安全风险主要是钢丝作业中的机械伤害和高压流体介质刺漏损坏仪器及伤人风险。

针对机械伤害的风险防控措施为：作业前全面检查起重设备；吊装作业区域设立警戒带，无关人员离场；专业人员指挥吊装；吊装作业时吊装半径内严禁站人等。

针对该项风险防控措施为：根据井况条件、压力级别，配套同等级压力级别的防喷装置，严格按设计压力进行防喷装置试压。操作取样器和转样装置时，严格执行取样装置操作规程，各连接部位密封可靠，实时监测压力表数据，做好压力异常预警。

(四)应用情况

2009—2012 年在普光气田普陆 1、P104－1、P202－1、P103－1 井、D402－3 等井成功应用，取样深度达 5000m 以上，整个取样、转样、储样全过程样品的压力始终略大于取样点的压力，确保了样品相态不发生变化，如图 3－6－20 所示，为文 203－58 凝析气井地面转样。该技术的成功实施，填补了国内高含硫气井保压井下取样技术方面的空白，打破了国外技术服务公司的垄断，提高了油田在国内市场上的核心竞争力。2013—2023 年该技术在普光气田陆续开展井下 PVT 取样 11 井次，取全取准了各项气田地层资料，为气田的开发过程中硫沉积治理提供了强有力的技术支撑。在中原油田东濮老区开展了 60 多井次高压水井取样，取样一次成功率 100%，为分析高压欠注原因提供了宝贵资料。

图 3－6－20　文 203－58 凝析气井地面转样

第七节　试井解释技术

试井解释以渗流力学理论为基础，通过对油、气、水井测试信息(p－t、q－t、q－p)

的研究，确定勘探开发过程中测试井和地层特性的各种物性参数、生产能力，以及油、气、水层之间及井与井之间连通关系的方法，结合地质、测井等资料，可对油气藏特征、污染状况、措施效果等方面进行评价，对制定油气田合理开发方案和调整政策有着非常重要的作用。随着油田勘探开发的发展及实际需求，从常规的流静压解释、半对数试井解释方法，逐渐发展到多种模型组合的双对数图版拟合试井解释技术；估算单井最大产能的产能试井，对生产过程中的产量和流压(或井口压力)进行分析的生产数据进行试井解释；把数值解法运用到资料解释的数值试井等试井解释技术等方面。

一、流静压测试及解释技术

流静压测试是获取井底压力和井筒压力分布情况的重要手段，流静压资料对分析地层流体的能量及油气藏开发具有重要的参考价值。静压可反映地层能量大小，流压可反映生产压差和井筒流态，压力梯度反映井筒流体相态分布和井筒平均密度。通常采用钢丝作业下压力计测全井筒压力梯度的测试方式获取流静压资料。测试仪器一般采用存储式电子压力计，压力计录取的参数为时间、压力、温度。

(一)测试条件

静压是在关井状态，待压力恢复到稳定状态(24h 内井底压力恢复小于 0.05MPa 为合格)时所测得的地层中部压力；流压是在开井状态，在稳定生产状态(压力波动范围小于 0.1MPa，产量波动范围小于 10% 视为基本稳定)下所测得的地层中部压力。

测静压、流动压力和井筒压力梯度时，应根据预测的储层中部深度压力温度选择合适规格型号的压力计，所测压力温度应在压力计量程的 30% ~85% 范围内。

严格执行 SY/T 6125—2013《气井试气、采气及动态监测工艺规程》、SY/T 6102—2022《油田开发监测及录取资料要求》、SY/T 5981—2012《常规试油试采技术规程》、SY/T 5483—2017《常规地层测试技术规程》和 SY/T 5440—2019《天然气井试井技术规范》等石油天然气试气相关规范。

(二)测试方法

1. 测试深度确定

根据地质要求，并结合井筒情况确定压力计的测试深度。对于直井和井斜不大的井，压力计应下到储层中深；对于水平井和大斜度井，压力计应下到 55° ~60°井斜对应的深度。如果井筒情况受限，如井下管柱的井下工具内通径偏小、产层段为裸眼等情况，测试深度根据井筒状况相应上移。

2. 压力计采样间隔设置

流静压测试时，压力计的采样间隔一般设置成 10 ~30s 采样一次。

3. 压力计停点深度设置

为测取全井筒的压力梯度，需要在压力计起下过程中停点，测取停点深度的压力温度。根据压力梯度，可以了解井筒压力分布情况，也可以在压力计未下到储层中深的情况下折算储层中深的压力。

停点深度设置时一般采取上疏下密的停点设置，每个深度停点不少于 10min。

4. 梯度测试方式

压力计在下放过程中停点为正梯度测试，在上提过程中停点为反梯度测试。两种梯度测试方式均可，一般采用反梯度测试方式。

(三)解释方法

1. 梯度计算

通过测井数据计算出不同深度处的地层压力，并计算相邻深度之间的压力差，单位为MPa/100m。这些数据通常绘制成压力梯度曲线，以显示压力随深度的变化情况(注意：梯度计算时深度是垂深，需要根据测试停点的斜深和井斜数据计算得到)。

1)垂深计算

根据井斜数据表，选取和测试停点相邻的两个深度，采用两点式即可计算出测试停点斜深对应的垂深。

两点式公式

$$(x-x_1)/(x_2-x_1)=(y-y_1)/(y_2-y_1) \tag{3-7-1}$$

测试停点的垂深计算公式

$$y=(x-x_1)/(x_2-x_1)\times(y_2-y_1)+y_1 \tag{3-7-2}$$

式中 x_1、y_1——测试停点上部相邻点的斜深和垂深，m；

x_2、y_2——测试停点下部相邻点的斜深和垂深，m；

x、y——测试停点的斜深和垂深，m。

2)梯度计算

压力梯度是两个深度之间的压力差，计算公式

$$\Delta P=(P_1-P_2)/(h_1-h_2)\times 100 \tag{3-7-3}$$

式中 P_1、P_2——两个测试停点的压力，MPa；

h_1、h_2——两个测试停点的垂深，m；

ΔP——两个测试停点深度之间的压力梯度，MPa/100m。

2. 梯度分析

1)压力曲线的绘制

以停点深度的垂深为横坐标，停点深度的压力为纵坐标，绘制散点图，得到压力曲线，选择线性趋势相同的点添加趋势线并显示趋势线公式和 R 平方值，可得到所选择点的平均压力梯度和各测试点压力的线性相关程度(R 平方值)，R 平方值越趋近于1说明所选择点的线性相关程度越高。趋势线公式中 x 的系数即为平均压力梯度，单位是MPa/m，通常换算成MPa/100m，如图3-7-1所示。

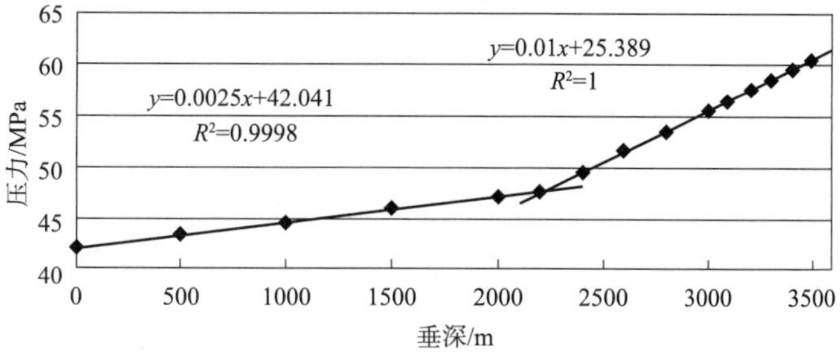

图3-7-1 气井井筒压力梯度图

2)油水、气液界面分析

根据压力梯度可分析油水界面、气液界面，主要通过梯度大小的变化来判断。以图3－7－1为例，该井上部的平均压力梯度为0.25MPa/100m，为气相；下部的平均压力梯度为1MPa/100m，为液相(水)，两条直线的交点对应的深度即为气液界面的深度，通过将两个趋势线公式联解得到深度 $x=2220.27$m(垂深)，再通过井斜数据表换算成斜深即可。

实际测试过程中，会出现油水、油气、气水混相等情况，界面不明显，需要根据实际梯度变化，结合流体密度来具体划分。

3)中深压力折算

根据压力梯度，可以折算任意深度的压力，最常见的应用就是折算中深压力。通常受限于井筒条件，压力计无法下到储层中深，需要通过压力梯度折算到中深。计算公式如式3－7－4所示：

$$P=(h-h_1)\times\Delta P/100+P_1 \tag{3-7-4}$$

式中 P——储层中深压力，MPa；

P_1——测试停点的压力，MPa；

h——储层中深的垂深，m；

h_1——测试停点的垂深，m；

ΔP——测试停点和储层中深之间的压力梯度，MPa/100m。

二、产能评价及生产数据试井

(一)产能试井解释技术

依据达西定律，平面径向流的井产量大小主要决定于油藏岩石和流体的性质(即 Kh/μ 以及生产压差)。因此，测出井的产量和相应压力，就可以推断出井和油藏的流动特性和生产能力，这就是产能试井所依据的原理。

测试过程依次改变井的工作制度，获取稳定生产状态下的产量和压力等资料，绘制指示曲线，系统试井曲线，得出井的产能方程，确定井的生产能力、合理工作制度和油藏参数。

1. 产能试井测试方法

常用产能测试方法主要有回压试井、等时试井、修正等时试井和“一点法”试井等测试方法。

1)回压试井测试方法

用三个以上不同的油嘴连续开井，连续监测井底压力及产量变化情况，要求每个工作制度的产量和井底流压必须达到稳定。该方法测试时间长，工作制度如达不到稳定会造成产能评价准确率低。回压试井示意图如图3－7－2所示。

2)等时试井测试方法

用若干个(至少3个，一般为4个)不同的产量生产相同的时间，同时测量井底流动压力，测试时并不要求井底流动压力达到稳定，每一产量生产后均关井一段时间使压力恢复到(或非常接近)原始地层压力，最后再以某一较小的定产量生产一段较长的时间，直至井底流压达到稳定。这种方法大大缩短了开井流动时间，但由于每次开井后都必须关井恢复到地层压力稳定，因此并不能有效地减少测试时间。等时试井示意图如图 3－7－3 所示。

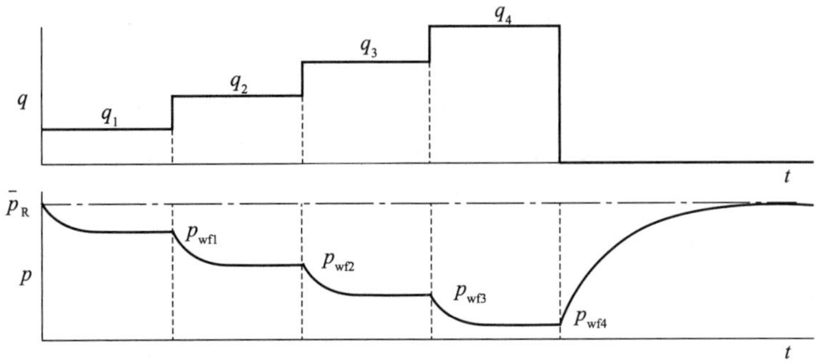

图 3－7－2　回压试井示意图

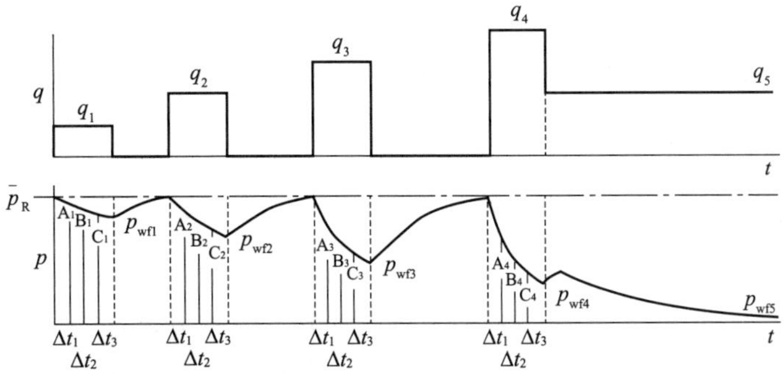

图 3－7－3　等时试井示意图

3) 修正等时试井测试方法

修正等时试井是对等时试井作进一步的改进得到的。在等时试井中，各生产制度之间的关井时间要求足够长，使压力恢复到稳定，因此各次关井时间一般来说是不相等的。修正等时试井中，各次关井时间相同，一般与生产时间相等，不要求压力恢复到稳定，从而大大缩短了测试时间。最后以某一稳定产量生产，直至井底流压达到稳定。修正等时试井示意图如图 3－7－4 所示。

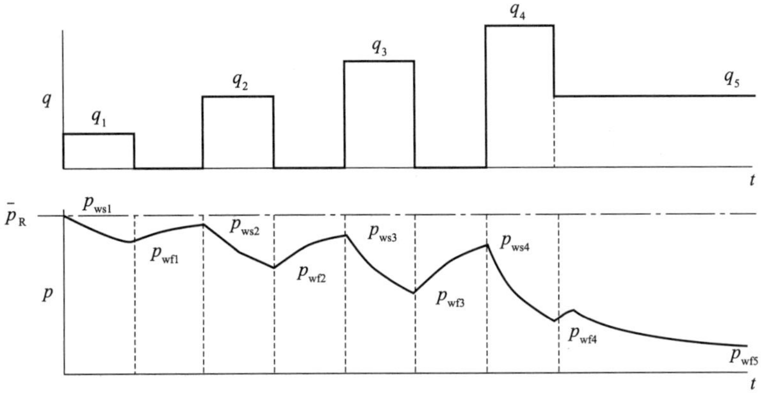

图 3－7－4　修正等时试井示意图

4)"一点法"试井测试方法

"一点法"试井只要求测取一个稳定产量 q 和在该产量生产时的稳定井底流压 p_{wf}，以

及当时气层的静压 p_R，再利用相关经验公式，即可建立产能方程。“一点法”试井的经验产能公式是建立在已经获得可靠的油气井产能方程基础之上的，因此，如果一个油气藏系统试井资料越丰富，由此建立起来的“一点法”产能方程越可靠，利用“一点法”所求产能也就越准确。其特点是工艺简单，测试时间短，成本低，资源浪费少。

四种产能试井方法适应性不相同，回压试井适用于渗透率较高、在短时间内流压产量能达到稳定的情况；而等时试井可以缩短测试时间，适用于低渗透、特低渗透气藏的情况；修正等时试井相比等时试井可进一步缩短测试时间；“一点法”能有效地缩短测试时间，但应用前提是已经获得产能方程的相关系数。

2. 产能评价方法

在描述气体流动过程中，最合适的压力表示形式为拟压力 ψ。拟压力的表达式为

$$\psi = \int_{p_0}^{p} \frac{2p}{\mu Z} \mathrm{d}p \tag{3-7-5}$$

式中 ψ——拟压力，$MPa^2/(mPa \cdot s)$；

p——压力，MPa；

p_0——参考点压力，MPa；

μ——黏度，mPa · s；

Z——气体偏差系数。

当地层压力较低时，拟压力可以近似为压力平方；当地层压力较高时，拟压力可以近似为压力。但是对于许多产能测试来说，测点的压力变化范围有可能是很宽的，既包含了低压范围，又包含了高压范围。这时只有使用拟压力分析，才能保证分析的精度，减少异常现象的发生。

产能方程有指数式方程和二项式方程两种，为了区分两者之间的差别，用压力平方表达式对两种方程进行分析。

1）指数式产能方程分析

指数式产能方程中产量与压力平方差的关系式为：

$$q_g = C(p_R^2 - p_{wf}^2)^n \tag{3-7-6}$$

式中 q_g——产气量，$10^4 m^3/d$；

p_R——地层压力，MPa；

p_{wf}——井底流动压力，MPa；

C——产能方程系数，$(10^4 m^3/d)/(MPa^2)^n$；

n——产能方程指数，0.5～1.0 之间的小数。

在对数坐标中，压力平方差 $\Delta p^2 = p_R^2 - p_{wf}^2$ 和产气量 q_g 呈直线关系，直线的斜率为 $1/n$，截距为 $-\lg C/n$，如图 3-7-5 所示。当令 $p_{wf} = 0.101$MPa 时，则有 $\Delta p^2 = p_R^2 - 0.1012$，代入方程(3-7-6)可以计算无阻流量 q_{AOF}，即：

$$q_{AOF} = C(p_R^2 - 0.101^2)^n \tag{3-7-7}$$

式中 C——产能方程系数，$(10^4 m^3/d)/(MPa^2)^n$；

p_R——地层压力，MPa。

2）二项式产能方程分析

根据流动方程的解，推导得出二项式产能方程，具体表示为

$$p_R^2 - p_{wf}^2 = Aq_g + Bq_g^2 \tag{3-7-8}$$

式中 q_g——产气量，$10^4m^3/d$；

p_R——地层压力，MPa；

p_{wf}——井底流动压力，MPa。

上式中的 A、B 分别表示储层中层流和湍流流动部分的系数，两边同除以 q_g，可见 $(p_R^2-p_{wf}^2)/q_g$ 和产气量 q_g 呈直线关系，直线的斜率为 B，如图3-7-6所示。二项式产能方程建立之后，令 $p_{wf}=0.101$MPa，生产压差达到最大，即 $\Delta p^2=\Delta p_{max}^2$，代入方程(3-7-6)可得到无阻流量值 q_{AOF}，即：

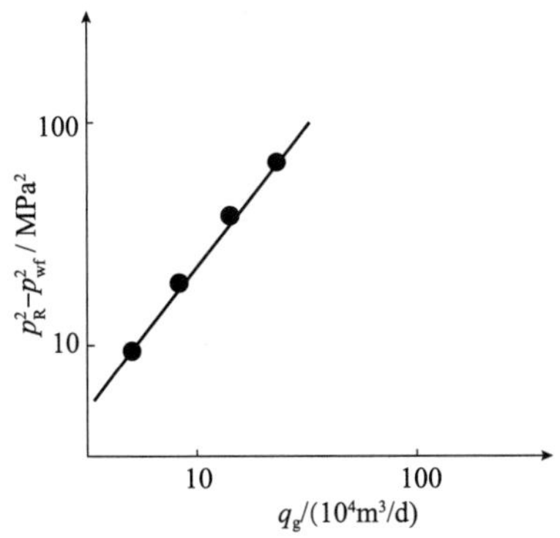

图3-7-5 指数式方程分析曲线

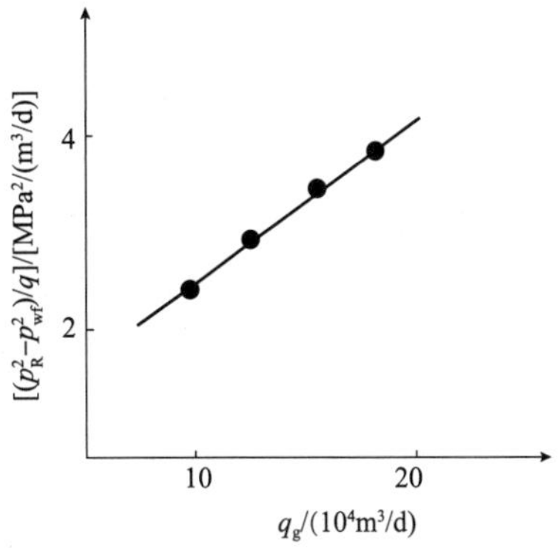

图3-7-6 二项式方程分析曲线

$$q_{AOF} = \frac{-A+\sqrt{A^2+4BP_{max}^2}}{2B} \tag{3-7-9}$$

指数式或二项式产能方程，都是用数学表达式拟合实测点的压力/产量关系，然后用来预测其他生产条件下产量值。当流动压力降为大气压力时，产气量即是无阻流量。由于二项式产能方程是从渗流力学方程推导而来，它对不同地层的适用性及准确程度要高一些，而指数式只是一种经验公式，准确程度相对较差。

3)气井不同压力表达形式的产能方程

不同压力表达形式的指数式和二项式产能方程不同，拟压力形式时为：

$$q_g = C_\psi(\psi_R - \psi_{wf})^n \tag{3-7-10}$$

$$\psi_R - \psi_{wf} = A_\psi q_g + B_\psi q_g^2 \tag{3-7-11}$$

压力平方形式时为：

$$q_g = C_2(p_R^2 - p_{wf}^2)^n \tag{3-7-12}$$

$$p_R^2 - p_{wf}^2 = A_2 q_g + B_2 q_g^2 \tag{3-7-13}$$

压力形式时为：

$$q_g = C_1(p_R - p_{wf})^n \tag{3-7-14}$$

$$p_R - p_{wf} = A_1 q_g + B_1 q_g^2 \tag{3-7-15}$$

式中 q_g——产气量，$10^4m^3/d$；

C_ψ——指数式产能方程系数，$(10^4m^3/d)/[MPa^2/(mPa\cdot s)]^n$；

ψ_R——气藏压力对应的拟压力，$MPa^2/(mPa\cdot s)$；

ψ_{wf}——井底流压对应的拟压力，$MPa^2/(mPa\cdot s)$；

p_R——地层压力，MPa；

p_{wf}——井底流动压力，MPa。

(二)生产数据试井分析方法

油气井测试是认识地层参数，预测井的产能，评价生产状况的重要手段。针对大斜度井、水平井井斜大，井下压力测试仪器难以起下，而永置式测试施工难度大、成本高，难以进行大规模应用等问题，利用生产过程中的产量和流压资料，形成重整后的压力和流量曲线，提出类似于不稳定试井资料解释的方法，建立了生产数据试井分析方法。

1. 基本原理

生产数据试井分析技术是对历史生产数据(产量、流压)进行整理、分析和解释的一种新兴分析技术。主要从 Arps 递减曲线、Fetkovich 曲线、Blasingame 曲线、log - log 曲线进行分析。

1) Arps 递减曲线

Arps 递减曲线分析方法是目前应用最为普遍的产能预测方法，它是以已有的流量 - 时间(累积流量 - 时间)为基础，统计分析出递减阶段的递减规律，其关系表达式为

$$Q(t)=\frac{q_i}{(1+bD_it)1/b} \qquad (3-7-16)$$

或者

$$Q(t)=\frac{q_i}{D_i(1-b)}[q_{1-b}^{i}-q(t)^{1-b}] \qquad (3-7-17)$$

式中　$Q(t)$——累积流量，m^3；

q_i——初始流量 m^3/d；

D_i——递减导数；

b——递减类型参数。

当 $b=0$ 时，为指数递减规律；当 $0<b<1$ 时候，属于双曲递减规律；当 $b=1$ 时，属调和递减类型。一旦确定了递减参数，获得了流量和累积流量的表达式，就可以预测出油田的最终废弃时间，最终采收量以及采收率等参数，从而为制定合理的开发方案提供依据。

Arps 递减曲线方程仅仅适用于不稳定段已经结束的情形，比如边界控制流动段，如图 3-7-7所示。

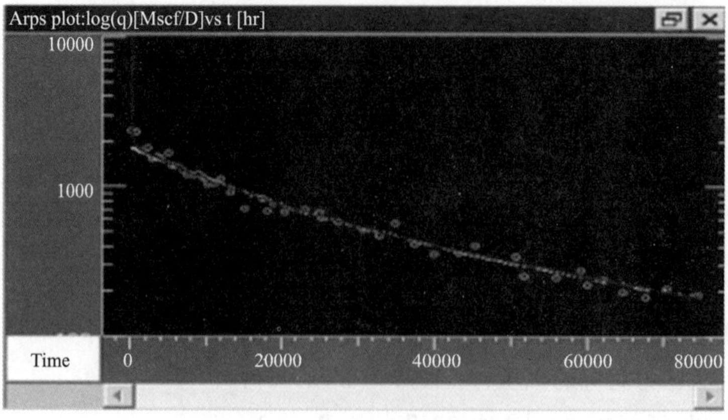

图 3-7-7　Arps 递减曲线

2)Fetkovich 曲线分析

Fetkovich 典型曲线实际上是 Arps 递减分析方法的进一步完善，在很大程度上改善了 Arps 递减曲线方程仅适用于不稳定段已经结束的情形，如图 3-7-8 所示。该方法是将封闭油藏中一口井理想的反应和 Arps 曲线相结合，从而实现了在双对数坐标上对不稳定段和边界控制流动段的拟合，这样同时展示两个流动段，一方面可以避免数据不规则的影响，另一方面也可以增加拟合的可信度。

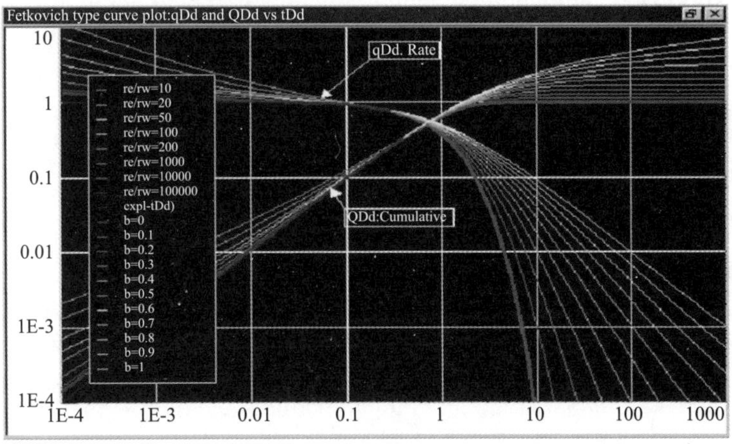

图 3-7-8 Fetkovich 曲线分析

在实际应用中 Arps 和 Fetkovich 两种递减曲线分析方法也存在许多限制因素：①上述两种方法分析的对象只能是流量变化；②井筒污染情况不能随时间发生变化；③与之连通的井的产量须稳定不变。

3)Blasingame 曲线分析

Blasingame 把曲线拟合技术应用于生产数据的分析和产量的预测，如图 3-7-9 所示。该曲线以等效时间为横坐标、重整流量、重整流量积分和积分导数为纵坐标绘制双对数图，积分导数水平段为径向流，反映了储层渗流条件的好坏，可以计算获得地层参数；晚期积分导数 45°的上翘段为油藏拟稳定流态特征反映段，其上翘的早晚一定程度上反映了油藏弹性储集空间的大小。

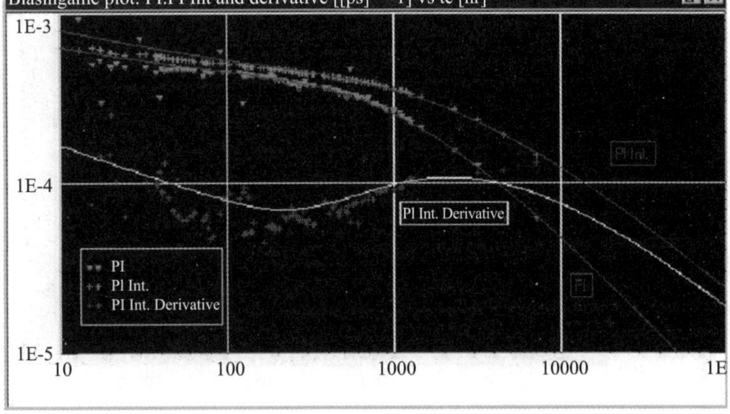

图 3-7-9 Blasingame 曲线

重整流量

$$qI(t) = \frac{q(t)}{P_i - P_w(t)} \tag{3-7-18}$$

重整流量积分

$$qI(Int) = \frac{1}{t_e}\int_0^{t_e} \frac{q(\tau)}{P_i - P_w(\tau)} d\tau \tag{3-7-19}$$

重整流量积分导数

$$qI(Int.\ Der) = \frac{\partial [qI(Int)]}{\partial \ln(t_e)} \tag{3-7-20}$$

式中 P_i——原始压力，MPa；

$P_w(t)$——t 时刻井底压力，MPa；

$q(t)$——t 时刻流量，m^3/d。

4）log – log 曲线分析

log – log 曲线几乎就是 Blasingame 曲线的逆过程，以重整压力、流量重整压力积分求导为纵坐标、等效时间为横坐标，绘制双对数分析曲线。导数曲线的平直段会给出 kh 的近似值，后期由边界控制流动段的单位斜率部分会给出一个 Re 的近似值，据此可以计算单井控制储量。

流量重整压力

$$pI(t) = \frac{p_i - p_w(t)}{q(t)} \tag{3-7-21}$$

重整流量积分

$$pI(Int) = \frac{1}{t_e}\int_0^{t_e} \frac{p_i - p_w(\tau)}{q(\tau)} d\tau \tag{3-7-22}$$

重整流量积分导数

$$pI(Int.\ Der) = \frac{\partial [pI(Int)]}{\partial \ln(t_e)} \tag{3-7-23}$$

log – log 曲线与 Blasigame 方法相互检验进一步控制多解性，但 log – log 曲线收敛速度更快，特征更加明显，且与压力特性一致，如图 3 – 7 – 10 所示。

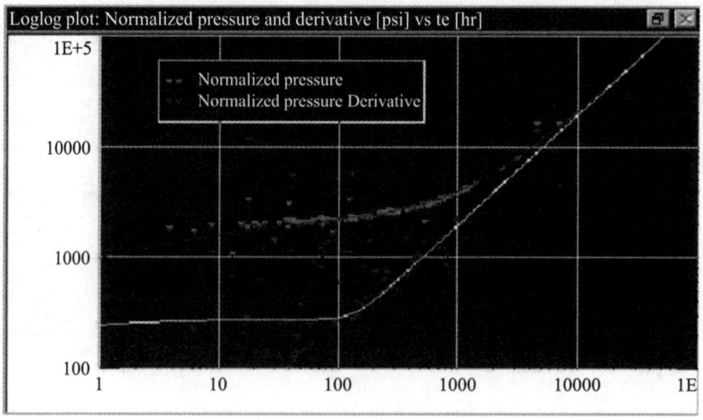

图 3 – 7 – 10 log – log 曲线

2. 技术特点

生产数据分析其主要功能是，在 Arps、Fektovich 递减分析以及 Blasingame、双对数试井分析的基础上，对生产井进行储量评价、储层认识(K、S、P 等)和产能预测，可以获得与试井基本等效的成果。与试井技术相比，该技术不用通过复杂的测试工艺，也不用关井测试，既解决了生产井试井施工成本高、影响产量的问题，也可以充分发挥油田开发过程中积累的大量产量、流压等历史生产数据的作用。

1)可应用于产量预测

Blasingame 曲线在以等效时间为横坐标、重整流量为纵坐标的双对数图上，边界控制流动段表现为一个负的单位斜率线，利用这个特征，Blasingame 实现了产量的准确预测。

2)可进行储层参数(K、S、P 等)评价

双对数曲线以重整压力为纵坐标，以等效时间为横坐标，曲线特征类似于常规试井分析方法中压降试井双对数－导数曲线特征，导数水平段为径向流，反映了储层渗流条件的好坏，据此可以计算获得流度、渗透率、表皮系数等参数。另外，在 Agarwal－Gardner 重整累积流量曲线上，边界控制流动段为一直线段，据此可以计算单井控制储量。

3)可开展泄油面积模拟

Topaze 产量预测软件可以在矢量化二维井位图的基础上，建立 PEBI 非结构网格，模拟断层、油水边界和开发井网对目标分析井的影响，并模拟储渗单元压力分布以及储渗单元中各井的泄油面积的变化。该项技术对于合理调配储渗单元中各井的产量，避免井间干扰具有重要意义，但目前该技术仅适用于开发层位单一、地层流体可以近似为单相流体的情况。

(三)存在不足及改进方向

页岩气、致密气等非常规储层大规模的分段压裂，形成复杂的裂缝形状，同时页岩气储层受气体吸附及非达西流等因素影响，如何考虑以上复杂情况，对生产数据分析方法进行修正是下步的改进方向。

三、常规试井解释技术

试井测试可以获得由产量变化或者注入所引起的储层响应，该响应包含有储层物性特征，通过对该响应分析可推断储层物性。

试井解释通过数学模型将流量变化史(输入)和压力响应(输出)联系起来，如果将实际流量变化史输入模型，获得的压力输出与实测压力响应一致，就可以由该数学模型来推断储层介质类型和参数。试井曲线特征是压力波及范围或探测半径内主要储层参数的响应。因而，试井设计和解释要根据试井目的，紧紧把握这些特征响应，使多解性降到最小。

(一)常规试井测试类型

1. 压力降落测试

油气井压力降落测试前，测试井处于关井、静止状态，测试时开井以一定产量生产。为满足常规试井分析要求，流量必须稳定。图 3－7－11 为压力降落测试示意图。

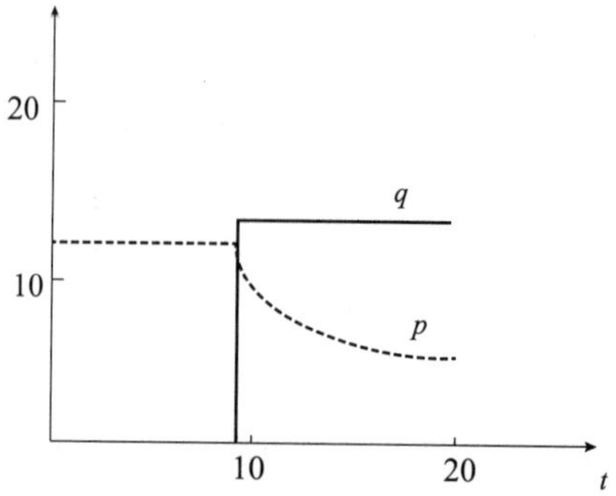

图3－7－11 压力降落测试示意图

常规试井分析技术都是源于压降测试。然而实际情况却很难满足压力降落试井测试条件，主要有以下两点：

(1)测试时很难保证流量稳定，甚至基本稳定也很难达到。

(2)测试前，井虽然处于关井状态，但未必是静止的、稳定的。如测试井曾经生产过、关井时间还不足够长，地层压力还未稳定；或测试井为新钻井，存在泥浆滤失，破坏了储层压力的稳定状态等。

2. 压力恢复测试

在压力恢复测试中，测试井最初是流动的(理想状况是恒流量)，然后关井。定流量压降试井解释方法稍作修改便可以分析压力恢复，试井资料。压恢的优点是恒流量更容易实现(因为流量为零)。但压恢测试有以下缺点：

(1)关井前的定流量很难做到；

(2)关井会造成产量损失。

图3－7－12为压力恢复测试示意图。

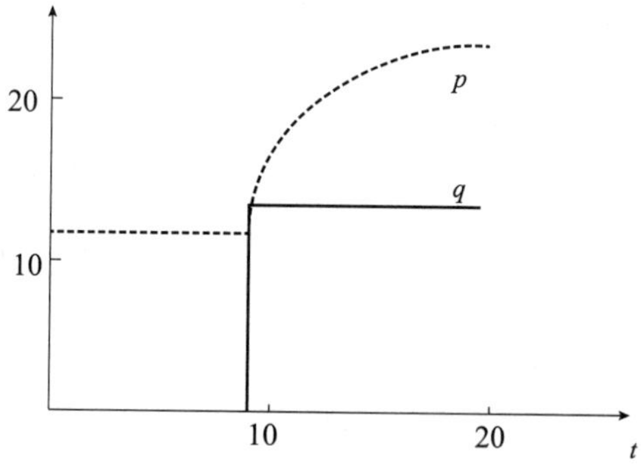

图3－7－12 压力恢复测试示意图

3. 注入测试

压降试井是指测试井先处于静止状态，然后开井生产，而注入试井是指测试井先处于静止状态，然后向井筒注入流体。注入试井分析在概念上与压降试井分析相同，只是注入测试是向井中注入而不是采出。注入测试在流量控制方面更容易实施，但一般注入流体与原始储层流体性质不相同，测试结果的分析方法因需考虑多相流的影响而变得较为复杂。图3－7－13为注入测试示意图。

4. 压力回落试井

压力回落试井测试指向井内注入一段时间流体之后，关井测试压力下降情况，概念上相当于开发井压力恢复试井。由于之前开展了注入试井，如果注入流体与储层原始流体性质不同，压力回落试井解释将更加困难。图 3－7－14 为压力回落试井示意图。

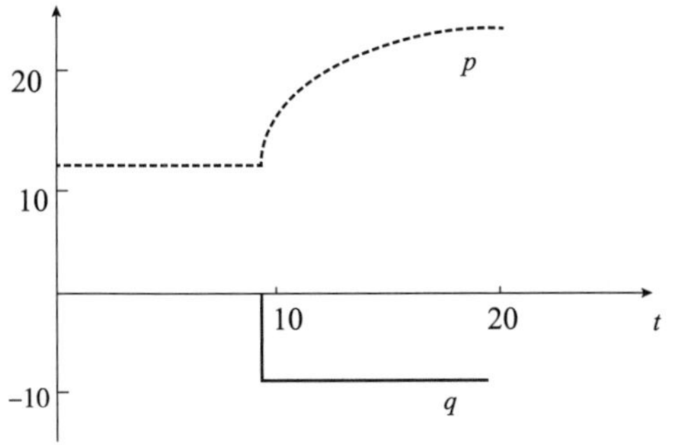

图 3－7－13　注入测试示意图

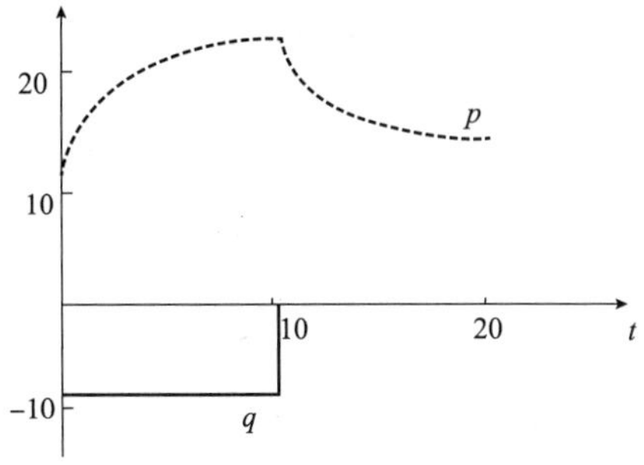

图 3－7－14　压力回落试井示意图

5. 干扰测试

干扰试井测试通常采取一口井激动，一口或多口井观察的方式，干扰试井监测的是与生产井一段距离的储层压力变化，因此干扰测试可以确定更大范围的储层物性(与单井测试相比)。由于监测到的压力变化比生产井本身的压力变化要小很多，所以干扰测试需要高精度压力计，且能满足长时间测试需要。

(二)常规试井分析方法

1. 半对数分析方法

1)压降测试过程

整个地层压力达到平衡后，油井开始生产，连续测量流量和井底压力的变化，然后做 $P\sim\log t$ 图，根据直线段斜率计算储层物性参数，如图 3－7－15 所示。

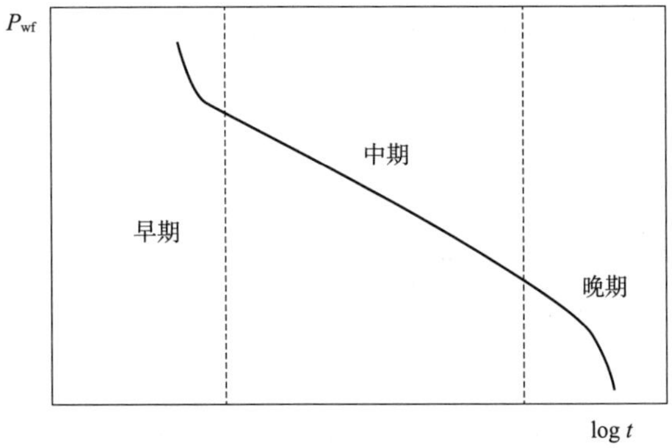

图 3－7－15　半对数分析曲线

压降测试要求：测试前地层压力稳定；测试过程中油井产量尽量保持稳定。

压降测试适用于：新井，特别是探井；长期关井后又开始生产的井。

2)半对数曲线特征与分析方法

早期段：受井储影响。

中期段：径向流方程

$$\Delta P_{\mathrm{w}}=\frac{2.12\times10^{-3}Q\mu B}{kh}\left\{\log\left(\frac{8.0853kt}{\phi\mu c_{\mathrm{t}}r_{\mathrm{w}}^{2}}\right)+0.87S\right\}=A+i\log t \tag{3-7-24}$$

式中 ΔP_{w}——井筒压力降，MPa；

kh——地层系数，$\mu m^2\cdot m$；

μ——黏度，mPa·s；

B——体积系数，m^3/m^3；

Q——流量，m^3/d；

h——油气层厚度，m；

k——渗透率，μm^2；

t——开井生产时间，h；

ϕ——孔隙度，无量纲；

c_{t}——综合压缩系数，MPa^{-1}；

r_{w}——井的半径，m；

S——表皮系数，无量纲；

A——油气藏面积，m^2。

$$i=\frac{2.12\times10^{-3}Q\mu B}{kh} \tag{3-7-25}$$

流动系数

$$\frac{kh}{\mu}=\frac{2.12\times10^{-3}QB}{i} \tag{3-7-26}$$

该值代表泄油面积以内、井储影响带以外的环形区域内储层物性的平均值。

表皮因子

$$S=1.1515\left[\frac{P_{\mathrm{i}}-P_{\mathrm{w}}(1h)}{i}-\log\left(\frac{k\cdot1}{\phi\mu c_{\mathrm{t}}r_{\mathrm{w}}^{2}}\right)-0.908\right] \tag{3-7-27}$$

式中 P_{i}——原始压力 MPa。

将半对数直线段外推至 $t=1\mathrm{h}$ 处，取 $P_{\mathrm{w}}(1\mathrm{h})$ 仅为计算方便，可在直线段上取其他值。

晚期段：拟稳态方程

$$P_{\mathrm{wD}}(t_{\mathrm{D}})=\frac{2t_{\mathrm{D}}}{r_{\mathrm{eD}}^{2}}+\ln(r_{\mathrm{eD}})-\frac{3}{4}+S \tag{3-7-28}$$

$$\Delta P_{\mathrm{wD}}(t)=\frac{2.12\times10^{-3}Q\mu B}{kh}\left[\ln\left(\frac{r_{\mathrm{e}}^{2}}{r_{\mathrm{w}}^{2}}\right)-0.87\times\frac{3}{4}+0.87S\right]+\frac{4.167\times10^{-2}QBt}{V_{\mathrm{p}}c_{\mathrm{t}}} \tag{3-7-29}$$

这里，

$$V_{\mathrm{p}}=\phi\pi r_{\mathrm{e}}^{2}h,\ 3600/86400=4.167\times10^{-2}$$

直角坐标方程求地质储量

$$\Delta P_{\mathrm{wD}}(t)=M+it \tag{3-7-30}$$

$$V_{\mathrm{p}}=\frac{4.167\times10^{-2}QB}{ic_{\mathrm{t}}} \tag{3-7-31}$$

$$N=\frac{V_{\mathrm{p}}\cdot s_{\mathrm{o}}}{B}=\frac{4.167\times10^{-2}Qs_{\mathrm{o}}}{ic_{\mathrm{t}}} \tag{3-7-32}$$

式中　V_p——油藏孔隙体积，m^3；

s_o——含油饱和度，无量纲；

N——地质储层，m^3。

2. 双对数曲线分析方法

随着计算机和高精度测试仪器的发展，很多专家研制出了许多压力导数解释图版，建立了双对数曲线分析方法，识别曲线特征，划分流动段，通过拟合测试数据与典型试井曲线，可以确定原始地层压力、地层有效渗透率、边界距离、表皮系数等储层参数，分析油藏类型，评价井底污染、储层渗流能力及地层压力保持状况，判断井间连通状况，进行措施选井和措施效果评价。

在双对数试井资料中常常可观察到无限作用径向流、球形流、线性流、双线性流、稳态流、拟稳态流、双孔隙/双渗透流等流动阶段。

1）无限作用径向流

井筒储集效应结束后，随着时间的推移，压力变化反应的是储层特征。在早期井筒储集效应与晚期边界响应之间最容易识别的是径向流，在油层中任何一个与井筒相垂直的水平面上，流线是从四面八方向井筒汇集的直线，而油层中水平面上的等压线，则是以井轴为圆心的圆。这种流动称为平面径向流动，常简称为径向流动。

2）稳态流

稳态流是指渗流系统内的压力在任何点上不随时间变化，并且油藏中任意两点间的压力梯度为常数。当渗流系统内的压力受临近的气顶或活跃的水体支持时，在任何注入/生产井网中都会存在这种情况。在稳态流中，常压趋势导致压力导数曲线陡然下降。在压力恢复和压力降落试井资料中出现陡峭下降，就表明可能发生了稳态流动。根据发生的特征点可以计算到气顶或水体的距离。

3）拟稳定流动

如果在以稳定产量生产过程中的晚期段，油藏中每一点的压力随时间的变化率都相同，即各点的压力以相同的速度下降，这种流动就称为拟稳定流动。

4）球形流

如果只在油层中某一部位打开，流线在空间上向着一点聚集时发生球形流。油藏—油井系统在部分完善或部分射孔的情况下有可能发生球形流。

油藏由于存在气顶或者底水，为了防止底水锥进或者气顶气窜，只打开油层顶部或者底部，油层中的流体类似于从半球体的四面方向流向油层顶部的打开部位，此时的流动称为“半球形流动”。在双对数图上，球形流或半球形流的导数曲线斜率都为 –1/2。

5）线性流

当流线在平面上相互平行时发生线性流，这些流线按某一方向指向井。在双对数图上，线性流的导数曲线斜率是1/2，常常发生在垂向裂缝井、水平井、一个河道型的油藏中或者平行断层所形成的条带地层，离井稍远区域流动。

6）双线性流

当水力裂缝的导流能力较小时可表现出双线性流特征。由于在水力裂缝内部存在压力降落，沿裂缝将发生线性流，其流线指向井，同时在地层中垂直于裂缝壁面方向上也发生一个线性流动，其流线指向裂缝。这两个线性流在互相垂直方向上同时发生，这种流动方式称为双线性流。在双对数图上，双线性流的导数曲线斜率是1/4。

7)双孔隙/双渗透流

当油藏岩石内部具有流动特征对比明显的非均质分布时，可能出现双孔隙/双渗透流，在双对数图上导数曲线看起来好像山谷形，根据这种流动方式可确定与内部非均质相关的参数，包括非均质间窜流(Cross Flow)能力、非均质的相对储存能力。

四、数值试井解释技术

油气田进入中后期开发阶段，受水驱、地层水等多方面影响，流态更复杂，数值试井理论研究范围广，其试井数学模型更加符合油气藏的开发实际和渗流特征。相比常规试井方法，数值试井能更好地解决多相流、邻井影响及复杂边界和非均质性油藏的问题。

数值试井是首先对整个油藏进行网格剖分，然后通过求解描述油藏的相对较完整的渗流力学方程，使油藏所有位置的参数在网格点上得以体现。因此，数值试井方法能够更全面地考虑到整个油藏对井底流动的影响，更加适合非均质油藏的试井分析。

(一)数值分析方法简述

数值分析方法，主要包括有限差分法、有限元法、边界元法等。

1. 有限差分法

有限差分法在石油、地质工程中应用最早，也是迄今为止应用最广泛的一种离散化方法。有限差分法是将求解区域划分成网格，用差商近似偏导数，从而用差分方程代替微分方程，即通过数学上的近似，把所求解的微分方程问题转化为求解关于节点未知量的代数方程问题。其基本思想是：首先将所求解的区域划分成网格，在网格的每一个节点处用差分方程近似微分方程。当选用比较多的节点时，近似解的精确度可得到不同程度的提高。有限差分法可以求解某些比较复杂的特定问题，尤其是求解基于空间坐标系的流体流动问题时，有限差分法具有自己独特的优势，因而在流体力学领域内，至今仍然占有支配地位。但面对几何形状复杂的问题，它的精确度大大降低，甚至无能为力。此外，有限差分法中的网格也只是局限于有限的规则网格。同时，数值离散和网格划分也会引起误差，进而影响计算结果的精确度。

2. 有限元法

有限元法离散化求解的基本思想是“分块逼近”，即是将连续的求解区域划分成有限个单元。在每个单元内，选择若干结点作为求解函数的插值点，单元中的求解函数由一种规则化的基函数的线性组合来近似替代，线性组合的系数正是求解函数的结点上的函数值或导数值。通过对各个单元的积分获得相应的有限元方程，再经过累加获得整个求解区域的有限元方程。最后，求解此方程即可获得所有结点上的函数值。在有限元方法中，由于每个单元都能够按不同的联结方式进行组合，而且单元本身也可以有不同的形状，因而此方法能够对复杂的几何形状求解域实现模型化。另外，随着单元数目的增加，也就是单元尺寸的缩小，解的近似程度将不断提高，近似解也将最终收敛于精确解。有限元法相比有限差分法，其优点就是：第一，适合于复杂区域形状的油藏问题的求解；第二，网格剖分也十分灵活，不受网格取向的影响；第三，精确度较高，易于编写通用程序。

3. 边界元法

边界元法是通过控制微分方程的基本解，转化成相应的边界积分方程，再将区域边界划分为有限个单元，即边界积分方程离散化，得到只含边界结点未知量的方程组，最后对其进行数值求解。与有限元法相比，边界元法具有降维、精确度高、求解区域内点方便等优点，但两者都是先离散后求解的数值分析方法。其主要优点为：第一，边界元法只需将区域边界划分成边界单元，使问题的维数降低了一维；第二，只需对边界进行离散，误差仅来源于边界，因此提高了精确度；第三，求解区域内一点的函数值时，只要改变其数量以及坐标位置即可；第四，边界元法是直接建立在问题的基本微分方程和边界条件上，所以不需事先寻找任何泛函；第五，引入了微分方程的基本解，具有解析与离散相结合的特点。

虽然，边界元法相比有限差分法和有限元法的确有很多优势，但是目前仍未在油藏工程中得到广泛应用，其主要原因在于油藏的非均质性以及多相流动所引起的渗流控制方程的非线性，从而没有满足于它的基本解，然而基本解又在边界元方法中起着至关重要的作用。

4. 三种数值分析方法对比

有限差分法、有限元法和边界元法这三种方法都是数值分析方法，其中有限差分法和有限元法属于区域型数值方法，边界元法则属于边界型数值方法，它们有各自优缺点和适用范围。有限差分法是国内外研究较早也是较为成熟的一种方法，但在处理网格取向、复杂边界及稳定性方面，还存在一定的局限性。有限元法相比有限差分法在网格的剖分上更为灵活，克服了对区域形状的限制，可以更好地处理区域比较复杂的油藏问题，且不受网格取向的影响，精确度也较高。但其计算量大、占用内存大。此外，有限元法在处理平流或对流问题时也是很困难的。

与有限差分法和有限元法相比起来，边界元法克服了区域型数值方法的计算受数值离散和网格取向的影响、对于井和复杂边界形状处理的困难。边界元法具有降维、精确度高以及对井的处理也十分方便等优点。由于其只需对边界进行离散，误差小、精确度高，且引入了基本解，兼有解析解的精确度与数值方法的优点，是处理复杂边界问题的有效手段。边界元法可以解决任意复杂形状油藏的井底压力动态响应、无穷远边界问题以及多井试井问题。然而，边界元法也存在着一些弊端。正是边界元法的解析与离散相统一的这个优点限制了它不能应用于一些基本解比较复杂或者不能获得基本解的微分方程问题。另外，边界元法也不能像有限元法那样处理流体多相流动情况，且不能预测长时间的油藏动态情况。

（二）数值试井技术原理

1. 网格基础

网格是所有油藏数值模拟机试井解释的重要基础，网格剖分质量的高低直接决定油藏数值模拟及数值试井结果的可靠性程度。目前，主要应用的网格主要包括非结构网格系统和结构网格系统，非结构网格系统主要包括以下几大类：Voronoi 网格；Pebi(Perpendicular)网格；CVFEG 控制体有限元(control volume finite element grid)网格。非结构性网格具有的可以对任意复杂油藏进行剖分，而且可以进行断层、井(直井、水平井)局部加密，消除了网格的取向效应等特点使得非结构性网格已经成为目前应用最广最多的一类网格系统。

Voronoi 网格系统其实是 Delaunay 三角网格的对偶图形组成的，如图 3－7－16 所示，Delaunay 三角网格的每一个节点 i 与其相邻节点连线的垂直平分线所围成的凸多边形即组成了一个 Voronoi 网格。

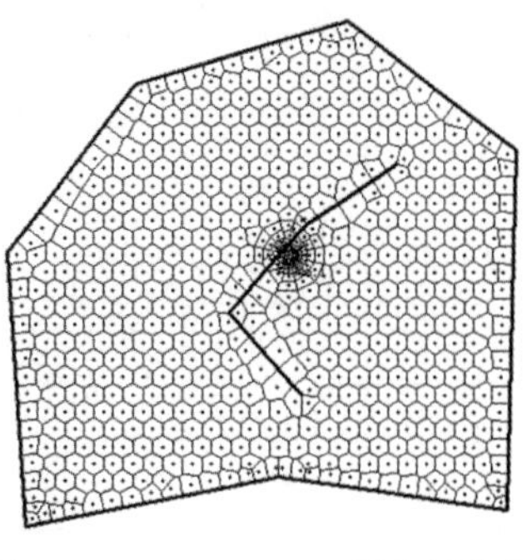
图 3－7－16　Voronoi 网格示意图

数值试井采用非结构网络 Voronoi，将局部细化与基本粗化网格有效结合，可以达到精细描绘储层的目的；

Voronoi 网格利用单个网格点来定义区域内任何位置，而与任何其他点的位置无关，且两个相邻网格之间的交线是基于各自节点的等分线；将 i 为节点的一周三角形的垂心与其相邻边界节点连线的中点以及边界节点 i 本身相连，就可以得到一个 Voronoi 网格。在对油藏进行剖分时，均质油藏部分主要为采用正六边形，局部细化时主要采用三角形和四边形，其外接圆不包含其他任何点，其特点是两个相邻网格的交线与各自的节点连线正交。两个网格之间的流量关系只能代表节点在未产生变形时的势能。同时，Voronoi 网格系统中不会出现重叠或漏盖网格的现象，这对于物质平衡计算等具有重要作用。

目前，处理油藏数值模拟及数值试井的数学计算方法主要包括有限差分及有限元法，对于有限差分主要使用 Voronoi 网格系统，而有限元法主要使用的网格系统为 CVFE 网格系统。

2. 数学模型

油水两相控制方程由达西定律可知，单相流体的流动满足

$$v_x = -\frac{k}{\mu}\frac{\partial p}{\partial x},\ v_y = -\frac{k}{\mu}\frac{\partial p}{\partial y},\ v_z = -\frac{k}{\mu}\frac{\partial p}{\partial z} \tag{3-7-33}$$

若考虑多相流体在垂直方向上的重力及毛细管压力作用，达西定律变为

$$\begin{cases} v_x = -\dfrac{kk_{rl}}{\mu_l}\left(\dfrac{\partial p}{\partial x} - \rho_l g\dfrac{\partial D}{\partial x}\right) \\ v_y = -\dfrac{kk_{rl}}{\mu_l}\left(\dfrac{\partial p}{\partial y} - \rho_l g\dfrac{\partial D}{\partial y}\right) \quad l = \mathrm{o},\ \mathrm{g},\ \mathrm{w} \\ v_z = -\dfrac{kk_{rl}}{\mu_l}\left(\dfrac{\partial p}{\partial z} - \rho_l g\dfrac{\partial D}{\partial z}\right) \end{cases} \tag{3-7-34}$$

物质连续性方程为

$$\left[\frac{\partial(\rho v_x)}{\partial x} + \frac{\partial(\rho v_y)}{\partial y} + \frac{\partial(\rho v_z)}{\partial z}\right] + \frac{\partial(\rho\phi S_l)}{\partial t} = 0 \tag{3-7-35}$$

(三)应用情况

截至 2023 年 12 月，已广泛运用于中原老区、内蒙古探区、储气库等区域的重点井的试井分析与验证，围绕压力及剩余油分布评价、断层封闭性验证、边底水强度分析、含水饱和度推进预测等方面取得了良好应用效果。

例：新濮 3－44 井组数值试井分析

新濮 3－44 井组位于濮城背斜构造沙二下 1－8 油藏濮 13 东块，包括濮侧 3－228、濮 3－111 和濮 123 四口油气生产井和新濮 3－44 一口注水井。

井组基本信息详见表 3－7－1。

表 3－7－1　新濮 3－44 井组的基本信息

井名	井别	层位	井段/m	油压/MPa	日产油/m^3	日产水/m^3	含水/%
新濮 3－44	水井	ES2X1.2－4.4	2699～2809.3	18.8		－100	
濮侧 3－228	油井	ES2X3.1－5.5	2745.1～2844.3		1.6	17.2	91.5
濮 3－111	油井	ES2X2	2672～2677.4		0.7	32.7	98
濮 123	油井	ES2X2－3S9	2664.8～3121.6		2.9	21.2	88

从图 3－7－17 新濮 3－44 井压降双对数曲线看，早期段压力及压力导数展开呈通道状，表现为变井储特征，中期段导数曲线变平之后下凹，晚期段导数在下凹之后又趋于水平，结合该井区地质情况，综合分析为径向复合地层。解释模型为变井储＋径向复合＋Voronoi 数值模型＋其他井，曲线拟合较好。解释结果渗透率为 $2.752\times10^{-3}\mu m^2$，储层物性中等偏差。表皮系数为 0.991，表明储层基本无污染。

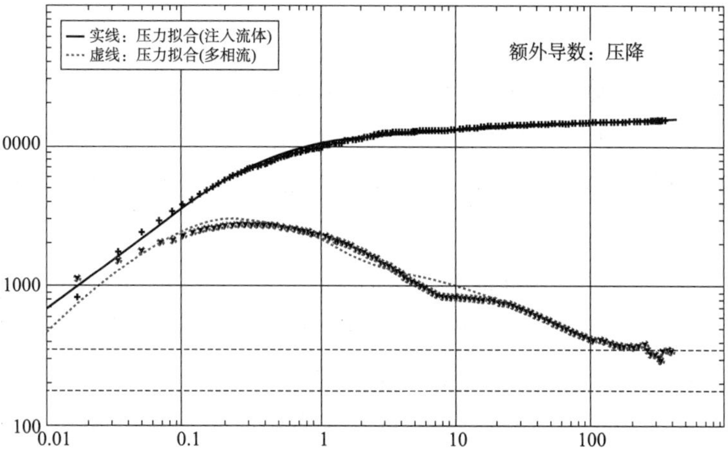

图 3－7－17 新濮 3－44 井压降双对数曲线

从图 3－7－18、图 3－7－19 新濮 3－44 关井压降数值试井分析可以看出，井组注入水舌进明显，该井区剩余油主要富集在油井西侧的断层附近和井间水驱不到的地方。注水井周边油井区域剩余油分布结果与实际含水基本一致（P3－111：98%，P123 井：88%）。濮侧 3－228 井附近剩余油饱和度平均为 45%，也与剩余油饱和度测井结果（为 47.9%）相符。这些都证实剩余油分布分析结果正确。

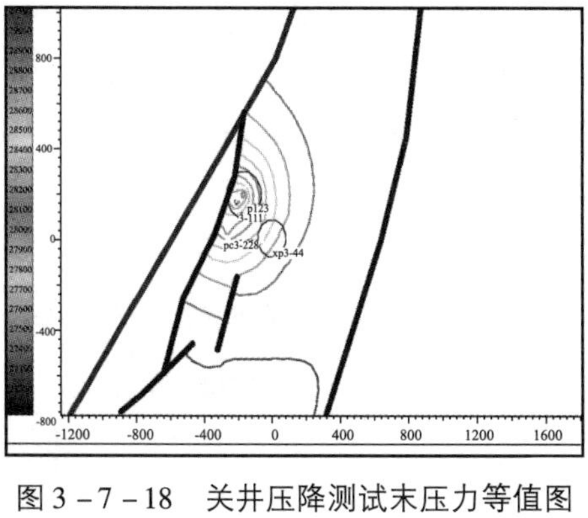

图 3－7－18 关井压降测试末压力等值图

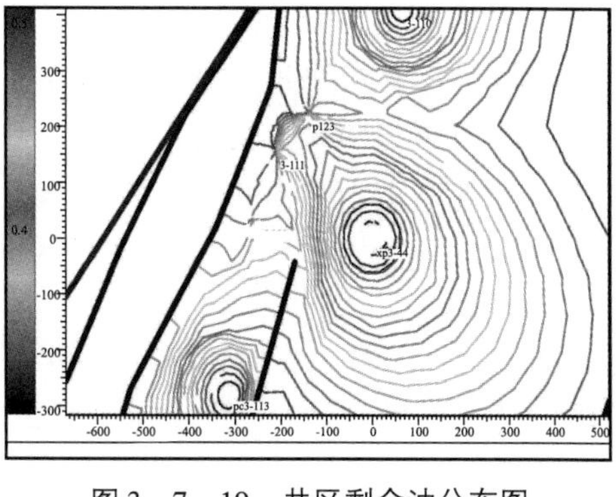

图 3－7－19 井区剩余油分布图

通过分析数值试井结果和各种动静态数据，建议采取措施增加新濮 3－44 井区的波及体积，改善其水驱效果。

后　记

在油田教材编制委员会统一领导下，组织编写了《油田企业强“三基”实战型培训系列教材》，本书是其中一本。本书在油田工程技术管理部组织协调下，经石油工程技术研究院、采油气工程服务中心等单位数十名专家一年多的艰苦努力，终于成稿付印。

本书集中了中原油田工程技术多年来的研究成果，是50年来油田工程技术人员智慧的结晶。内容涉及油水集输处理、储气库、测试等工程技术，旨在提升中原油田(东濮、内蒙古油区)技术人员的油气工程技术能力。

本书重点阐述油田在储气库与油气储运方面的核心技术和创新实践，共分三章，包括油水集输处理技术、储气库技术、测试技术。参加第一章编写的人员有瞿定祥、蒙玉平、黄雪松、焦亚龙、朱宁宁、倪海涛、王清岭、汪沈阳、贺春光、王双剑、李远兵、单长军、易慧君；参加第二章编写的人员有杜远宗、孙立辉、刘书权、吕军、王素文、孙宏伟、刘昭、严霞霞、罗庆、刘红星、叶健、吕宁超、边江；参加第三章编写的人员有陈永浩、王正坤、贾慧丽、李红欣、熊国荣、周泉泉、罗庆、李晓蕾、张立、杨明滔、康珍、张麟、李涛。

本书由魏世举、魏瑞玲、魏凤玲统稿，牛保伦、朱德智、龚险峰、李建雄审核，张庆生对终稿做最后审定。在编写过程中，得到了中原石油工程公司、中原测控公司、油田领导和同事们的大力支持和帮助。在此，向所有为本书的编写和出版做出贡献的个人和单位表示衷心的感谢。

本书编写委员会

2025年5月